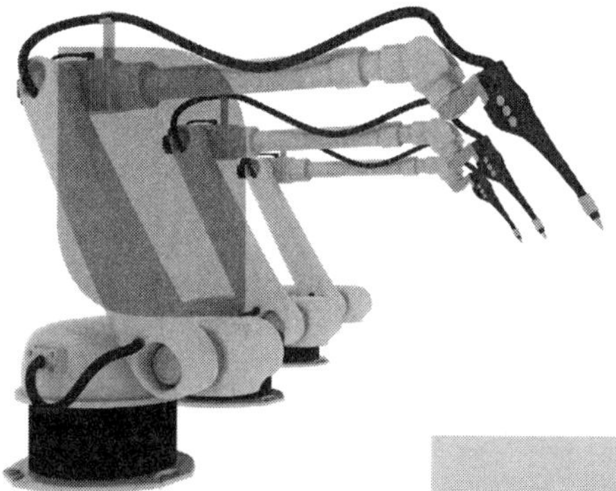

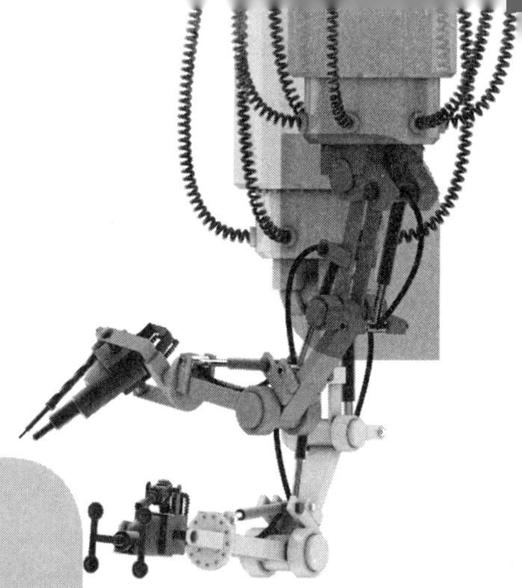

로봇 시스템

SIMULINK 기반 시뮬레이션 및 실험

Robot Manipulator Control

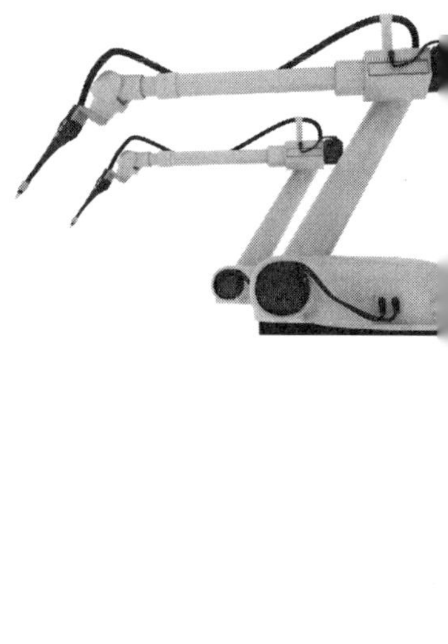

정슬 지음

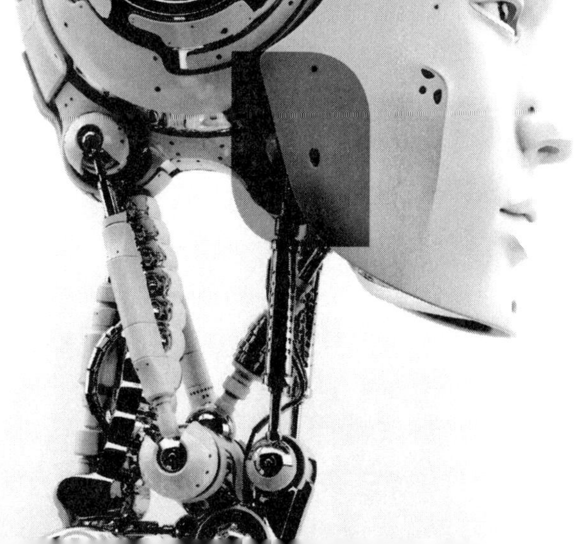

GS인터비전

머 리 말

로봇은 인간과 가장 가까운 움직이는 시스템이다. 인간이 편리함을 추구함에 따라 로봇의 발전은 필연적이다. 최근에 널리 사용되고 있는 청소로봇을 보라. 가까운 미래에는 로봇이 각 가정에 한 대 씩 자리매김을 하면서 우리와 함께 생활하게 될 것이라는 예상이 거의 현실화되어 가고 있는 실정이다.

정부는 앞으로 우리나라를 먹여 살릴 차세대 국가 전략 산업 항목 중 하나로 로봇산업을 선정하였다. 우리나라는 로봇분야의 모든 역량, 즉 산업체에서 사용하는 로봇의 대수, 로봇 분야의 연구비, 연구 인력, 그리고 논문 발표 등 로봇에 관한 모든 것을 고려 할 때 전 세계에서 대략 4위 정도한다고 한다. 매우 높은 순위이다.

따라서, 로봇 분야에 대한 관심이 많아지고 연구가 활성화됨에 따라 로봇에 대한 학부과정의 기본교육뿐만 아니라 대학원 과정의 고등 교육의 필요성이 요구되었다. 이에 '로봇 시스템'이라는 주제된 시리즈의 전문화된 책을 쓰게 되었다. 첫 번째 시리즈는 '로봇팔의 제어'로 로봇팔에 대한 이론에서 시뮬레이션 그리고 실험까지 다양한 내용을 포함하고자 하였다. 로봇의 가장 기본이 되는 로봇 팔을 중심으로 필수적인 제어이론에서부터 실험결과까지 삽입하였다. 또한 실험이 어려운 점을 보완하기 위해 MATLAB과 SIMULINK를 사용한 시뮬레이션도 병행해서 삽입하였다.

매 주제마다 제어이론과 시뮬레이션이 함께 주어짐으로써 독자들은 열거된 제어이론을 실제로 시뮬레이션 할 수 있다. SIMULINK 프로그램과 MATLAB 프로그램이 함께 주어 짐으로써 쉽게 학습할 수 있도록 배려하였다. 하지만 내용이 함축적이다 보니 처음으로 이 책을 접하는 독자들에게는 다소 어려울 수 있다. 이전에 집필한 '로봇공학' 책으로 미리 공부하거나 참조를 하면 시뮬레이션을 하거나 로봇공학에 대한 이론을 이해하는데 도움이 될 것 같다. 또한 로봇팔의 대상은 2축 평면 로봇을 기준으로 통일하였기 때문에 프로그램 구성이 쉽고 수정이 많지 않도록 하였다.

따라서 이 책을 공부하는 방법은 매 제어 이론을 이해하고 주어진 예제의 시뮬레이션을 해봄으로써 학습을 할 수 있게 되고 더 나아가 프로그램을 수정하여 다양한 환경, 즉 경로의 변경, 외란의 추가 등과 같은 다른 환경에서의 시뮬레이션을 통해 제어기의 특성을 확실하게 이해하는 것이다. 추가적으로 바라는 것은 시뮬레이션에 그치지 않고 실제 시스템에 적용함으로써 제어이론을 실제 시스템에 접목하는 것이다.

부족한 이 책이 공부하는 모든 사람들에게 작은 도움이 되었으면 하는 바램과 함께 우리나라 산업 발전에 이바지 하게 되기를 희망해 본다. 특히 2009년부터 2014년까지 정부의 서비스 로봇 관련 로봇 인력양성 사업(AIM)의 지원에 감사드린다.

끝으로 이 책이 나오기까지 도와준 ISEE 실험실 대학원생들에게 감사하고 이 과목을 수강하면서 많은 질문과 의견을 준 충남대학교 메카트로닉스 학생들에게도 감사함을 전한다. 끝으로 항상 힘이 되어 주는 부모님과 가족에 감사하고, 알게 모르게 도와주시는 주변의 모든 분들께 감사의 말을 전한다.

백마산 기슭에서

저자 씀

차 례

제 1 장 소 개

제 2 장 로봇의 기본 제어방식

제 3 장 적응 및 강인제어

제 4 장 신경회로망 제어

제 5장 직교좌표공간 제어

제 6장 힘제어

제 7장 로봇의 신경망 힘제어

1

소개

(Introduction)

1.1 소개

최근에 로봇에 대한 관심이 높아지면서 이 분야에 대한 연구도 활발하게 진행되고 있다. 초창기 자동차 조립라인에서 사용되던 산업로봇에서부터 최근의 인간 중심의 휴머노이드 로봇까지 로봇의 종류도 다양하고 그에 따른 기술들이 많은 발전을 이루게 되었다. 최근 로봇 연구의 두드러진 경향은 로봇 팔과 같은 산업로봇에서 탈피하여 움직이는 이동로봇 분야로의 방향전환이다. 로봇의 수요가 산업에서 가정으로 움직임에 따라 고정된 로봇에서부터 움직이는 로봇의 이동성이 요구되었으며, 서비스로봇으로의 기능들이 추가되었다.

특히 제어기술 분야도 많은 발전을 이루었다. 로봇팔의 단순한 위치제어로부터 자기위치 인식이 필요한 이동로봇의 위치 및 속도제어, 안정한 걸음걸이를 유지해야 하는 휴머노이드 로봇의 보행제어에 이르기까지 제어기술이 많은 발전을 이루었다. 제어 알고리즘을 살펴보면 전통적인 PID제어에서부터 적응제어, 강건제어를 포함하여 뉴로-퍼지의 지능제어에 이르기까지 다양한 제어 알고리즘들이 제안되었으며, 실제로 사용되고 있는 실정이다.

로봇팔이 시대에 뒤떨어진 대상체라고는 하지만 그렇다고 더 이상 사용하지 않는 것이 아니다. 현재 가장 많이 사용되고 있는 로봇의 종류도 로봇팔이다. 산업로봇의 사용은 크게 증가하지는 않지만 꾸준한 고정적인 수요가 있다. 또한 이동로봇이 작업을 하려면 로봇 팔을 부착해야 하므로 로봇팔은 반드시 알아야 하는 로봇공학의 가장 기본적이고 전통적인 대상체인 것이다.

휴머노이드 로봇의 경우에도 보행의 문제를 해결하면서 로봇의 지능과 두 팔 조작에 대한 연구가 중점적으로 진행되고 있는 실정이다. 로봇이 인간과 같이 움직이려면 두 팔을 자유롭게 사용할 수 있어야 하는데, 이는 세련된 손의 제작 및 제어를 포함하여 비전을 사용하는 비주얼 서보잉 기술 등 다양한 기술이 복합적으로 이루어 져야 한다.

1.2 로봇 팔의 제어방식

로봇팔의 제어방식은 크게 모델기반 제어방식(Model-based control scheme)과 무모델기반 제어방식(Non-model-based control scheme)으로 나눌 수 있다. 로봇의 모델이라 함은 수학적으로 표현되는 로봇의 동역학을 말한다. 로봇의 동역학을 구성하는 요소는 크게 관성에 의한 힘, Coriolis와 원심력에 의한 힘, 중력에 의한 힘, 그리고 마찰력 및 다른 요소 등이 있다. 또한 로봇은 다입력 다출력(multi-input multi-output) 비선형 시스템이다. 따라서 토크는 각도, 각속도, 각 가속도 요소를 중심으로 구성된다.

$$\tau = f(q, \dot{q}, \ddot{q}) \tag{1.1}$$

q는 n x 1 벡터의 각이고 $\dot{q}$는 n x 1 벡터의 각속도, $\ddot{q}$는 n x 1 벡터의 각가속도이고, τ 는 n x 1 벡터의 토크가 된다.

1.2.1 무모델 제어방식

무모델 방식의 대표적인 제어가 PID 제어방식이다. PID 제어기의 이득값을 조절함으로써 원하는 출력, 즉 토크를 얻는다. PID 제어기의 출력은 다음과 같다.

$$\tau_c = K_P e + K_I \int e\,dt + K_D \dot{e} \tag{1.2}$$

$e = q_d - q$는 n x 1 벡터의 각오차이고 $\dot{e} = \dot{q}_d - \dot{q}$는 n x 1 벡터의 각속도 오차, 그리고 K_P, K_I, K_D는 제어기 이득이다.

이상적인 제어는 로봇의 움직임을 만들어 내는 토크값 τ와 제어기의 출력 τ_c가 같게 되는 것이다.

$$\tau - \tau_c = 0 \tag{1.3}$$

추종 오차가 있을 경우에는 다음과 같이 표현된다.

$$\tau - \tau_c = \epsilon \tag{1.4}$$

ϵ은 토크 오차를 나타낸다. 따라서 제어기는 토크오차를 영으로 만드는 것이 목적이다.

그림 1.1은 PID제어기로 로봇을 제어하는 블록도를 나타낸다. 위치 추종 오차로 구성된 PID 제어기의 출력 값을 로봇의 토크값과 같도록 설정하면 오차는 영이 된다.

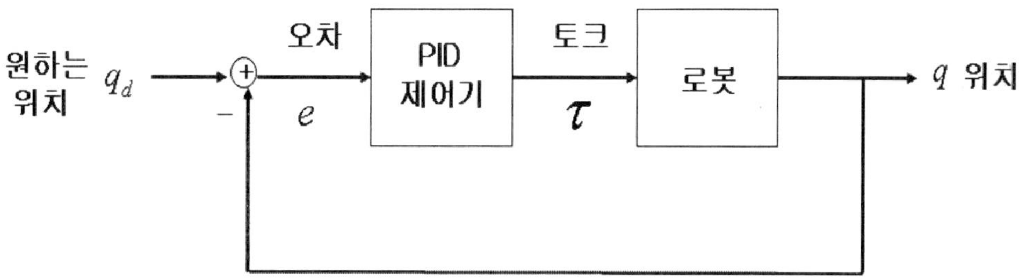

그림 1.1 PID 제어

1.2.2 모델 제어방식

무모델 제어 방식에서는 식(1.3)을 만족하는 것이 쉽지 않았지만 모델을 사용하면 제어기의 역할이 상대적으로 줄어들어 쉽게 만족할 수 있다. 모델 제어방식은 역동역학 제어방식으로 모델을 사용하여 로봇의 동역학을 소거하여 선형화(linearization)와 분리화(decoupling) 를 하여 제어를 쉽게 하는 것이다. 모델 기반의 역동역학 제어방식에서는 로봇의 토크값을 만들기 위해 로봇의 동역학 모델을 사용한다. 식(1.1)에서 역동역학모델은 다음과 같이 표현된다.

$$\tau_c = \tau^{-1} \tag{1.5}$$

순동역학이 토크가 주어지고 로봇의 움직임을 나타내는 것이면 역동역학은 위치가 주어지고 토크를 나타내는 것이다. 따라서 주어진 모델이 100%정확하면 오차는 영으로 수렴하고 그렇지 못하면 추종 오차가 발생하게 된다.

로봇 동역학 식(1.1)과 역동역학 제어기 출력을 고려하면 토크가 상쇄되어 입력이 그대로 출력이 된다. 따라서 추종 오차가 영으로 되며 가장 이상적인 경우이다.

$$\tau_c \tau = \tau^{-1} \tau = 1 \tag{1.6}$$

가장 대표적인 역동역학 제어방식으로는 계산 토크 방식이 있다. 말 그 자체에서 보듯이 토크값을 계산하는 데 있어서 역 동역학 모델(inverse dynamic model)을 사용한다. 그림 1.2는 역동역학 제어 블록을 나타낸다.

하지만 역동역학 제어를 하기 위해서는 우선적으로 해결해야 할 문제점들이 있다. 모델의 정확성에 따라 성능이 좌우되는 것을 볼 수 있으며 문제점은 다음과 같다.

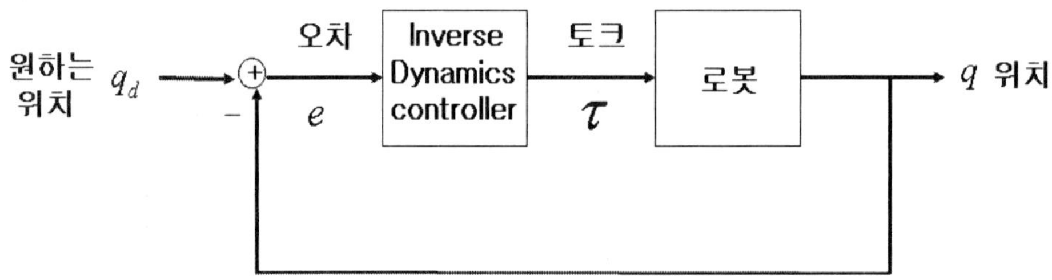

그림 1.2 역동역학 제어

- 로봇 시스템을 100% 정확히 모델링하는 것은 불가능하다.
- 모델하기 어려운 마찰력, 백래쉬, 저크 같은 비선형 요소들을 정확히 알 수 없다.

동역학식에서 모델할 수 없는 동적요소들을 불확실성(uncertainties)이라 한다. 모델링 오차는 결국 위치 추종 오차가 되므로 이 모델링 오차 ϵ을 줄이기 위해 또 다른 형태의 제어기를 사용하게 된다. 위치 추종 성능이 모델에 의존하는 계산 토크 방식의 문제점을 해결하기 위해 많은 제어방식이 제안되었다. 추가적인 제어기의 출력 τ_a를 어떻게 만들어 내는 가에 따라 다양한 제어방식이 제안된다.

$$\tau - \tau_c = \epsilon - \tau_a \tag{1.7}$$

1.2.3 적응제어방식

대표적인 모델 오차를 보상하는 방식이 적응제어방식이다. 적응제어방식은 로봇의 변수들이 시간에 따라 변화할 경우에 적절하게 대응하도록 변수를 매 샘플시간에 갱신하는 것이다. 가장 중요한 것은 적응제어 법칙을 유도하는 것인데, 주어진 시스템의 모델을 사용한다. 이처럼 모델기반제어방식에서는 모델의 정확성이 요구되므로 동역학을 정확하게 구하는 것이 중요하다.

제어기는 시스템 변수의 변화에 적응하도록 설계한다. 변수를 나타내는 W는 가중치이고 로봇의 모델로부터 구한 Y는 regression 함수이다. 변수 W가 목적함수, 즉 리아푸노프 안정성을 만족하도록 갱신이 된다.

$$\tau_c = YW$$

1.2.4 강건제어방식

또 다른 제어방식으로는 강건제어 방식이 있다. 강건제어 방식의 하나인 시간 지연 제어방식(time-delayed control scheme)은 시간지연 모델을 사용하므로 개념적으로 역동역학의 테두리에 속한다. 시간 지연 제어기는 이전 토크 모델을 사용하여 불확실성을 소거하여 오차를 줄이는 방식이다. 상대적으로 모델에 대한 의존이 작지만 모델을 알면 성능이 좋아진다. 이처럼 모델을 알면 제어기의 성능을 높일 수 있지만 로봇의 동역학에서 관성모델을 알아야 하는 부담이 있다.

1.2.5 지능제어방식

이에 반해 지능제어방식은 로봇의 동역학에 대해 전혀 모르는 경우에도 성능을 향상시키므로 최근에 각광을 받고 있다. 지능제어방식은 크게 신경회로망 제어방식과 퍼지 제어방식이 있다. 그림 1.3의 신경회로망 제어방식은 학습에 의해 오차를 줄여가는 이점이 있지만 수학적인 분석이 어려운 단점이 있다. 반면에 그림 1.4의 퍼지 제어방식은 간단하여 하드웨어 구현이 쉽지만 적절한 퍼지법칙을 구하는데 시간이 오래 걸린다. 최근에는 신경망제어기와 퍼지제어기의 장점을 살려 신경망-퍼지 제어기(Neuro-fuzzy controller)가 각광을 받고 있다.

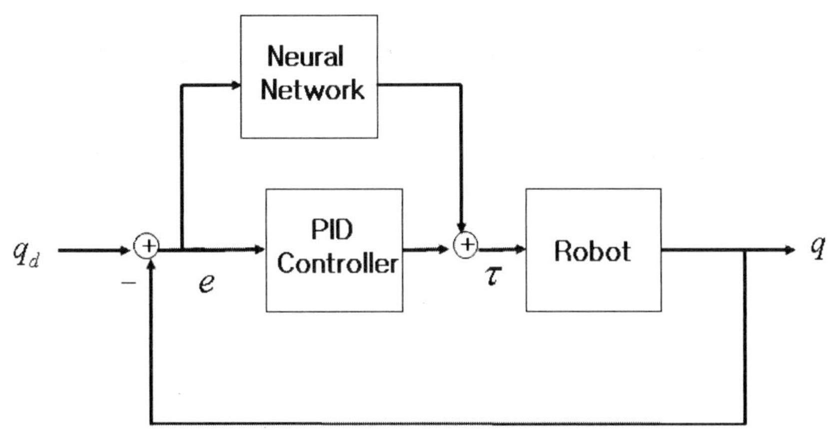

그림 1.3 신경회로망 제어블록도

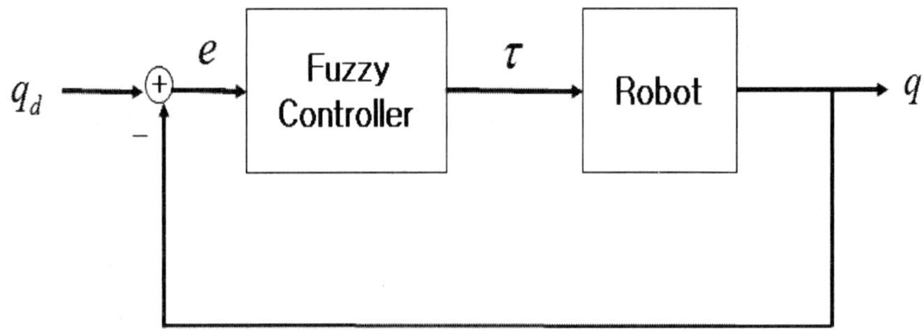

그림 1.4 퍼지 제어블록도

1.3 기구학

1.3.1 소개

일반적으로 로봇팔이 작업을 성공적으로 하기 위해 필요한 자유도는 6자유도이다. 6자유도를 만들기 위해서는 6개의 구동기가 필요하다. 이 6개의 구동기가 움직이면서 로봇의 자세를 만들어 내는데, 로봇의 자세를 결정짓는 변수는 위치 3개 오리엔테이션 3개 모두 6개이다.

로봇의 팔 끝(end-effector) 위치는 로봇이 작업을 하기 위해 매우 중요하다. 로봇팔 끝의 위치는 3개의 변수 즉 x,y,z에 의해 결정되며, 로봇의 3개의 링크의 마지막 링크의 위치 P_0^n를 나타낸다. 3개의 오일러 각으로 나타나는 오리엔테이션은 로봇 팔 끝에서의 회전행렬 R_0^n을 나타낸다. 같은 위치에서 다양한 오리엔테이션이 존재할 수 있다.

결국 로봇의 기구학은 팔끝의 위치와 오리엔테이션 정보를 나타내는 다음 변환행렬을 구하는 것이다.

$$T_0^n = \begin{bmatrix} R_0^n & P_0^n \\ 0 & 1 \end{bmatrix} \tag{1.8}$$

여기서 T_0^n는 4 x 4 변화행렬이고 R_0^n는 3 x 3 회전행렬, P_0^n는 3 x 1 위치벡터이다.

로봇팔 끝에서의 위치 P_0^n는 다음과 같이 표현된다.

$$P_0^n = P_0^{i-1} + R_0^{i-1} P_{i-1}^n \tag{1.9}$$

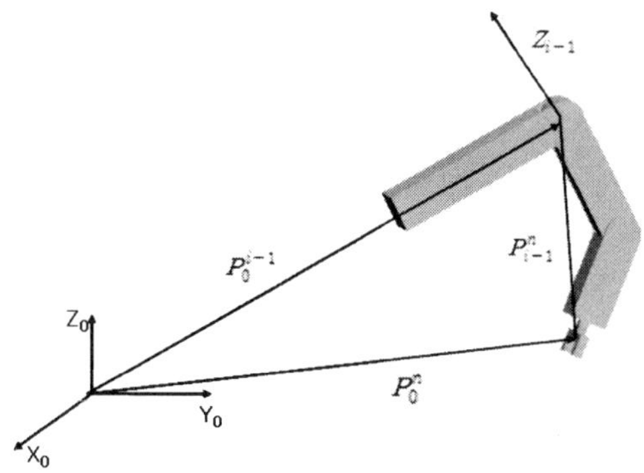

그림 1.5 팔 끝 좌표의 표현

여기서 P_0^{i-1}는 원점에서부터 i-1조인트와의 거리를 나타내고 P_{i-1}^n는 i-1조인트와 n조인트와의 거리를 나타내며 R_0^{i-1}은 원점에 대한 i-1 조인트의 회전행렬을 나타낸다. 그림 1.5에 각 변수가 잘 나타나 있다.

따라서, 로봇의 기구학이란 로봇의 팔끝 좌표 즉 행렬 T_0^n를 구하는 것이다.

1.3.2 회전행렬

다음은 기준 축을 중심으로 회전한 회전행렬 R_0^n을 구해보자.

1) x축을 중심으로 회전축이 α만큼 회전했을 경우

$$R_{x,\alpha} = \begin{bmatrix} 1 & 0 & 0 \\ 0 & \cos\alpha & -\sin\alpha \\ 0 & \sin\alpha & \cos\alpha \end{bmatrix} \tag{1.10}$$

2) y축을 중심으로 ϕ만큼 회전했을 경우

$$R_{y,\phi} = \begin{bmatrix} \cos\phi & 0 & \sin\phi \\ 0 & 1 & 0 \\ -\sin\phi & 0 & \cos\phi \end{bmatrix} \tag{1.11}$$

3) z축을 중심으로 θ만큼 회전했을 경우

$$R_{z,\theta} = \begin{bmatrix} \cos\theta & -\sin\theta & 0 \\ \sin\theta & \cos\theta & 0 \\ 0 & 0 & 1 \end{bmatrix} \tag{1.12}$$

예제 1.1 2 링크 로봇의 기구학

예를 들어 다음과 같은 2절 링크를 고려해 보자. 아래 로봇은 평면에서 움직이는 2 자유도를 가진 planar 로봇이다. 링크의 길이는 각각 l_1, l_2이고 무게는 각각 m_1, m_2이다.

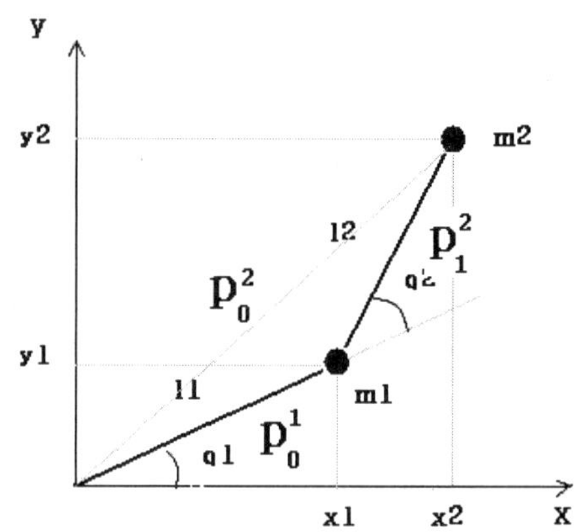

그림 1.6 2자유도 planar 로봇

그림 1.6에서 보면 x_1, y_1의 좌표, 즉 P_0^1는 다음과 같다.

$$x_1 = l_1 \cos(q_1), y_1 = l_1 \sin(q_1)$$

z축을 중심으로 q_1만큼 회전한 회전행렬 R_0^1은 다음과 같다.

$$R_0^1 = \begin{bmatrix} c_1 & -s_1 & 0 \\ s_1 & c_1 & 0 \\ 0 & 0 & 1 \end{bmatrix}$$

여기서 $c_1 = \cos(q_1), s_1 = \sin(q_1)$을 나타낸다. 식(1.9)에 대입하여 정리하면 다음과 같다.

$$P_0^2 = P_0^1 + R_0^1 P_1^2 = \begin{bmatrix} l_1 c_1 \\ l_1 s_1 \\ 0 \end{bmatrix} + \begin{bmatrix} c_1 & -s_1 & 0 \\ s_1 & c_1 & 0 \\ 0 & 0 & 1 \end{bmatrix} \begin{bmatrix} l_2 c_2 \\ l_2 s_2 \\ 0 \end{bmatrix} = \begin{bmatrix} l_1 c_1 + l_2 c_{12} \\ l_1 s_1 + l_2 s_{12} \\ 0 \end{bmatrix}$$

위 식에서 팔 끝에서의 회전행렬을 구하려면 곱하면 된다.

$$R_0^2 = R_0^1 R_1^2 = \begin{bmatrix} c_1 & -s_1 & 0 \\ s_1 & c_1 & 0 \\ 0 & 0 & 1 \end{bmatrix} \begin{bmatrix} c_2 & -s_2 & 0 \\ s_2 & c_2 & 0 \\ 0 & 0 & 1 \end{bmatrix} = \begin{bmatrix} c_{12} & -s_{12} & 0 \\ s_{12} & c_{12} & 0 \\ 0 & 0 & 1 \end{bmatrix}$$

여기서 $c_{12} = \cos(q_1 + q_2), s_{12} = \sin(q_1 + q_2)$을 나타낸다.

이는 D-H(Denavit-Hartenberg) 변수를 구한 다음, 변환행렬을 통해 기구학을 구한 것과 같게 된다.

$$A_0^1 = \begin{bmatrix} c_1 & -s_1 & 0 & l_1 c_1 \\ s_1 & c_1 & 0 & l_1 s_1 \\ 0 & 0 & 1 & 0 \\ 0 & 0 & 0 & 1 \end{bmatrix} \quad A_1^2 = \begin{bmatrix} c_2 & -s_2 & 0 & l_2 c_2 \\ s_2 & c_2 & 0 & l_2 s_2 \\ 0 & 0 & 1 & 0 \\ 0 & 0 & 0 & 1 \end{bmatrix} \quad T_0^2 = A_0^1 A_1^2 = \begin{bmatrix} c_{12} & -s_{12} & 0 & l_1 c_1 + l_2 c_{12} \\ s_{12} & c_{12} & 0 & l_1 s_1 + l_2 s_{12} \\ 0 & 0 & 1 & 0 \\ 0 & 0 & 0 & 1 \end{bmatrix}$$

[점검문제 1.1]

다음 3축 로봇의 기구학을 구하시오.

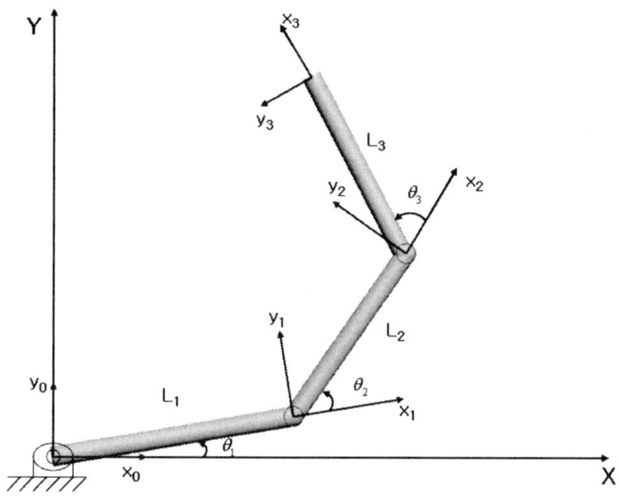

[점검문제 1.2]

다음 3축 로타리 형태의 로봇의 기구학을 구하시오.

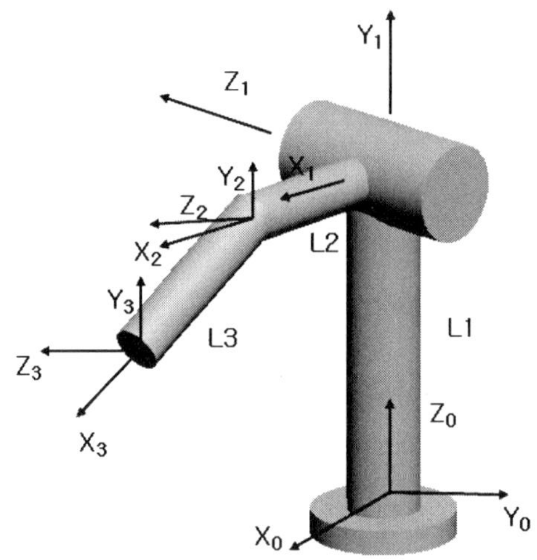

1.4 로봇의 자코비안

우리가 앞에서 배운 것처럼 직교 위치 벡터 x와 조인트 각 벡터 q는 순기구학을 통해 다음과 같은 관계가 있다.

$$x = F(q) \tag{1.13}$$

여기서 F는 순기구학이고 $x \in R^{6\times 1}, q \in R^{n\times 1}$ 이다. 위의 순기구학을 시간으로 미분하여 연쇄 법칙을 적용하게 되면 다음과 같은 시간에 따라 변화하는 동기구학을 얻을 수 있게 된다.

$$\frac{dx}{dt} = \frac{\partial F(q)}{\partial q}\frac{\partial q}{\partial t} \tag{1.14}$$

시간함수를 생략하고 식(1.14)를 간단하게 다시 쓰면 다음과 같다.

$$\dot{x} = J\dot{q} \tag{1.15}$$

식(1.15)로부터 조인트 속도 $\dot{q}$와 직교좌표 속도 $\dot{x}$와의 관계식을 구할 수 있다. 따라서 조인트 속도 $\dot{q}$가 주어지면 직교좌표 속도 $\dot{x}$를 구할 수 있다. 여기서 J를 **'로봇의 자코비안(Jacobian)'**이라 하며 다음과 같이 정의한다.

$$J = \frac{\partial F(q)}{\partial q} \tag{1.16}$$

행렬의 각 원소에 대해 자세히 자코비안 행렬을 나타내면 다음과 같다.

$$J = \begin{bmatrix} \frac{\partial F_1}{\partial q_1} & \frac{\partial F_1}{\partial q_2} \cdots & \frac{\partial F_1}{\partial q_n} \\ \vdots & \vdots \cdots & \vdots \\ \vdots & \vdots \cdots & \vdots \\ \frac{\partial F_6}{\partial q_1} & \frac{\partial F_6}{\partial q_2} \cdots & \frac{\partial F_6}{\partial q_n} \end{bmatrix} \tag{1.17}$$

결과적인 자코비안 행렬의 크기는 $6 \times n$이다. i번째 행과 j번째 열의 자코비안 원소는 다음과 같다.

$$J_{ij} = \frac{\partial F_i}{\partial q_j} \tag{1.18}$$

먼저 팔 끝의 선속도는

$$v_0^n = J_v \dot{q}_v \tag{1.19}$$

여기서 $v_0^n = \dot{P}_0^n$이고 J_v는 팔끝 선속도에 대한 자코비안 행렬이다.

로봇 팔 끝의 각속도는 다음과 같다.

$$w_0^n = J_w \dot{q}_w \tag{1.20}$$

여기서 J_w는 팔끝 각속도에 대한 자코비안 행렬이다.

따라서 일반적인 전체 자코비안 행렬은 다음과 같다.

$$\begin{bmatrix} v_0^n \\ w_0^n \end{bmatrix} = \begin{bmatrix} J_v \\ J_w \end{bmatrix} \dot{q} = J_0^n \dot{q} \tag{1.21}$$

여기서 J_0^n은 6×n 행렬이고 $\dot{q}=\begin{bmatrix}\dot{q}_v^T \\ \dot{q}_w^T\end{bmatrix}$이다. 결과적으로 J_v와 J_w를 구하여 합한 것이 전체 자코비안 행렬이 된다.

그렇다면 로봇팔의 자코비안 행렬을 구해보자.

1.4.1 조인트 i가 선형 운동일 경우

그림 1.7에서 $i-1$조인트에서 i조인트 까지의 거리 d_{i-1}^i는 다음과 같이 표현된다.

$$d_{i-1}^i = d_i k_u + R_{i-1}^i a_i i_u \tag{1.22}$$

여기서 i_u, k_u는 유닛벡터이다.

i를 제외한 모든 조인트가 고정되어 있다고 가정하고 식(1.22)를 미분하면

$$\dot{d}_{i-1}^i = \dot{d}_i k_u \tag{1.23}$$

조인트 i에 대해 미분하면 P_0^{i-1}와 R_0^{i-1}은 조인트 i에 대해 독립적이므로 팔 끝에서의 선속도는 다음과 같다.

$$\dot{P}_0^n = R_0^{i-1} \dot{P}_{i-1}^i \tag{1.24}$$

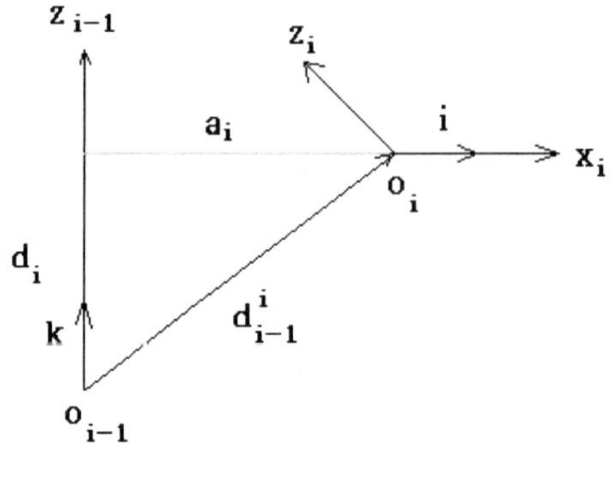

그림 1.7 좌표의 표현

선 운동의 경우 $\dot{P}_{i-1}^{i}=\dot{d}_{i-1}^{i}$이므로 식(1.23)을 (1.24)에 대입하면

$$\dot{P}_0^n = R_0^{i-1}\dot{d}_i k_u = \dot{d}_i R_0^{i-1} k_u = \dot{d}_i z_{i-1} \tag{1.25}$$

여기서 $z_{i-1} = R_0^{i-1}k_u$이다.

식(1.25)에서 d_i를 일반 변수 q_i로 대체하고 정리하면 자코비안은 다음과 같다.

$$J_v = \frac{\partial P_0^n}{\partial d_i} = \frac{\partial P_0^n}{\partial q_i} = z_{i-1} \tag{1.26}$$

1.4.2 조인트 i가 회전 조인트인 경우

조인트 i가 회전조인트일 경우에 좌표의 표현은 그림 1.8과 같다.

벡터 o_k는 원점 좌표 o_o에서 k 조인트의 원점o_k까지의 거리 벡터로 정의하자.

$$P_{i-1}^n = P_0^n - P_0^{i-1} \tag{1.27}$$

식(1.9)를 식(1.27)에 대입하면

$$P_{i-1}^n = P_0^{i-1} + R_0^{i-1}P_{i-1}^n - P_0^{i-1} \tag{1.28}$$

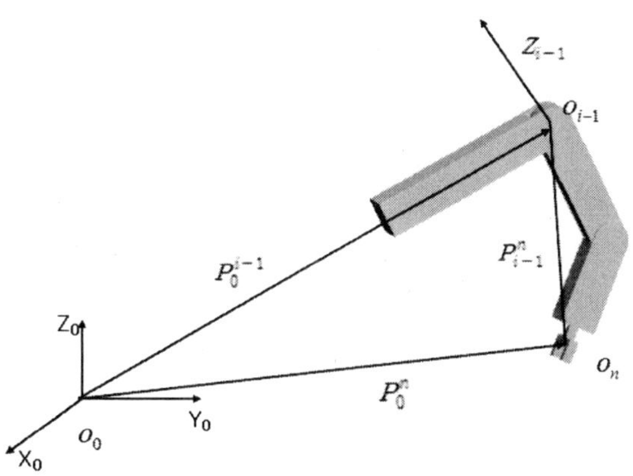

그림 1.8 좌표의 표현

$P_{i-1}^n = O_n - O_{i-1}$ 이므로 대입하여 정리하면 다음과 같다.

$$O_n - O_{i-1} = R_0^{i-1} P_{i-1}^n \tag{1.29}$$

조인트 i만 구동되어진다고 가정하고 식 (1.9)를 미분하면 다음과 같다.

$$\dot{P}_0^n = R_0^{i-1} \dot{P}_{i-1}^n \tag{1.30}$$

링크 i에서 z_{i-1}축을 중심으로 q_i가 회전하므로 속도는 다음과 같다.

$$\dot{P}_{i-1}^n = \dot{q}_i k_u \times P_{i-1}^n \tag{1.31}$$

식(1.31)을 (1.30)에 대입하면

$$\begin{aligned} \dot{P}_0^n &= R_0^{i-1}(\dot{q}_i k_u \times P_{i-1}^n) \\ &= R_0^{i-1} \dot{q}_i k_u \times R_0^{i-1} P_{i-1}^n \\ &= \dot{q}_i z_{i-1} \times (o_n - o_{i-1}) \end{aligned} \tag{1.32}$$

그러므로 자코비안 행렬은

$$J_v = \frac{\partial P_0^n}{\partial q_i} = z_{i-1} \times (o_n - o_{i-1}) \tag{1.33}$$

선속도에 의한 자코비안 행렬은 다음과 같다.

$$\begin{aligned} J_v &= \left[\frac{\partial P_0^n}{\partial q_1} \ \frac{\partial P_0^n}{\partial q_2} \ \cdots \ \frac{\partial P_0^n}{\partial q_n}\right] \\ &= [z_0 \times (o_n - o_0) \ z_1 \times (o_n - o_1) \ \cdots \ z_{n-1} \times (o_n - o_{n-1})] \end{aligned} \tag{1.34}$$

결국 J_w와 J_v를 합한 전체적인 자코비안 행렬 J는 다음과 같다.

$$J = \begin{bmatrix} J_v \\ J_w \end{bmatrix} = [J_1 \quad J_2 \quad \cdots \quad J_n] \tag{1.35}$$

조인트 i가 회전 조인트일 경우에 선속도와 각속도에 의한 자코비안을 정리하면 다음과 같다.

$$J_i = \begin{bmatrix} z_{i-1} \times (o_n - o_{i-1}) \\ z_{i-1} \end{bmatrix} \tag{1.36}$$

변위 조인트일 경우에는 각속도가 없으므로 다음과 같다.

$$J_i = \begin{bmatrix} z_{i-1} \\ 0 \end{bmatrix} \tag{1.37}$$

예제 1.2 2 링크 로봇의 자코비안 행렬

그림 1.6의 2축 로봇에 대해 자코비안을 구해보자. 링크가 둘인 2축 로봇이므로 자코비안의 형태는 다음과 같다.

$$J = \begin{bmatrix} z_0 \times (o_2 - o_0) & z_1 \times (o_2 - o_1) \\ z_0 & z_1 \end{bmatrix}$$

먼저 원점 o_0에서 원점 o_k까지의 거리를 나타내는 벡터 o_k를 각각 구해보자.

$$o_0 = \begin{bmatrix} 0 \\ 0 \\ 0 \end{bmatrix}, \ o_1 = \begin{bmatrix} l_1 c_1 \\ l_1 s_1 \\ 0 \end{bmatrix}, \ o_2 = \begin{bmatrix} l_1 c_1 + l_2 c_{12} \\ l_1 s_1 + l_2 s_{12} \\ 0 \end{bmatrix}$$

$$o_2 - o_0 = o_2, \ o_2 - o_1 = \begin{bmatrix} l_2 c_{12} \\ l_2 s_{12} \\ 0 \end{bmatrix}$$

$z_{i-1} = R_0^{i-1} k_u$로부터

$$z_0 = R_0^0 k_u = k_u = \begin{bmatrix} 0 \\ 0 \\ 1 \end{bmatrix}, \ z_1 = R_0^1 k_u = \begin{bmatrix} c_1 & -s_1 & 0 \\ s_1 & c_1 & 0 \\ 0 & 0 & 1 \end{bmatrix} \begin{bmatrix} 0 \\ 0 \\ 1 \end{bmatrix} = \begin{bmatrix} 0 \\ 0 \\ 1 \end{bmatrix}$$

벡터의 외적계산을 통해 다음과 같이 계산된다.

$$z_0 \times (o_2 - o_0) = \begin{bmatrix} 0 \\ 0 \\ 1 \end{bmatrix} \times \begin{bmatrix} l_1 c_1 + l_2 c_{12} \\ l_1 s_1 + l_2 s_{12} \\ 0 \end{bmatrix} = \begin{bmatrix} -l_1 s_1 - l_2 s_{12} \\ l_1 c_1 + l_2 c_{12} \\ 0 \end{bmatrix}$$

$$z_1 \times (o_2 - o_1) = \begin{bmatrix} 0 \\ 0 \\ 1 \end{bmatrix} \times \begin{bmatrix} l_2 c_{12} \\ l_2 s_{12} \\ 0 \end{bmatrix} = \begin{bmatrix} -l_2 s_{12} \\ l_2 c_{12} \\ 0 \end{bmatrix}$$

결과적인 자코비안 행렬은 다음과 같다. 처음 두 행을 취하면 앞에서 직접 미분 방식으로 구한 자코비안과 일치함을 볼 수 있다.

$$J = \begin{bmatrix} -l_1 s_1 - l_2 s_{12} & -l_2 s_{12} \\ l_1 c_1 + l_2 c_{12} & l_2 c_{12} \\ 0 & 0 \\ 0 & 0 \\ 0 & 0 \\ 1 & 1 \end{bmatrix}$$

[점검문제 1.3]

점검문제 1.1의 로봇의 자코비안을 구하시오.

[점검문제 1.4]

점검문제 1.2의 로봇의 자코비안을 구하시오.

1.5 로봇의 동역학

1.5.1 로봇의 특성

로봇의 동역학식에서 나타나듯이 실제 로봇은 각 조인트가 서로 연결되어 움직임이 서로에게 영향을 주고 있고 비선형이므로 기존의 제어방식으로 각 조인트를 독립적으로 제어하면 위치추종에 오차가 생기게 된다. 이러한 문제점을 해결하기 위해서는 기존의 제어기외에 다른 형태의 제어 알고리즘을 사용해야 한다. 자세하게 식을 통해 알아보도록 하자.

일반적인 n축(joint) 로봇 동적 모델은 다음과 같다.

$$M(q)\ddot{q}+C(q,\dot{q})+G(q)+f_f(\dot{q})=\tau \tag{1.38}$$

$M(q)$는 n x n 관성 행렬, $C(q,\dot{q})=C_m(q,\dot{q})\dot{q}$는 n x 1 벡터의 Coriolis와 원심력, $G(q)$는 n x 1 벡터의 중력, $f_f(\dot{q})$는 n x 1 벡터의 마찰력이고, τ 는 n x 1 벡터의 토크가 된다. q는 n x 1 벡터의 각도이고 $\dot{q}$는 n x 1 벡터의 각속도, $\ddot{q}$는 n x 1 벡터의 각가속도이다.

로봇 동역학 모델의 특성은 다음과 같다.

특성 1 : 관성행렬 $M(q)$는 대칭이고(symmetrical) 양의 한정(positive definite) 행렬이다. 따라서 다음을 만족하는 상수값이 존재한다.

$$d_1I\leq M(q)\leq d_2I \tag{1.39}$$

특성 2 : 관성행렬과 콜리오리스 그리고 원심력 행렬과는 다음의 관계가 성립한다. 이를 skew symmetry 하다고 한다.

$$\dot{M}-2C_m=0 \tag{1.40}$$

1.5.2 Newton Euler 방식

Newton Euler 방식은 Lagrangian Euler 방식에 비해 계산량이 적어 실시간 제어를 가능하게 한다. 먼저 순방향으로 가속도를 계산한 다음, 역방향으로 힘과 토크를 계산한다. 그림 1.9는 PUMA 로봇의 좌표계를 나타낸다.

각 변수의 정의는 다음과 같다.

m_i : 링크 i의 전체 질량

$\overline{r_i}$: 원점에서부터 링크 i의 무게 중심점까지의 거리

$\overline{s_i}$: i 좌표의 원점에서부터 링크 i의 무게 중심점까지의 거리

p_{i-1}^{i} : $i-1$좌표에 대한 i좌표의 원점까지의 거리

$\overline{v_i}$: 링크 i의 무게 중심점에서의 선속도

F_i : 링크 i의 무게 중심점에 적용되는 전체 외부 힘

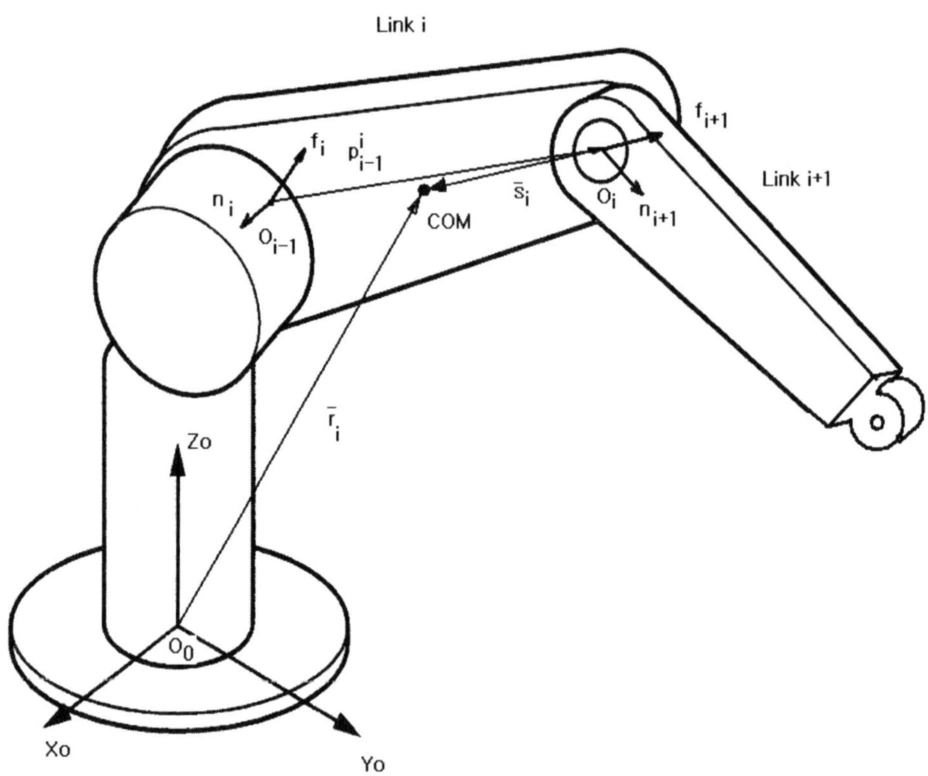

그림 1.9 좌표축의 변수 설정

N_i : 링크 i의 무게 중심점에 적용되는 전체 외부 모멘트

I_i : 원점 좌표에 관한 링크 i의 무게 중심에서의 관성

f_i : 링크 $i-1$이 링크 i에 적용하는 힘

n_i : 링크 $i-1$이 링크 i에 적용하는 모멘트

1.5.2.1 Newton Euler 순방향 계산

순방향 계산에서는 각 조인트의 속도와 가속도를 계산한다. $i-1$조인트는 i 조인트의 속도에 영향을 미치므로 $i-1$조인트의 속도를 먼저 계산한다.

① 속도 계산

$v_i = w_i \times p^i_{i-1} + v_{i-1}$ 회전 조인트

$v_i = z_{i-1}\dot{q}_i + w_i \times p^i_{i-1} + v_{i-1}$ 선운동 조인트

$w_i = w_{i-1} + z_{i-1}\dot{q}_i$ 회전 조인트

$w_i = w_{i-1}$ 선운동 조인트

② 가속도 계산

$$\dot{w}_i = \dot{w}_{i-1} + z_{i-1}\ddot{q}_i + w_{i-1} \times (z_{i-1}\dot{q}_i)$$

$$\dot{w}_i = \dot{w}_{i-1}$$

$$\dot{v}_i = \dot{w}_i \times p^i_{i-1} + w_i \times (w_i \times p^i_{i-1}) + \dot{v}_{i-1}$$

$$\dot{v}_i = z_{i-1}\ddot{q}_i + \dot{w}_i \times p^i_{i-1} + 2w_i \times (z_{i-1}\dot{q}_i) + w_i \times (w_i \times p^i_{i-1}) + \dot{v}_{i-1}$$

$$\overline{a}_i = \dot{w}_i \times \overline{s}_i + w_i \times (w_i \times \overline{s}_i) + \dot{v}_i$$

1.5.2.2 Newton Euler 역방향 계산

역방향에서는 힘과 토크를 계산한다. i조인트는 $i-1$조인트의 힘과 토크에 영향을 미치므로 i조인트의 힘과 토크를 먼저 계산한다.

$$
\begin{aligned}
F_i &= m_i \overline{a_i} \\
N_i &= I_i \dot{w}_i + w_i \times (I_i w_i) \\
f_i &= F_i + f_{i+1} \\
n_i &= n_{i+1} + p_{i-1}^{i} \times f_{i+1} + (p_{i-1}^{i} + \overline{s_i}) \times F_i + N_i \\
\tau_i &= n_i^T z_{i-1} + b_i \dot{q}_i \\
\tau_i &= f_i^T z_{i-1} + b_i \dot{q}_i
\end{aligned}
$$

여기서 b_i는 마찰 계수이다.

1.5.3 2축 로봇의 예

그림 1.10의 2축 로봇의 동역학을 구해보자.

각 조인트의 변환 행렬을 구해보면 다음과 같다.

$$
A_0^1 = \begin{bmatrix} c_1 & -s_1 & 0 & l_1 c_1 \\ s_1 & c_1 & 0 & l_1 s_1 \\ 0 & 0 & 1 & 0 \\ 0 & 0 & 0 & 1 \end{bmatrix} \quad
A_1^2 = \begin{bmatrix} c_2 & -s_2 & 0 & l_2 c_2 \\ s_2 & c_2 & 0 & l_2 s_2 \\ 0 & 0 & 1 & 0 \\ 0 & 0 & 0 & 1 \end{bmatrix} \quad
A_0^2 = \begin{bmatrix} c_{12} & -s_{12} & 0 & l_1 c_1 + l_2 c_{12} \\ s_{12} & c_{12} & 0 & l_1 s_1 + l_2 s_{12} \\ 0 & 0 & 1 & 0 \\ 0 & 0 & 0 & 1 \end{bmatrix}
$$

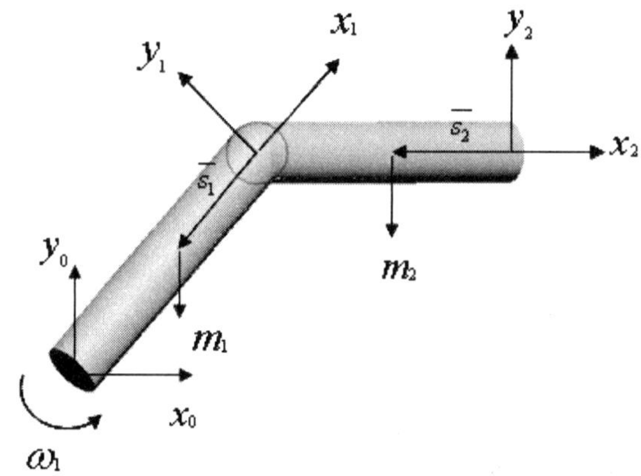

그림 1.10 2절 링크 로봇

① **속도 계산**

$$v_i = w_i \times p^i_{i-1} + v_{i-1}, \quad w_i = w_{i-1} + z_{i-1}\dot{q}_i$$

$$w_1 = w_0 + z_0\dot{q}_1 = 0 + \dot{\theta}_1 \begin{bmatrix} 0 \\ 0 \\ 1 \end{bmatrix} = \begin{bmatrix} 0 \\ 0 \\ \dot{\theta}_1 \end{bmatrix}$$

$$w_2 = w_1 + z_1\dot{q}_2 = \begin{bmatrix} 0 \\ 0 \\ \dot{\theta}_1 \end{bmatrix} + \begin{bmatrix} 0 \\ 0 \\ \dot{\theta}_2 \end{bmatrix} = \begin{bmatrix} 0 \\ 0 \\ \dot{\theta}_1 + \dot{\theta}_2 \end{bmatrix}$$

$$v_1 = w_1 \times p^1_0 + v_0 = \begin{bmatrix} 0 \\ 0 \\ \dot{\theta}_1 \end{bmatrix} \times \begin{bmatrix} l_1c_1 \\ l_1s_1 \\ 0 \end{bmatrix} = \begin{bmatrix} -l_1s_1\dot{\theta}_1 \\ l_1c_1\dot{\theta}_1 \\ 0 \end{bmatrix}$$

$$\begin{aligned} v_2 &= w_2 \times p^2_1 + v_1 \\ &= \begin{bmatrix} 0 \\ 0 \\ \dot{\theta}_1 + \dot{\theta}_2 \end{bmatrix} \times \begin{bmatrix} l_2c_{12} \\ l_2s_{12} \\ 0 \end{bmatrix} + \begin{bmatrix} -l_1s_1\dot{\theta}_1 \\ l_1c_1\dot{\theta}_1 \\ 0 \end{bmatrix} = \begin{bmatrix} -l_2s_{12}(\dot{\theta}_1 + \dot{\theta}_2) \\ l_2c_{12}(\dot{\theta}_1 + \dot{\theta}_2) \\ 0 \end{bmatrix} + \begin{bmatrix} -l_1s_1\dot{\theta}_1 \\ l_1c_1\dot{\theta}_1 \\ 0 \end{bmatrix} \\ &= \begin{bmatrix} -(l_1s_1 + l_2s_{12})\dot{\theta}_1 - l_2s_2\dot{\theta}_2 \\ (l_1c_1 + l_2c_{12}) + l_2c_2\dot{\theta}_2 \\ 0 \end{bmatrix} \end{aligned}$$

② **가속도 계산**

$$\dot{v}_i = \dot{w}_i \times p^i_{i-1} + w_i \times (w_i \times p^i_{i-1}) + \dot{v}_{i-1}$$

$$\dot{w}_i = \dot{w}_{i-1} + z_{i-1}\ddot{q}_i + w_{i-1} \times (z_{i-1}\dot{q}_i)$$

$$\dot{w}_1 = \dot{w}_0 + z_0\ddot{q}_1 + w_0 \times (z_0\dot{q}_1)$$

$$= \begin{bmatrix} 0 \\ 0 \\ 0 \end{bmatrix} + \begin{bmatrix} 0 \\ 0 \\ \ddot{\theta}_1 \end{bmatrix} + \begin{bmatrix} 0 \\ 0 \\ 0 \end{bmatrix} \times \begin{bmatrix} 0 \\ 0 \\ \dot{\theta}_1 \end{bmatrix} = \begin{bmatrix} 0 \\ 0 \\ \ddot{\theta}_1 \end{bmatrix}$$

$$\dot{w}_2 = \dot{w}_1 + z_1\ddot{q}_2 + w_1 \times (z_1\dot{q}_2)$$

$$= \begin{bmatrix} 0 \\ 0 \\ \ddot{\theta}_1 \end{bmatrix} + \begin{bmatrix} 0 \\ 0 \\ \ddot{\theta}_2 \end{bmatrix} + \begin{bmatrix} 0 \\ 0 \\ \dot{\theta}_1 \end{bmatrix} \times \begin{bmatrix} 0 \\ 0 \\ \dot{\theta}_2 \end{bmatrix} = \begin{bmatrix} 0 \\ 0 \\ \ddot{\theta}_1 + \ddot{\theta}_2 \end{bmatrix}$$

$$\dot{v}_1 = \dot{w}_1 \times p_0^1 + w_1 \times (w_1 \times p_0^1) + \dot{v}_0$$

$$= \begin{bmatrix} 0 \\ 0 \\ \ddot{\theta}_1 \end{bmatrix} \times \begin{bmatrix} l_1 c_1 \\ l_1 s_1 \\ 0 \end{bmatrix} + \begin{bmatrix} 0 \\ 0 \\ \dot{\theta}_1 \end{bmatrix} \times \left(\begin{bmatrix} 0 \\ 0 \\ \dot{\theta}_1 \end{bmatrix} \times \begin{bmatrix} l_1 c_1 \\ l_1 s_1 \\ 0 \end{bmatrix} \right) + \begin{bmatrix} 0 \\ g \\ 0 \end{bmatrix}, \left(\dot{v}_0 = \begin{bmatrix} 0 \\ g \\ 0 \end{bmatrix}, g = 9.8m/s^2 \right)$$

$$= \begin{bmatrix} -l_1 s_1 \ddot{\theta}_1 \\ l_1 c_1 \ddot{\theta}_1 \\ 0 \end{bmatrix} + \begin{bmatrix} 0 \\ 0 \\ \dot{\theta}_1 \end{bmatrix} \times \begin{bmatrix} -l_1 s_1 \dot{\theta}_1 \\ l_1 c_1 \dot{\theta}_1 \\ 0 \end{bmatrix} + \begin{bmatrix} 0 \\ g \\ 0 \end{bmatrix} = \begin{bmatrix} -l_1 s_1 \ddot{\theta}_1 \\ l_1 c_1 \ddot{\theta}_1 \\ 0 \end{bmatrix} + \begin{bmatrix} -l_1 c_1 \dot{\theta}_1^2 \\ l_1 s_1 \dot{\theta}_1^2 \\ 0 \end{bmatrix} + \begin{bmatrix} 0 \\ g \\ 0 \end{bmatrix}$$

$$= \begin{bmatrix} -l_1 s_1 \ddot{\theta}_1 - l_1 c_1 \dot{\theta}_1^2 \\ l_1 c_1 \ddot{\theta}_1 - l_1 s_1 \dot{\theta}_1^2 + g \\ 0 \end{bmatrix}$$

$$\dot{v}_2 = \dot{w}_2 \times p_1^2 + w_2 \times (w_2 \times p_1^2) + \dot{v}_1$$

$$= \begin{bmatrix} 0 \\ 0 \\ \ddot{\theta}_1 + \ddot{\theta}_2 \end{bmatrix} \times \begin{bmatrix} l_2 c_{12} \\ l_2 s_{12} \\ 0 \end{bmatrix} + \begin{bmatrix} 0 \\ 0 \\ \dot{\theta}_1 + \dot{\theta}_2 \end{bmatrix} \times \left(\begin{bmatrix} 0 \\ 0 \\ \dot{\theta}_1 + \dot{\theta}_2 \end{bmatrix} \times \begin{bmatrix} l_2 c_{12} \\ l_2 s_{12} \\ 0 \end{bmatrix} \right) + \begin{bmatrix} -l_1 s_1 \ddot{\theta}_1 - l_1 c_1 \dot{\theta}_2^2 \\ l_1 c_1 \ddot{\theta}_1 - l_1 s_1 \dot{\theta}_1^2 + g \\ 0 \end{bmatrix}$$

$$= \begin{bmatrix} -l_2 s_{12} (\ddot{\theta}_1 + \ddot{\theta}_2) \\ l_2 c_{12} (\ddot{\theta}_1 + \ddot{\theta}_2) \\ 0 \end{bmatrix} + \begin{bmatrix} 0 \\ 0 \\ \dot{\theta}_1 + \dot{\theta}_2 \end{bmatrix} \times \begin{bmatrix} -l_{12} s_{12} (\dot{\theta}_1 + \dot{\theta}_2) \\ l_2 c_{12} (\dot{\theta}_1 + \dot{\theta}_2) \\ 0 \end{bmatrix} + \begin{bmatrix} -l_1 s_1 \ddot{\theta}_1 - l_1 c_1 \dot{\theta}_1^2 \\ l_1 s_1 \ddot{\theta}_1 - l_1 s_1 \dot{\theta}_1^2 + g \\ 0 \end{bmatrix}$$

$$= \begin{bmatrix} -l_2 s_{12} (\ddot{\theta}_1 + \ddot{\theta}_2) - l_2 c_{12} (\dot{\theta}_1 + \dot{\theta}_2)^2 - l_1 s_1 \ddot{\theta}_1 - l_1 c_1 \dot{\theta}_1^2 \\ l_2 c_{12} (\ddot{\theta}_1 + \ddot{\theta}_2) - l_2 s_{12} (\dot{\theta}_1 + \dot{\theta}_2)^2 + l_1 c_1 \ddot{\theta}_1 - l_1 s_1 \dot{\theta}_1^2 + g \\ 0 \end{bmatrix}$$

③ i 조인트에서 무게 중심점까지의 거리 계산

i조인트에서 무게중심점까지의 거리를 $\overline{s_i}$라 하면 주의할 점은 사인이 음수가 된다는 것이다. 만약 링크를 섬실량으로 가정하였으면 거리는 영이 된다.

$$\overline{s_1} = \begin{bmatrix} -\frac{1}{2} l_1 c_1 \\ -\frac{1}{2} l_2 s_1 \\ 0 \end{bmatrix}, \quad \overline{s_2} = \begin{bmatrix} -\frac{1}{2} l_2 c_{12} \\ -\frac{1}{2} l_2 s_{12} \\ 0 \end{bmatrix}$$

④ 무게 중심점에서 링크 i의 가속도

$$\overline{a_i} = \dot{w}_i \times \overline{s_i} + w_i \times (w_i \times \overline{s_i}) + \dot{v}_i$$

$$\overline{a_1} = \dot{w}_1 \overline{s_1} + w_i \times (w_1 \times \overline{s_1}) + \dot{v}_1$$

$$= \begin{bmatrix} 0 \\ 0 \\ \ddot{\theta}_1 \end{bmatrix} \times \begin{bmatrix} -\frac{1}{2} l_1 c_1 \\ -\frac{1}{2} l_2 s_1 \\ 0 \end{bmatrix} + \begin{bmatrix} 0 \\ 0 \\ \dot{\theta}_1 \end{bmatrix} \times \left(\begin{bmatrix} 0 \\ 0 \\ \dot{\theta}_1 \end{bmatrix} \times \begin{bmatrix} -\frac{1}{2} l_1 c_1 \\ -\frac{1}{2} l_2 s_1 \\ 0 \end{bmatrix} \right) + \dot{v}_1$$

$$= \begin{bmatrix} \frac{1}{2} l_1 s_1 \ddot{\theta}_1 \\ -\frac{1}{2} l_1 c_1 \ddot{\theta}_1 \\ 0 \end{bmatrix} + \begin{bmatrix} 0 \\ 0 \\ \dot{\theta}_1 \end{bmatrix} \times \begin{bmatrix} \frac{1}{2} l_1 s_1 \dot{\theta}_1 \\ -\frac{1}{2} l_1 c_1 \dot{\theta}_1 \\ 0 \end{bmatrix} + \dot{v}_1$$

$$= \begin{bmatrix} -\frac{1}{2} l_1 s_1 \ddot{\theta}_1 - \frac{1}{2} l_1 c_1 \dot{\theta}_1^2 \\ \frac{1}{2} l_1 c_1 \ddot{\theta}_1 - \frac{1}{2} l_1 s_1 \dot{\theta}_1^2 + g \\ 0 \end{bmatrix}$$

$$\overline{a_2} = \dot{w}_2 \times \overline{s_2} + w_2 \times (w_2 \times \overline{s_2}) + \dot{v}_2$$

$$= \begin{bmatrix} 0 \\ 0 \\ \ddot{\theta}_1 + \ddot{\theta}_2 \end{bmatrix} \times \begin{bmatrix} -\frac{1}{2} l_2 c_{12} \\ -\frac{1}{2} l_2 s_{12} \\ 0 \end{bmatrix} + \begin{bmatrix} 0 \\ 0 \\ \dot{\theta}_1 + \dot{\theta}_2 \end{bmatrix} \times \left(\begin{bmatrix} 0 \\ 0 \\ \dot{\theta}_1 + \dot{\theta}_2 \end{bmatrix} \times \begin{bmatrix} -\frac{1}{2} l_2 c_{12} \\ -\frac{1}{2} l_2 s_{12} \\ 0 \end{bmatrix} \right) + \dot{v}_2$$

$$= \begin{bmatrix} \frac{1}{2} l_2 s_{12} (\ddot{\theta}_1 + \ddot{\theta}_2) \\ -\frac{1}{2} l_2 c_{12} (\ddot{\theta}_1 + \ddot{\theta}_2) \\ 0 \end{bmatrix} + \begin{bmatrix} 0 \\ 0 \\ \dot{\theta}_1 + \dot{\theta}_2 \end{bmatrix} \times \begin{bmatrix} \frac{1}{2} l_2 s_{12} (\dot{\theta}_1 + \dot{\theta}_2) \\ -\frac{1}{2} l_2 c_{12} (\dot{\theta}_1 + \dot{\theta}_2) \\ 0 \end{bmatrix} + \dot{v}_2$$

$$= \begin{bmatrix} -\frac{1}{2}l_2 s_{12}(\ddot{\theta}_1+\ddot{\theta}_2)-\frac{1}{2}l_2 c_{12}(\dot{\theta}_1+\dot{\theta}_2)^2 - l_1 s_1 \ddot{\theta}_1 - l_1 c_1 \dot{\theta}_1^2 \\ \frac{1}{2}l_2 c_{12}(\ddot{\theta}_1+\ddot{\theta}_2)-\frac{1}{2}l_2 s_{12}(\dot{\theta}_1+\dot{\theta}_2)^2 + l_1 c_1 \ddot{\theta}_1 - l_1 s_1 \dot{\theta}_1^2 + g \\ 0 \end{bmatrix}$$

⑤ 외부 힘계산

$F_i = m_i \overline{a_i}$이므로 $i=1$일 때에

$$F_1 = m_1 \overline{a_1} = \begin{bmatrix} -\frac{1}{2}m_1 l_1 s_1 \ddot{\theta}_1 - \frac{1}{2}m_1 l_1 c_1 \dot{\theta}_1^2 \\ \frac{1}{2}m_1 l_1 c_1 \ddot{\theta}_1 - \frac{1}{2}m_1 l_1 s_1 \dot{\theta}_1^2 + m_1 g \\ 0 \end{bmatrix}$$

$i=2$일 때에

$$F_2 = m_2 \overline{a_2}$$

$$= \begin{bmatrix} -\frac{1}{2}m_2 l_2 s_{12}(\ddot{\theta}_1+\ddot{\theta}_2)-\frac{1}{2}m_2 l_2 c_{12}(\dot{\theta}_1+\dot{\theta}_2)^2 - m_2 l_1 s_1 \ddot{\theta}_1 - m_2 l_1 c_1 \dot{\theta}_1^2 \\ \frac{1}{2}m_2 l_2 c_{12}(\ddot{\theta}_1+\ddot{\theta}_2)-\frac{1}{2}m_2 l_2 s_{12}(\dot{\theta}_1+\dot{\theta}_2)^2 + m_2 l_1 c_1 \ddot{\theta}_1 - m_2 l_1 s_1 \dot{\theta}_1^2 + m_2 g \\ 0 \end{bmatrix}$$

⑥ 외부 모멘트 계산

$$N_i = I_i \dot{w}_i + w_i \times (I_i w_i)$$

간단히 하기 위해 링크를 slender rod라 가정할 때 무게 중심점에서의 관성 행렬은 다음과 같다.

$$I_1 = \begin{bmatrix} 0 & 0 & 0 \\ 0 & \frac{1}{12}m_1 l_1^2 & 0 \\ 0 & 0 & \frac{1}{12}m_1 l_1^2 \end{bmatrix} \quad I_2 = \begin{bmatrix} 0 & 0 & 0 \\ 0 & \frac{1}{12}m_2 l_2^2 & 0 \\ 0 & 0 & \frac{1}{12}m_2 l_2^2 \end{bmatrix}$$

$$N_1 = I_1\dot{w}_1 + w_1 \times (I_1 w_1)$$

$$= \begin{bmatrix} 0 & 0 & 0 \\ 0 & \frac{1}{12}m_1 l_1^2 & 0 \\ 0 & 0 & \frac{1}{12}m_1 l_1^2 \end{bmatrix} \begin{bmatrix} 0 \\ 0 \\ \ddot{\theta}_1 \end{bmatrix} + \begin{bmatrix} 0 \\ 0 \\ \dot{\theta}_1 \end{bmatrix} \times \begin{bmatrix} 0 & 0 & 0 \\ 0 & \frac{1}{12}m_1 l_1^2 & 0 \\ 0 & 0 & \frac{1}{12}m_1 l_1^2 \end{bmatrix} \begin{bmatrix} 0 \\ 0 \\ \dot{\theta}_1 \end{bmatrix}$$

$$= \begin{bmatrix} 0 \\ 0 \\ \frac{1}{12}m_1 l_1^2 \ddot{\theta}_1 \end{bmatrix}$$

$$N_2 = I_2\dot{w}_2 + w_2 \times (I_2 w_2)$$

$$= \begin{bmatrix} 0 & 0 & 0 \\ 0 & \frac{1}{12}m_2 l_2^2 & 0 \\ 0 & 0 & \frac{1}{12}m_2 l_2^2 \end{bmatrix} \begin{bmatrix} 0 \\ 0 \\ \ddot{\theta}_1 + \ddot{\theta}_2 \end{bmatrix} + \begin{bmatrix} 0 \\ 0 \\ \dot{\theta}_1 + \dot{\theta}_2 \end{bmatrix} \times \begin{bmatrix} 0 & 0 & 0 \\ 0 & \frac{1}{12}m_2 l_2^2 & 0 \\ 0 & 0 & \frac{1}{12}m_2 l_2^2 \end{bmatrix} \begin{bmatrix} 0 \\ 0 \\ \dot{\theta}_1 + \dot{\theta}_2 \end{bmatrix}$$

$$= \begin{bmatrix} 0 \\ 0 \\ \frac{1}{12}m_2 l_2^2 (\ddot{\theta}_1 + \ddot{\theta}_2) \end{bmatrix}$$

⑦ 힘계산

외부에 로드가 없다고 가정하면 $f_3 = n_3 = 0$

$f_i = F_i + f_{i+1}$이므로 $i = 2$일 때에

$f_2 = F_2 + f_3 = F_2$

$$= \begin{bmatrix} -\frac{1}{2}m_2 l_2 s_{12}(\ddot{\theta}_1 + \ddot{\theta}_2) - \frac{1}{2}m_2 l_2 c_{12}(\dot{\theta}_1 + \dot{\theta}_2)^2 - m_2 l_1 s_1 \ddot{\theta}_1 - m_2 l_1 c_1 \dot{\theta}_1^2 \\ \frac{1}{2}m_2 l_2 c_{12}(\ddot{\theta}_1 + \ddot{\theta}_2) - \frac{1}{2}m_2 l_2 s_{12}(\dot{\theta}_1 + \dot{\theta}_2)^2 + m_2 l_1 c_1 \ddot{\theta}_1 - m_2 l_1 s_1 \dot{\theta}_1^2 + m_2 g \\ 0 \end{bmatrix}$$

$i = 1$일 때에

$f_1 = F_1 + f_2 = F_1 + F_2$

⑧ 모멘트 힘 계산

$n_i = n_{i+1} + p_{i-1}^i \times f_{i+1} + (p_{i-1}^i + \overline{s_i})F_i + N_i$이므로

$i = 2$일 때에

$n_2 = n_3 + p_1^2 \times f_3 + (p_1^2 + \overline{s_2}) \times F_2 + N_2$

$$= n_3 + \begin{bmatrix} l_2 c_{12} \\ l_2 s_{12} \\ 0 \end{bmatrix} \times f_3 + \left(\begin{bmatrix} l_2 c_{12} \\ l_2 s_{12} \\ 0 \end{bmatrix} + \begin{pmatrix} -\frac{1}{2} l_2 c_{12} \\ -\frac{1}{2} l_2 s_{12} \\ 0 \end{pmatrix} \right) \times F_2 + N_2$$

$$= \begin{bmatrix} 0 \\ 0 \\ \frac{1}{3} m_2 l_2^2 (\ddot{\theta}_1 + \ddot{\theta}_2) + \frac{1}{2} m_2 l_1 l_2 c_2 \ddot{\theta}_1 + \frac{1}{2} m_2 l_1 l_2 s_2 \dot{\theta}_1^2 + \frac{1}{2} m_2 l_2 g c_{12} \end{bmatrix}$$

$i = 1$일 때에

$n_1 = n_2 p_0^1 \times f_2 + (p_0^1 \overline{s_1}) \times F_1 + N_1$

$$= n_2 + \begin{bmatrix} l_1 c_1 \\ l_1 s_1 \\ 0 \end{bmatrix} \times f_2 + \left(\begin{bmatrix} l_1 c_1 \\ l_1 s_1 \\ 0 \end{bmatrix} + \begin{bmatrix} -\frac{1}{2} l_1 c_1 \\ -\frac{1}{2} l_1 s_1 \\ 0 \end{bmatrix} \right) \times \begin{bmatrix} -\frac{1}{2} m_1 l_1 s_1 \ddot{\theta}_1 - m_1 l_1 c_1 \dot{\theta}_1^2 \\ \frac{1}{2} m_1 l_1 c_1 \ddot{\theta}_1 - m_1 l_1 s_1 \dot{\theta}_1^2 + m_1 g \\ 0 \end{bmatrix} + N_1$$

$$= n_2 + \begin{bmatrix} l_1 c_1 \\ l_1 s_1 \\ 0 \end{bmatrix} \times f_2 + \begin{bmatrix} \frac{1}{2} l_1 c_1 \\ \frac{1}{2} l_1 s_1 \\ 0 \end{bmatrix} \times \begin{bmatrix} -\frac{1}{2} m_1 l_1 s_1 \ddot{\theta}_1 - m_1 l_1 c_1 \dot{\theta}_1^2 \\ \frac{1}{2} m_1 l_1 c_1 \ddot{\theta}_1 - m_1 l_1 s_1 \dot{\theta}_1^2 + m_1 g \\ 0 \end{bmatrix} + N_1$$

$$= n_2 + \begin{bmatrix} 0 \\ 0 \\ \frac{1}{2} m_2 l_1 l_2 (c_1 c_{12} + s_1 s_{12})(\ddot{\theta}_1 + \ddot{\theta}_2) + \frac{1}{2} m_2 l_1 l_2 (s_1 s_{12} - c_1 s_{12})(\dot{\theta}_1 + \dot{\theta}_2)^2 \\ + m_2 l_1^2 \ddot{\theta}_1 + \frac{1}{3} m_1 l_1^2 \ddot{\theta}_1 + m_2 l_1 c_1 g + \frac{1}{2} m_1 l_1 c_1 g \end{bmatrix}$$

⑨ 토크 계산

$\tau_i = n_i^T z_{i-1}$이므로

$i = 1$일 때에

$$\tau_1 = n_1^T z_0$$

$$= \frac{1}{3} m_2 l_2^2 (\ddot{\theta}_1 + \ddot{\theta}_2) + \frac{1}{2} m_2 l_1 l_2 c_2 (2\ddot{\theta}_1 + \ddot{\theta}_2) + (\frac{1}{3} m_1 + m_2) l_1^2 \ddot{\theta}_1$$

$$- \frac{1}{2} m_2 l_1 l_2 s_2 \dot{\theta}_2^2 - m_2 l_1 l_2 s_2 \dot{\theta}_1 \dot{\theta}_2 + \frac{1}{2} m_2 l_2 g c_{12} + m_2 l_1 c_1 g + \frac{1}{2} m_1 l_1 c_1 g$$

$i = 2$일 때에

$$\tau_2 = n_2^T z_1$$

$$= \frac{1}{3} m_2 l_2^2 (\ddot{\theta}_1 + \ddot{\theta}_2) + \frac{1}{2} m_2 l_1 l_2 c_2 \ddot{\theta}_1 + \frac{1}{2} m_2 l_1 l_2 s_2 \dot{\theta}_1^2 + \frac{1}{2} m_2 l_2 c_{12} g$$

[점검문제 1.5]

그림 1.9의 3축 PUMA 로봇의 기구학을 구해 보시오.

[점검문제 1.6]

그림 1.9의 3축 PUMA 로봇의 자코비안을 구해 보시오.

[점검문제 1.7]

그림 1.9의 3축 PUMA 로봇의 동역학을 구해 보시오.

참 고 문 헌

[1] William A. Wolovich, "ROBOTICS: Basic Analysis and Design", CBS College Publishing, 1981

[2] K. S. FU, R. C. Gonzales, C. S. G. Lee, "ROBOTICS", McGraw-Hill, 1987

[3] M. W. Spong and M. Vidyasagar, "Robot Dynamics and Control", John Wiley & Sons, 1989

[4] H. Asada and J. J. Slotine, "Robot Analysis and Control", John Wiley and Sons, 1986

[5] John J. Craig, "Introduction to Robotics", Addison-Wesley Publishing, 1989

[6] Phillip J. Mckerrow, "Introduction to ROBOTICS", Addison-Wesley Publishing, 1991

[7] 정 슬, "공학도를 MATLAB 및 SIMULINK의 기초", 청문각, 2001

[8] 정 슬, "로봇공학", 충남대 출판사, 2002

[9] 정 슬, "지능시스템 I : 신경회로망", 충남대 출판사, 2004

2

로봇의 기본 제어

(Control for Robot Manipulators)

2.1 로봇의 무모델 제어방식

로봇팔을 제어한다는 것은 로봇팔끝(end-effector)의 위치와 회전을 제어하는 것을 말한다. 로봇팔은 각 조인트의 모터를 통해 링크가 움직이는 구조이므로 로봇의 팔끝의 움직임을 제어한다는 것은 결국 각 조인트의 모터를 제어해서 팔끝의 움직임을 간접적으로 제어하는 것과 같다. 따라서 로봇의 각 모터의 움직임을 직접 제어하는 방식이 조인트 공간의 제어 방식이고 팔끝의 움직임을 제어하는 방식이 카테시안 공간의 제어 방식이다.

동적 시스템을 제어하는 가장 간단한 방법은 선형제어기를 사용하는 것이다. PD, PI, 나 PID 제어기는 간단하여 사용하기 편하지만 로봇팔은 대표적인 비선형 시스템이므로 성능에는 한계가 있다.

2.1.1 조인트 공간에서의 PD 제어방식

로봇의 안정성을 보장하는 가장 간단한 제어 법칙은 PD제어 방법으로 다음과 같이 표현한다.

$$\tau = K_D(\dot{q}_d - \dot{q}) + K_P(q_d - q) \tag{2.1}$$

q_d은 n x 1벡터의 지시된 기준 조인트 경로, q는 n x 1벡터의 조인트 경로이고, K_D 와 K_P 는 n x n 제어기 이득 행렬이다.

로봇동역학식과 (2.1)식을 등식으로 놓으면 다음과 같다.

$$K_D(\dot{q}_d - \dot{q}) + K_P(q_d - q) = M(q)\ddot{q} + C(q,\dot{q}) + G(q) + f_f(\dot{q}) \tag{2.2}$$

양변에 $D\ddot{q}_d$을 더하고 정리하면

$$D\ddot{e} + K_D\dot{e} + K_P e = M(q)\ddot{q}_d + C(q,\dot{q}) + G(q) + f_f(\dot{q}) \tag{2.3}$$

다음과 같은 폐루프 오차방정식(closed loop error equation)을 얻을 수 있다.

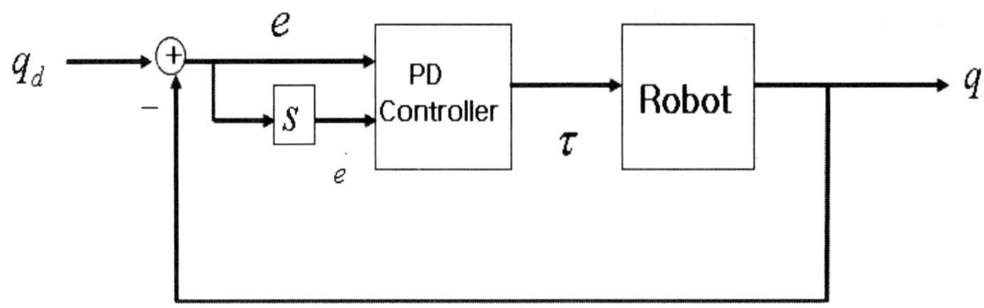

그림 2.1 로봇의 PD 제어

$$\ddot{e}+M^{-1}K_D\dot{e}+M^{-1}K_Pe=M^{-1}(M\ddot{q}_d+C+G+f_f) \tag{2.4}$$

$$e=q_d-q,\dot{e}=\dot{q}_d-\dot{q}$$

오차 방정식을 보면 각 조인트의 오차 방정식이 로봇의 관성행렬 $D(q)$에 의해 서로 상관되는 것을 알 수 있다. 이는 로봇 동역학의 불확실성에 의해 위치 오차가 로봇 팔의 위치에 따라 달라지게 되므로 로봇의 위치를 정확하게 제어하기 어렵다. 안정상태에서는 식(2.4)로부터 다음과 같이 오차를 나타낸다.

$$e=K_P^{-1}G \tag{2.5}$$

일반적으로, 로봇의 위치제어에 PD제어기를 사용하면 안전성이 보장된다. 식(2.5)에서 K_p이득값을 크게 하면 추종오차가 줄어듦을 알 수 있다. 안정성이 보장되는 한도 안에서 위치오차는 대각(diagonal)의 높은 이득을 사용하면 각 조인트의 상관관계가 약해지므로 성능이 향상된다. 하지만, 제어기 이득이 높을 경우에 성능을 어느 한도까지 향상시킬 수는 있으나 구동기가 포화상태가 되므로 제어가 어렵게 된다. 또한 비선형적인 움직임에 대한 불확실성은 보상하기 어려울 뿐만 아니라 시스템의 안정성에 영향을 끼칠 수 있다.

2.1.2 PD + G 제어방식

로봇팔의 동역학에서 큰 비중을 차지하는 것이 중력이다. PD제어기에 중력을 보상하면 안정성이 보상된다. 제어 법칙은 다음과 같다.

$$\tau = K_D\dot{e} + K_P e + G \tag{2.6}$$

Lyapunov 함수를 다음과 같이 정하자. Lyapunov 함수는 시스템의 에너지를 나타내는 양의 함수이다.

$$L = \frac{1}{2}\dot{q}^T M(q)\dot{q} + \frac{1}{2}e^T K_P e \tag{2.7}$$

미분하면

$$\dot{L} = \frac{1}{2}\dot{q}^T \dot{M}(q)\dot{q} + \dot{q}^T M(q)\ddot{q} + e^T K_P \dot{e} \tag{2.8}$$

식(2.2)로부터 $M(q)\ddot{q} = K_P e + K_D\dot{e} + G - (C_m\dot{q} + G)$를 식(2.8)에 대입하면 다음과 같다.

$$\begin{aligned}\dot{L} &= \frac{1}{2}\dot{q}^T \dot{M}(q)\dot{q} + \dot{q}^T K_P e + \dot{q}^T K_D\dot{e} - \dot{q}^T C_m\dot{q} + e^T K_P\dot{e} \\ &= \frac{1}{2}\dot{q}^T(\dot{M}(q) - 2C_m)\dot{q} + \dot{q}^T K_P e + \dot{q}^T K_D\dot{e} + e^T K_P\dot{e} \\ &= \frac{1}{2}\dot{q}^T(\dot{M}(q) - 2C_m)\dot{q} + \dot{q}^T K_P e - \dot{q}^T K_D\dot{q} - e^T K_P\dot{q}\end{aligned} \tag{2.9}$$

Skew symmetry 특성 $\dot{M} - 2C_m = 0$을 이용하면 식(2.10)과 같이 음수가 되어 에너지가 줄어드는 것을 증명할 수 있어 간단하게 안정성을 만족한다.

$$\dot{L} = -\dot{q}^T K_D\dot{q} < 0 \tag{2.10}$$

단 여기서 $\dot{e} = -\dot{q}$로 기준 경로가 상수인 경우로 한정된다.

[점검문제 2.1]

G가 보상이 안 될 경우에 안정성은 어떻게 되는가?

2.1.3 PID 제어

오차 방정식(2.4)를 보면 각 조인트의 오차 방정식이 로봇의 관성행렬 $D(q)$에 의해 달라지는 것을 알 수 있다. 이는 로봇 동역학의 불확실성에 의해 위치 오차가 로봇 팔의 위치에 따라 달라지게 되므로 로봇의 위치를 정확하게 제어하기 어렵다. 로봇의 위치제어에 PD제어기를 사용하면 안전성이 보장되므로 한도 안에서 높은 이득을 사용하면 성능이 향상된다. 하지만, 제어기 이득이 높을 경우에 구동기가 포화상태가 되므로 제어가 어렵게 된다. 또한 비선형적인 움직임에 대한 불확실성은 보상하기 어려울 뿐만 아니라 시스템의 안정성에 영향을 끼칠 수 있다.

안정상태에서 오차를 줄여주는 가장 간단한 제어 법칙은 PID제어 방법이다. PD 제어기에 적분제어기를 추가함으로써 오차를 없앤다. PID 제어기의 형태는 다음과 같다.

$$\tau = K_P e(t) + K_I \int e(t)dt + K_D \dot{e}(t) \tag{2.11}$$

로봇동역학식과 (2.11)을 등식으로 놓으면 다음과 같다.

$$K_P e(t) + K_I \int e(t)dt + K_D \dot{e}(t) = M(q)\ddot{q} + C(q,\dot{q}) + G(q) + f_f(\dot{q}) \tag{2.12}$$

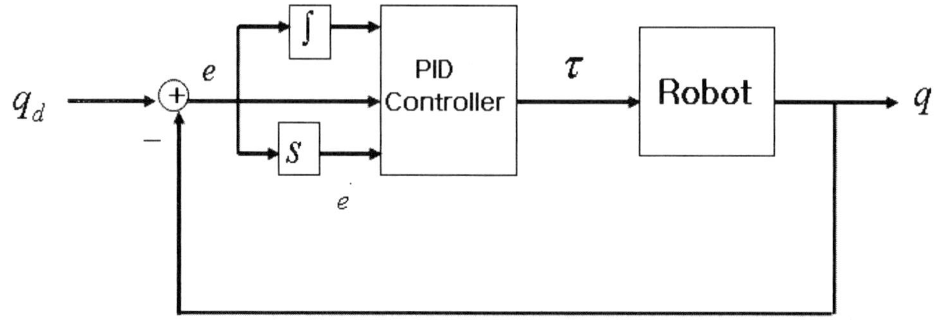

그림 2.2 로봇의 PID 제어

2.1.4 비선형 PID 제어기

PID제어기가 PD제어기의 추종오차를 보완한다고 하지만 비선형텀에 의한 오차를 보상하지는 못한다. 따라서 비선형 PID제어기를 사용하면 오차를 줄일 수 있다. 비선형 PID제어기는 다음과 같다.

$$\tau = \ddot{q}_d + K_p s(e,\alpha_1) + K_I \int (\dot{e} + \lambda s(e,\alpha_3))dt + K_{D_1}\dot{e} + K_{D_2} s(\dot{e},\alpha_2)$$

$$s(x,\alpha) = \begin{cases} |x|^{\alpha}\,\mathrm{sgn}(x), \delta < |x| < \beta \\ \dfrac{x}{\delta^{1-\alpha}}, |x| \le \delta \\ \beta^{\alpha}\,\mathrm{sgn}(x), |x| \ge \beta \end{cases} \tag{2.13}$$

x는 함수에 입력되는 값이며 $\alpha > 0, \delta \in (0,1)$ 와 $\beta > \delta$ 의 변수와 함께 사용된다.

그림 2.4는 로봇 팔의 한 축의 추종 결과를 보여준다. PID제어기와 비선형 PID제어기를 사용했을 경우의 결과이다. 그림 2.5에서 보듯이 비선형 PID제어기의 성능이 좋은 것을 알 수 있다. 추종오차의 최대값 0.06에서 0.02로 줄어든 것을 볼 수 있다.

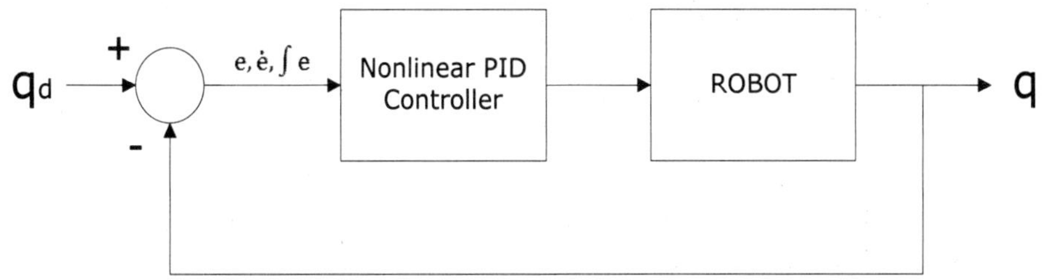

그림 2.3 비선형 PID제어기 블록 다이아그램

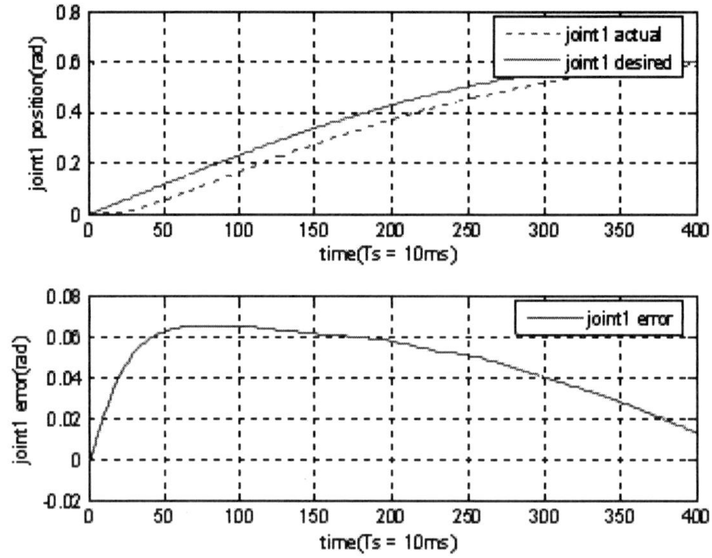

2.4 조인트1의 PID 제어 결과

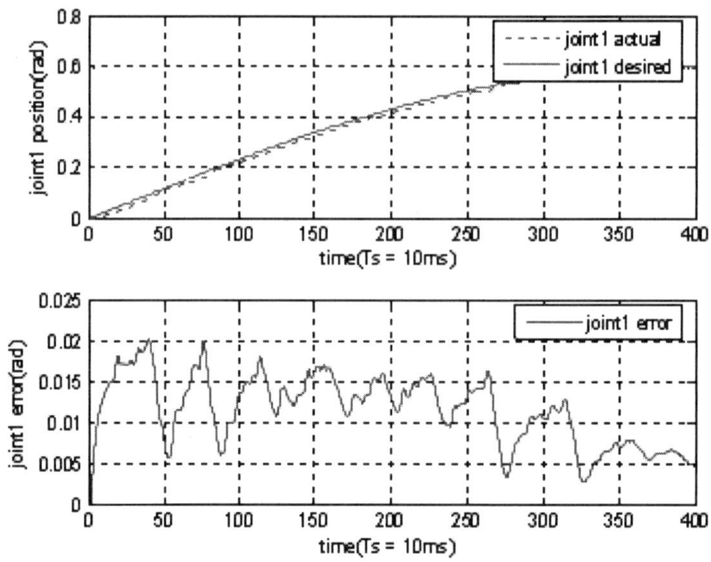

그림 2.5 조인트1의 비선형 PID 제어 결과

2.1.5 PD 제어 시뮬레이션

로봇을 시뮬레이션하는 이유는 실제 로봇으로 실험하기 어려운 부분이 있고 시뮬레이션으로는 실험하는 모든 것이 가능하기 때문이다. 아래는 2축 로봇을 PD 제어기로 제어하는 것을 SIMULINK로 보여주고 있다.

2축 로봇의 동역학 식은 다음과 같다.

$$\begin{bmatrix} (m_1+m_2)l_1^2+m_2l_2^2+2m_2l_1l_2c_2 & m_2l_2^2+m_2l_1l_2c_2 \\ m_2l_2^2+m_2l_1l_2c_2 & m_2l_2^2 \end{bmatrix}\begin{bmatrix} \ddot{\theta}_1 \\ \ddot{\theta}_2 \end{bmatrix}$$
$$+\begin{bmatrix} -m_2l_1l_2s_2(2\dot{\theta}_1\dot{\theta}_2+\dot{\theta}_2^2) \\ m_2l_1l_2s_2\dot{\theta}_1^2 \end{bmatrix}+\begin{bmatrix} (m_1+m_2)gl_1c_1+m_2gl_2c_{12} \\ m_2gl_2c_{12} \end{bmatrix}=\begin{bmatrix} \tau_1 \\ \tau_2 \end{bmatrix} \quad (2.14)$$

간단히 벡터의 형태로 나타내면 다음과 같다.

$$M(q)\ddot{q}+C(q,\dot{q})+G(q)=\tau$$

또는 간단히 $h=C(q,\dot{q})+G(q)$

$$M(q)\ddot{q}+h=\tau$$

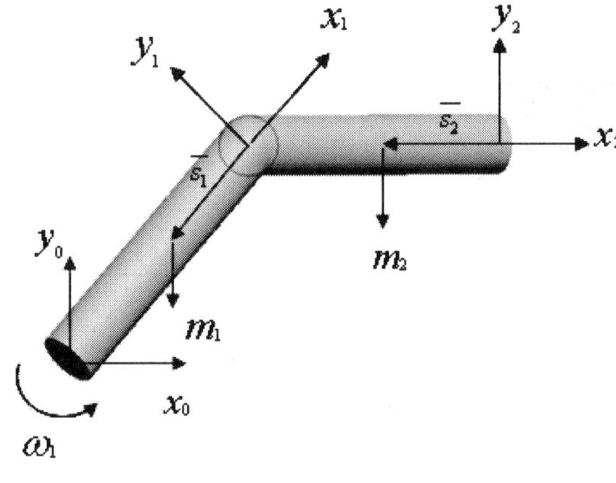

그림 2.6 2축 로봇

시뮬레이션을 수행하기 위해서는 다음의 순서로 하면 된다.

① 먼저 추종오차를 정의한다.

$$\dot{e} = \dot{q}_d - \dot{q}, e = q_d - q$$

② 제어기를 구성한다.

여기서 τ_c는 PD 제어기를 나타낸다.

$$\tau_c = K_D \dot{e} + K_P e$$

③ 제어 시뮬레이션을 하기 위해서는 동역학식을 다음과 같이 각가속도 식으로 표현한다. M과 h는 실제 로봇의 동역학식이다.

$$\ddot{q} = M^{-1}(\tau_c - h)$$

④ $\ddot{q}$를 적분하여 $\dot{q}, q$를 구한다.

⑤ $q, \dot{q}$ 를 귀환하여 ①에서와 같이 오차를 다시 계산한다.

시뮬링크에서 추종오차를 만들고 PD제어기를 블록으로 구성한다.

⑥ 다음에 $\ddot{q} = M^{-1}(\tau_c - h)$부분을 구성하기 위해서는 MATLAB function을 사용한다.

SIMULINK 예제 2.1 2축 로봇팔의 PD제어

PD제어기로 움직이는 로봇을 시뮬레이션 해 보자. 로봇의 초기위치는 다음 그림과 같다. 초기각도는 $q_0 = (\frac{\pi}{4}, \ -\frac{\pi}{4})$이다. 목표각도는 $q_f = (\frac{\pi}{2}, \ -\frac{\pi}{2})$ 이다. 로봇링크의 길이는 각각 0.4 m이고 링크의 무게는 각각 5Kg이다.

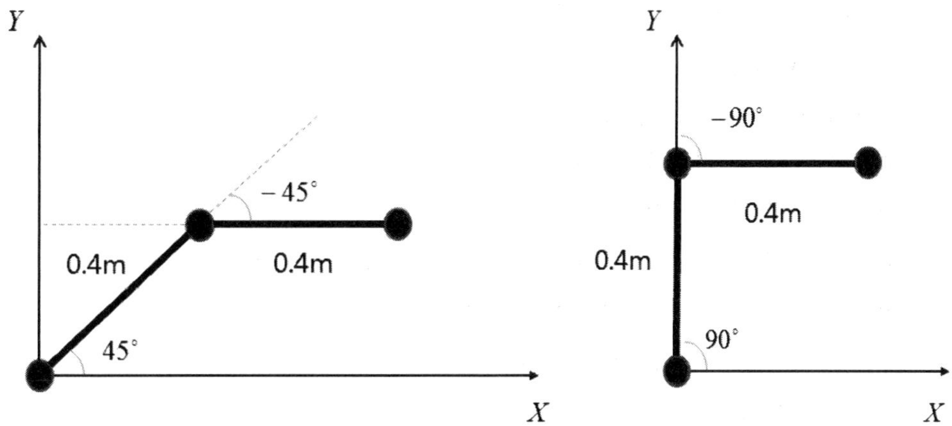

그림 2.7 로봇의 초기위치와 목표위치

① **제어법칙**

$$\tau = K_D(\dot{q}_d - \dot{q}) + K_P(q_d - q)$$

② **SIMULIMK 프로그램**

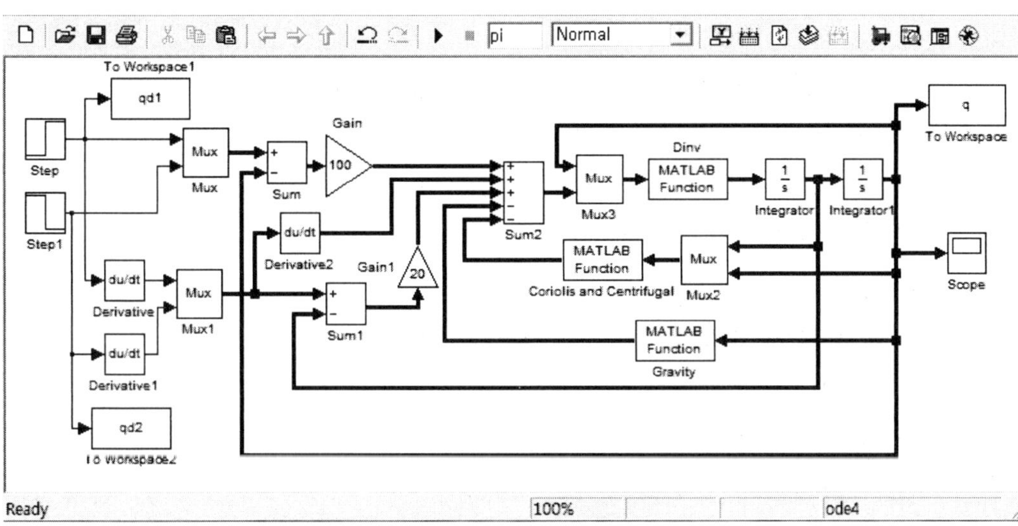

그림 2.8 로봇의 PD 제어

③ MATLAB function 프로그램

- MATLAB function Dinv : 관성

```
function qddot = Dinv(u)
m1 = 5; m2 = 5; l1 = 0.4; l2 = 0.4;
q1 = u(1); q2 = u(2);
d11 = (m1+m2)*l1^2 + m2*l2^2 + 2*m2*l1*l2*cos(q2);
d12 = m2*l2^2 + m2*l1*l2*cos(q2);
d21 = m2*l2^2 + m2*l1*l2*cos(q2);
d22 = m2*l2^2;
D=[d11 d12 ; d21 d22];
D_inv = inv(D);
T_h = [u(3);u(4)];
qddot = (D_inv*T_h);
```

콜리오리스 힘도 마찬가지로 MATLAB function을 사용한다.

- MATLAB function Coriolis and Centrifugal : 콜리오리스와 원심력

```
function h = Coriolis(u)
dotq1 = u(1); dotq2 = u(2); q1 = u(3); q2 = u(4);
m1=5; m2=5; l1=0.4; l2 = 0.4;
h1 = -m2*l1*l2*sin(q2)*(2*dotq1*dotq2+dotq2^2);
h2 = m2*l1*l2*dotq1^2 *sin(q2);
h = [h1;h2];
```

중력도 마찬가지로 MATLAB function을 사용한다.

- MATLAB function Gravity : 중력

```
function G = Gravity(u)
m1=5; m2=5; l1=0.4; l2=0.4;g = 9.8;
q1 = u(1); q2=u(2);
G1 = (m1+m2)*g*l1*cos(q1) + m2*g*l2*cos(q1+q2);
G2 = m2*g*l2*cos(q1+q2);
G = [G1;G2];
```

④ 시뮬레이션 내용

적분 블록을 사용할 경우에는 초기값을 설정하여야 하는데 $\dot{q}$의 초기값은 영으로 하고 q의 초기값은 아래와 같이 q_0=[0.7854 - 0.7854] rad으로 설정하였다. 목표 각도는 90도, -90도로 q_d=[1.5708 -1.5708] rad로 설정하였다. 제어기 이득값은 K_D =diag(20), K_P=diag(100) 으로 하였다. 샘플링 시간은 0.01로 설정하였다.

⑤ 시뮬레이션 결과

그림 2.9를 보면 추종 오차가 발생하는 것을 볼 수 있다. 추종오차의 원인은 중력보상이 안된 것이 가장 영향이 크다. 그리고 관성이나 다른 동역학에 의한 영향도 포함되어 있다. 이득값을 크게 하면 오차는 줄겠지만 실제 문제에 있어 현실성이 결여되는 문제가 있다.

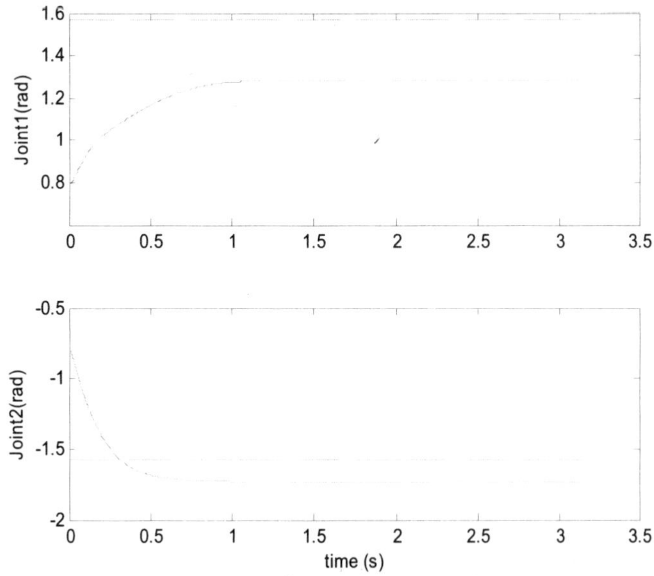

그림 2.9 PD 제어의 응답

PD제어기를 대신하여 PID제어기를 사용할 경우에 오차를 줄일 수 있다. 아래 그림 2.10은 K_I= diag(60)을 추가하여 PID제어기를 구성한 뒤에 시뮬레이션 한 결과이다. 오차가 많이 줄어든 것을 볼 수 있다.

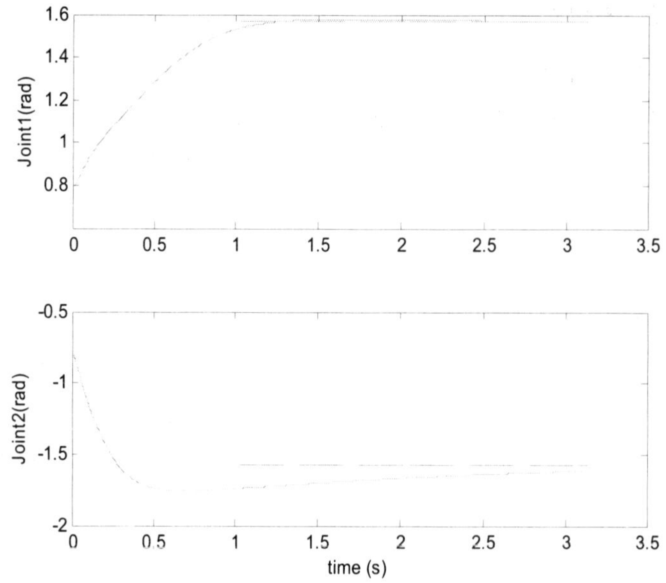

그림 2.10 PID 제어의 응답

[점검문제 2.2]

앞의 예제에서 PD이득값을 달리하면서 시뮬레이션 해 보시오.

[점검문제 2.3]

그림 2.10의 오차를 더 줄일 수 있도록 PID이득값을 찾아 시뮬레이션 해 보시오.

2.2 로봇의 모델 기반 제어방식

2.2.1 계산 토크 제어방식(Computed-Torque Control)

지금 까지는 로봇의 동적방정식의 모델을 모르는 경우 사용할 수 있는 기본적인 선형세어기를 사용한 로봇 제어방식을 알아보았다. 로봇은 비선형 시스템이므로 선형제어기로는 한계적 제어만 가능하다. 로봇의 비선형적인 요소들은 로봇 팔 끝의 하중의 변화, 각 조인트간의 상관관계, 중력의 변화, 기어박스에서의 백래쉬, 진동, 마찰력 등 다양하다. 또한 로봇의 빠른 움직임은 로봇의 관성의 변화에 상당한 영향을 미치게 되고 결과적으로 제어가 불가능하게 되므로 위치 추종에 오차가 생기게 된다. 이러한 비선형적인 요소들은 모델하기도 어려울 뿐만 아니라 기존의 제어기로는 제어하기가 매우 어렵다.

하지만 실제 로봇에 가깝게 모델하여 그 모델을 제어에 사용하는 방식이 바로 모델을 근거로 하는 제어방식(Model based control)이다. 모델을 근거로 하는 제어방식에서는 로봇을 원하는 위치로 움직이는데 필요한 토크값을 미리 계산하여야 한다. 이는 전체적인 로봇의 동적모델을 통해 토크를 계산하는 역동역학, 즉 모델이 필요하게 된다.

그림 2.11에 보여진 계산 토크 제어방식(Computed torque control)은 로봇의 동역학 식을 알고 있을 경우에 사용하는 모델을 근거로 하는 로봇 제어의 기본적인 방식이다. 계산 토크 방식이란 이름은 토크값을 로봇의 동적 모델을 근거로 계산한다는 데서 비롯되었다. 계산 토크 방식의 기본적인 이론은 로봇의 동역학을 모델해서 각 조인트의 비선형성과 서로 연관된 성분을 없애므로 선형화 시켜서 각 조인트를 독립적으로 제어하고자 하는 것이다. 따라서 계산 토크 방식의 성능은 로봇 모델의 정확성에 좌우된다.

계산 토크 방식의 구조를 살펴보면 앞섬(feedforward) 가속도와 PD 제어기의 합이 로봇의 관성 모델과 곱해진 뒤에 콜리올리스, 원심력 및 중력의 모델과 더해져서 토크를 생성하게 된다. 자세한 수식을 통해 알아보자.

이 경우에 제어 법칙은 다음과 같다.

$$\tau = \hat{M}(q)u(t) + \hat{h}(q,\dot{q}) \tag{2.15}$$

$\hat{M}(q)$는 로봇 관성 행렬로 $M(q)$의 대략적인 값이고, $\hat{h}(q,\dot{q}) = \hat{C} + \hat{G}$는 로봇의 콜리오리스, 원심력 $h(q,\dot{q})$ 및 중력의 대략적인 값, 즉 모델이다. 제어 입력 u(t)는 PD 형태의 제어 입력으로 다음과 같이 주어진다.

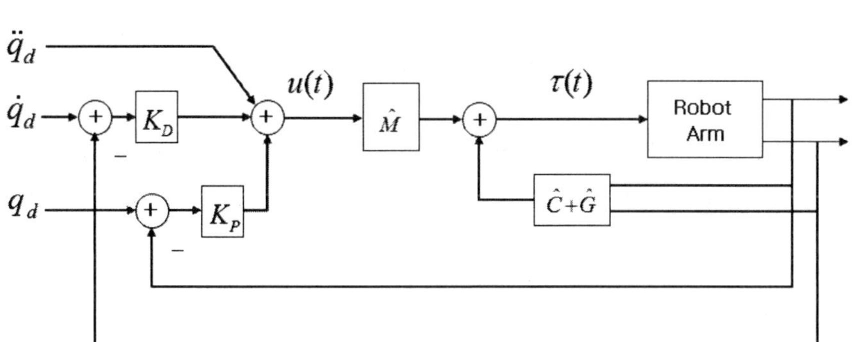

그림 2.11 계산 토크 제어방식

$$u = \ddot{q}_d + K_D(\dot{q}_d - \dot{q}) + K_P(q_d - q) \tag{2.16}$$

여기서 K_P와 K_D는 n x n 크기의 symmetric positive definite 이득 행렬이고, q_d는 원하는 기준경로이다. 식(2.16)을 식(2.15)에 대입하여 동역학식과 함께 연립하면 다음과 같다.

$$\hat{M}(\ddot{q}_d + K_D(\dot{q}_d - \dot{q}) + K_P(q_d - q)) + \hat{h} = M\ddot{q} + h \tag{2.17}$$

양변에 $\hat{D}\ddot{q}$를 빼면

$$\hat{M}((\ddot{q}_d - \ddot{q}) + K_D(\dot{q}_d - \dot{q}) + K_P(q_d - q)) + \hat{h} = (M - \hat{M})\ddot{q} + h \tag{2.18}$$

정리하면 다음과 같은 이차 오차 방정식을 얻는다.

$$\ddot{e} + K_D\dot{e} + K_P e = \hat{M}^{-1}(\Delta M(q)\ddot{q} + \Delta h(q,\dot{q})) \tag{2.19}$$

여기서 $\Delta M(q) = M(q) - \hat{M}(q), \Delta h(q,\dot{q}) = h(q,\dot{q}) - \hat{h}(q,\dot{q})$ 이고 $e = q_d - q$.

식(2.19)를 보면 이차 방정식의 해는 로봇의 동적인 요소에 좌우되는 각 조인트가 서로 연관되어 있는 우변의 forcing 함수에 의해 좌우된다. 또한 각 조인트가 서로 연관되어 있어 독립적인 제어가 어렵다. 따라서 간단하게 $\hat{M} = M$, $\hat{h} = h(q,\dot{q})$로 모델오차가 없으면, 즉 Δ M = Δ h = 0, τ_f = 0 이면 식 (2.19)는 이상적인 오차방정식이 된다.

$$\ddot{e} + K_D\dot{e} + K_P e = 0 \tag{2.20}$$

이는 각 조인트를 독립적으로 제어할 수 있다는 것이다. 행렬 K_P와 K_D의 이득값을 대각행렬로 선택하면 각 조인트의 간섭을 없앨 수 있게 된다. 따라서, i조인트에 대한 식(2.20)은 다음곽 같다.

$$\ddot{e}_i + k_{d_i}\dot{e} + k_{p_i}e_i = 0 \tag{2.21}$$

따라서 계산 토크 방식의 목적은 로봇의 각 조인트를 독립적으로 제어할 수 있게 만든 다음 선형화하는 것이라 할 수 있다. 그렇지만, 식(2.19)에 보여진 것처럼 로봇의 동적모델에는 항상 불확실성이 내포되어 있으므로 일반적으로 식(2.20)과 같은 이상적인 응답은 얻기가 어렵다. 따라서 모델을 근거로 하는 제어방식은 다음과 같은 문제점들을 해결해야 한다.

첫째, 실시간으로 로봇의 모델을 계산하여야 한다. 6축 로봇의 경우 역동역학을 계산하는 시간이 오래 걸리므로 병렬 컴퓨터를 사용하거나 복잡한 수식을 빨리 계산할 수 있는 하드웨어가 필요하다.

둘째, 마찰력과 같은 다른 비선형 요소들은 실제로 모델링하기가 어렵고 제어에 큰 영향을 미친다.

마지막으로 실제 로봇을 정확하게 모델링하기가 어렵고 앞에서 설명한 다양한 비선형적 특징은 모델링하기 어려우므로 실제 시스템 응답은 식 (2.19)에 의해 나타난다.

이는 로봇의 위치추종에 오차를 생기게 한다. 따라서 계산 토크 방식은 강건하지 못하다고 할 수 있다. 식(2.19)로부터

$$\ddot{e} + K_D\dot{e} + K_P e = \Lambda \tag{2.22}$$

여기서 $\Lambda = \widehat{M}^{-1}(\Delta M(q)\ddot{q} + \Delta h(q,\dot{q}))$로 로봇의 불확실성을 나타낸다.

이러한 문제점을 해결하기 위해 적응제어(adaptive control), 강건제어(robust control) 그리고 지능제어(intelligent control) 방식들이 많이 사용되고 있는 실정이다. 지능제어의 하나로 신경망 제어기를 들 수 있는데 신경망은 그 자체의 비선형적인 특성과 학습능력 때문에 비선형 시스템에 많이 쓰인다. 주로 신경망은 식(2.22)의 오른쪽에 나타난 불확실성, $\Lambda = \widehat{M}^{-1}(\Delta M(q)\ddot{q} + \Delta h(q,\dot{q}))$를 없애는데 사용된다. 신경망제어방식에서는 신경회로망이 보상신호, Φ를 만들어 불확실성에서 빼줌으로써 아래와 같이 불확실성을 없애도록 학습하는 것이 목적이다.

$$\ddot{e} + K_D\dot{e} + K_P e = \Lambda - \Phi \tag{2.23}$$

실제적으로 동역학의 계산양이 많으므로 최근에는 DSP 기술을 활용하여 실시간으로 제어를 한다.

결론적으로 말하면 로봇의 모델인 동역학 식이 있으면 제어기가 하는 일이 그 만큼 줄어듦으로 모델을 사용하는 것이 좋다. 모델을 구하기가 어려우면 최소한의 모델만 필요로 하는 제어방식을 사용하면 추종 오차를 줄일 수 있게 된다. 뒤에서 다루게 되는

시간지연제어방식이 최소의 모델을 사용한다. 지능제어 방식의 경우에는 모델을 전혀 사용하지 않는다.

2.2.2 계산 토크 제어방식 시뮬레이션

SIMULINK 예제 2.2 로봇팔의 계산토크제어

초기위치와 목표위치는 그림 2.7과 같다.

① 제어법칙

$$\tau = \widehat{M}(q)u(t) + \hat{h}(q, \dot{q}),$$
$$u = \ddot{q}_d + K_D(\dot{q}_d - \dot{q}) + K_P(q_d - q)$$

② SIMULINK 프로그램

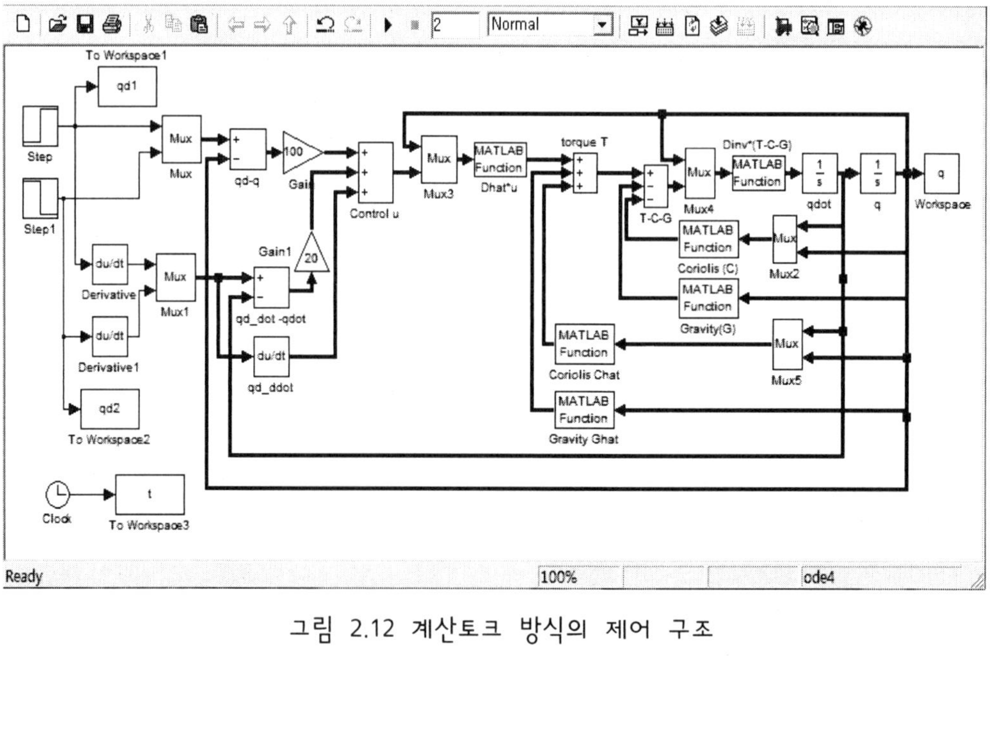

그림 2.12 계산토크 방식의 제어 구조

③ MATLAB function 프로그램

- MATLAB function : Dhat*u

```
function Du = Control(u)
m1 = 5; m2 = 5; l1 = 0.4; l2 = 0.4;
alpha = 0.5;                                % Model의 정확도
q1 = u(1); q2 = u(2);
d11 = (m1+m2)*l1^2 + m2*l2^2 + 2*m2*l1*l2*cos(q2);
d12 = (m2*l2^2 + m2*l1*l2*cos(q2));
d21 = (m2*l2^2 + m2*l1*l2*cos(q2));
d22 = m2*l2^2;
D=alpha*[d11 d12;d21 d22];
D_inv = inv(D);
C_input = [u(3) ;u(4)];
Du = D*C_input;
```

- MATLAB function : Coriolis Chat

```
function h = Chat(u)
dotq1 = u(1); dotq2 = u(2); q1 = u(3); q2 = u(4);
m1=5; m2=5; l1=0.4; l2 = 0.4;
alpha = 0.5;                                % 모델의 정확도
h1 = -m2*l1*l2*sin(q2)*(2*dotq1*dotq2+dotq2^2);
h2 = m2*l1*l2*q1^2 *sin(q2);
h = alpha*[h1;h2];
```

- MATLAB function : Gravity Ghat

```
function G = Ghat(u)
m1=5; m2=5; l1=0.4; l2=0.4;g = 9.8;
alpha = 0.5;                          % 모델의 정확도
q1 = u(1); q2=u(2);
G1 = (m1+m2)*g*l1*cos(q1) + m2*g*l2*cos(q1+q2);
G2 = m2*g*l2*cos(q1+q2);
G = alpha*[G1;G2];
```

- MATLAB function : Dinv(T-C-G)

```
function qddot = Dinv(u)
m1 = 5; m2 = 5; l1 = 0.4; l2 = 0.4;
```

```
q1 = u(1); q2 = u(2);
d11 = (m1+m2)*l1^2 + m2*l2^2 + 2*m2*l1*l2*cos(q2);
d12 = m2*l2^2 + m2*l1*l2*cos(q2);
d21 = m2*l2^2 + m2*l1*l2*cos(q2);
d22 = m2*l2^2;
D=[d11 d12 ; d21 d22];
D_inv = inv(D);
T_h = [u(3);u(4)];
qddot = (D_inv*T_h);
```

④ 시뮬레이션 내용

그림 2.12는 모델을 100% 정확하게 아는 경우와 50%만 아는 경우로 나누어 시뮬레이션을 수행하였다. 모델을 100% 아는 경우 두 축 모두 정확하게 추종하는 것을 알 수 있다. 하지만 50%의 경우에는 추종오차가 나타나는 것을 볼 수 있다.

⑤ 시뮬레이션 결과

그림 2.12(a)는 모델에 오차가 없는 경우이고 그림 2.12(b)는 오차가 있는 경우이다. 그림에서 보면 출력이 기준입력과 비교해 오차가 있음을 알 수 있다. 이는 모델링의 부정확성에 의한 것이다. 안정상태(steady state)에서는 식(2.19)가 $e = K_P^{-1}\widehat{M}^{-1}(\Delta G)$로 간략화 되므로 결국 오차는 중력때문에 생김을 알 수 있다. 따라서, 중력만 완전하게 모델하여 보상되면 안정상태 오차는 영이 될 수 있다.

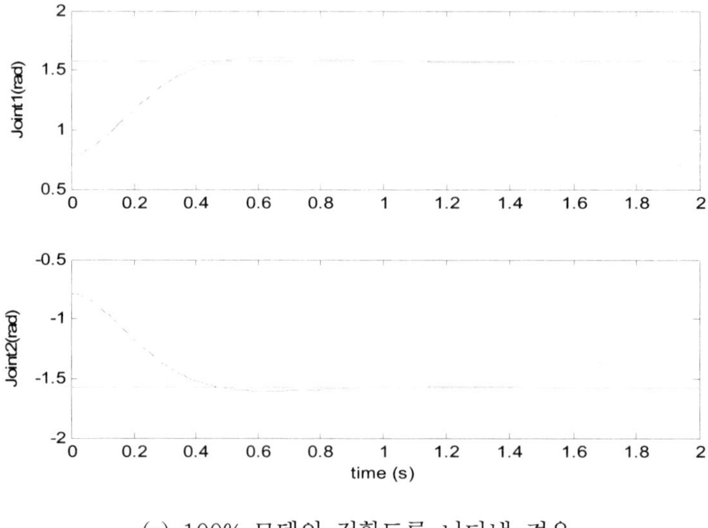

(a) 100% 모델의 정확도를 나타낼 경우

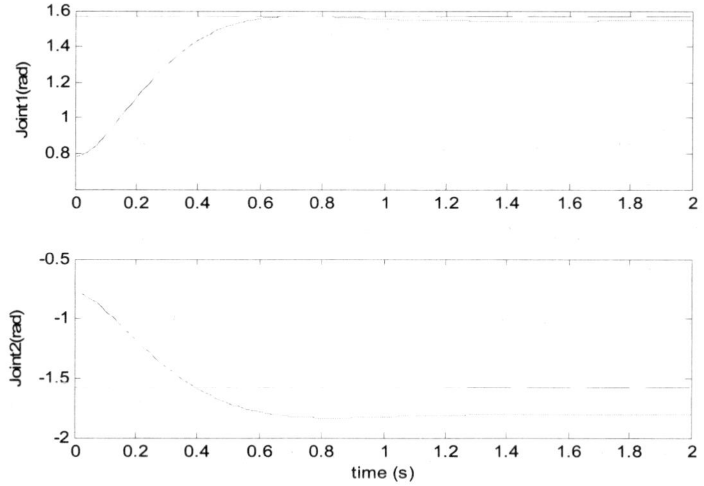

(b) 50%의 정확도인 경우

그림 2.13 위치 추종 응답

[점검문제 2.4]

계산토크 방식의 모델링($\widehat{M}, \widehat{C}, \widehat{G}$)오차를 달리하면서 시뮬레이션해 보시오.

[점검문제 2.5]

계산토크 방식에서 모델링 되지 않는 마찰력($\tau = 3\dot{q} + 5sgn(\dot{q})$)을 넣고 시뮬레이션해 보시오.

참 고 문 헌

[1] R. P. Paul, "Robot Manipulators : Mathematics, Programming, and Control", The MIT Press, 1981
[2] William A. Wolovich, "ROBOTICS: Basic Analysis and Design", CBS College Publishing, 1981
[3] H. Asada and J. J. Slotine, "Robot Analysis and Control", John Wiley and Sons, 1986
[4] K. S. FU, R. C. Gonzales, C. S. G. Lee, "ROBOTICS", McGraw-Hill, 1987
[5] M. W. Spong and M. Vidyasagar, "Robot Dynamics and Control", John Wiley & Sons, 1989
[6] John J. Craig, "Introduction to Robotics", Addison-Wesley Publishing, 1989
[7] Phillip J. Mckerrow, "Introduction to ROBOTICS", Addison-Wesley Publishing, 1991
[8] J. J. Slotine and W. Li, "Applied nonlinear control", Prentice Hall, 1991
[9] F. L. Lewis, C. T. Abdallah, and D. M. Dawson, "Control of Robot Manipulators", Mc millan Publishing Company, 1993
[10] R. C. Dorf and R. H. Bishop, "Modern Control Systems", Addison-Wesley, 1995
[11] Z. Qu and D. M. Dawson, "Robust Tracking Control of Robot Manipulators", IEEE Press, 1996
[12] L. Sciavicco and B. Siciliano, "Modeling and Control of Robot Manipulators", McGraw-Hill Company, 1996
[13] 정 슬, "공학도를 MATLAB 및 SIMULINK의 기초", 청문각, 2001
[14] 정 슬, "로봇공학", 충남대 출판사, 2002
[15] 정 슬, "지능시스템 I : 신경회로망의 구조와 사용법", 충남대학교 출판부, 2004
[16] 정 슬, "지능시스템 II : 지능제어", 충남대학교 출판부, 2005
[17] 정 슬, "제어시스템 분석과 MATLAB 및 SIMULINK의 활용", 청문각, 2010

3

적응 및 강인제어
(Adaptive and Robust Control)

3.1 소개

계산 토크방식은 로봇의 역 동역학, 순기구학, 자코비안 및 자코비안의 미분 형태 등의 정보를 필요로 한다. 실제적으로 6축 로봇에 대한 이러한 정보를 on-line으로 계산하기는 쉽지 않다. 특히 역동역학을 계산하기 위해서는 매우 정확한 로봇 모델이 필요하게 된다. 실제로 로봇은 팔 끝의 하중 및 각 조인트의 마찰력 등 다양한 불확실성을 포함하고 있다. 앞장에서 시뮬레이션을 통해 보여진 것처럼 이러한 불확실성을 제어하지 못하면 결과적인 위치오차를 초래하게 된다.

로봇 모형의 오차와 불확실성을 보상하기 위해서는 다양한 비선형 알고리즘들이 있다. 우선, 잘 알려진 대표적인 제어방식으로는 변수를 최적화하는 적응제어와 외란을 제거하는 강건 제어(disturbance rejection) 알고리즘들이 있다. 적응 제어는 1960년대부터 이론적으로 잘 정립된 제어 이론 중 하나로 시스템의 불확실성이 내재해 있을 경우에도 제어를 잘 하는 것이 특징이다. 적응 제어의 목적은 매 샘플마다 위치 오차를 감소시키는 방향으로 변수들을 변화시키는 것이다. 간단한 예로, 로봇의 동적 모델을 구하였는데 로봇 변수들, 관성, 콜리올리스 힘, 중력 등과 같은 동적 변수들이 정확하지 않을 경우, 그 변수들을 변화시키면서 위치오차를 감소시킨다.

반면에 강건제어는 변수의 변화에 대한 적응 능력은 떨어지나 외란에 대한 대처 능력이 우수하다. 강건 제어의 일종인 시간 지연제어 알고리즘은 계산 토크(computed torque) 방식의 단순화된 형태로서 간단하고 안전성이 보장되기 때문에 강건(robust)한 제어방식의 한 종류로 로봇 제어뿐만 아니라, 모터 제어에도 널리 적용되고 있다. 특히 계산 토크 방식에서는 알지 못하는 하중(payload)이 로봇 팔 끝에 달려 있다면 수행 능력이 떨어지게 되는데 시간 지연제어 알고리즘은 이를 보상한다. 시간 지연 알고리즘의 기본적인 아이디어는 바로 전 추출 시간(sampling time)에서의 로봇 방정식의 정보를 이용하여 불확실성을 없애는 것이다. 추출 시간이 빠르면 빠를수록 정확하게 보상을 할 수 있다.

3.2 적응제어방식

3.2.1 적응제어방식의 소개

적응제어방식은 로봇의 동적 불확실성의 변수들이 시간에 따라 변할 경우에 위치 추종에 미치는 영향을 최소화하기 위해 동력학의 변수들, 예를 들면, 링크 길이, 링크 무게, 마찰력 계수 등을 변화시키는 것이다. 적응 제어를 하기 위해서는 시스템의 모델이 필요하며, 시스템의 모델링 오차를 줄여나가도록 변수 값들을 변화시킨다. 이때 오차를 만드는 방법에 따라 적응제어방식은 크게 둘로 나뉜다. 하나는 모델이 주어지고 그 모델과 시스템과의 차이가 오차가 되는 모델 추종 방식(Model Reference Adaptive Control)이고 다른 하나는 모델이 없이 입력과 출력의 관계로부터 설정된 오차를 최소화하는 자가 적응 방식(Self Tuning Control)이다.

모델 추종 적응 제어방식에서는 모델이 있어 시스템의 출력이 모델의 출력을 추종하도록 한다. 이 출력은 실제 시스템의 출력과 비교되어 오차를 만들며 이 오차는 적응 법칙에 의해 최소화되는 방향으로 제어기를 업데이트 한다. 아래 그림은 MRAC 방식의 블록 다이아 그램을 나타낸다.

예를 들어 기준 모델을 이차식으로 나타내면 다음과 같다.

$$kr = m\ddot{y}_m + b\dot{y}_m + ky_m \tag{3.1}$$

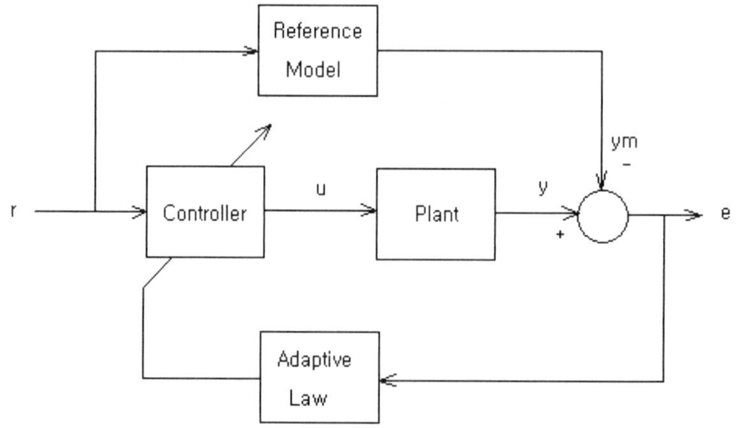

그림 3.1 MRAC 구조

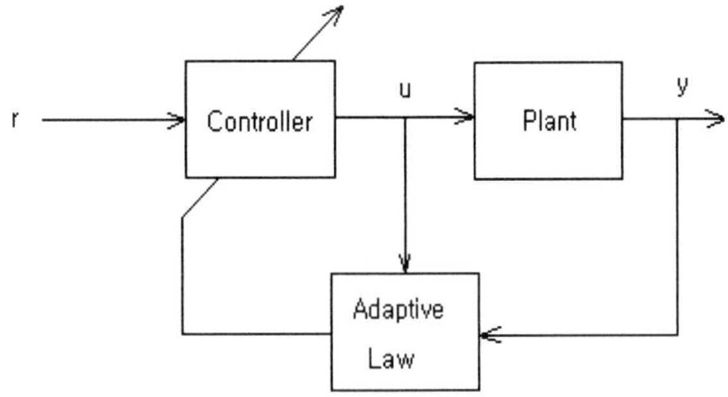

그림 3.2 STC 구조

라플라스 변환을 하면

$$\frac{Y_m(s)}{R(s)} = \frac{k}{ms^2 + bs + k} \tag{3.2}$$

여기서 계수값 m,b,k를 설정하면 원하는 응답을 만들어 낼 수 있다. 만약 기준입력이 스텝일 경우에는 모델을 통한 출력 y_m은 부드러운 스텝함수로 만들 수 있다. 이러한 경우 시스템에 무리를 주지 않게 된다.

그림 3.2는 self tuning control(STC)의 구조를 나타낸다. 제어기의 이득값들을 오차가 줄어들도록 갱신하는 것을 나타낸다.

3.2.2 로봇의 적응제어 알고리즘

다음은 MRAC의 방식 중 하나인 Lyapunov 안정성에 근거한 로봇의 적응 제어 법칙을 소개한다.

로봇의 동력학식은 다음과 같다.

$$M\ddot{q} + h = \tau \tag{3.3}$$

여기서 $h = C + G$로 간략화 하였다.

제어법칙은 다음과 같이 모델의 변수로 설정하였다.

$$\tau = \hat{M}u + \hat{h} \tag{3.4}$$

제어 입력은 PD제어 형태이다.

$$u = \ddot{q}_d + K_D\dot{e} + K_P e, \tag{3.5}$$

여기서 $e = q_d - q$이다.

식(3.4)와 (3.5) 두 식을 합쳐 (3.3)과 등식으로 놓으면 다음과 같다.

$$M\ddot{q} + h = \hat{M}(\ddot{q}_d + K_D\dot{e} + K_P e) + \hat{h} \tag{3.6}$$

식(3.6)의 양변에 $\hat{M}\ddot{q}$를 빼준 뒤에 정리하면 다음과 같다.

$$\hat{M}(\ddot{e} + K_D\dot{e} + K_P e) = (M - \hat{M})\ddot{q} + h - \hat{h} \tag{3.7}$$

양변에 $\hat{M}^{-1}$를 곱하면

$$\ddot{e} + K_D\dot{e} + K_P e = \hat{M}^{-1}(\Delta M\ddot{q} + \Delta h) \tag{3.8}$$

여기서 $\Delta M = M - \hat{M}, \Delta h = h - \hat{h}$로 모델링 오차를 나타낸다. 모델이 정확하면 식(3.8)의 우항이 0이 되므로 오차가 0으로 exponentially 수렴함을 알 수 있다. 하지만 일반적으로 모델링 오차는 항상 존재하고 그 밖의 불확실성이 존재하므로 식(3.8)의 우항은 항상 존재한다. 이 불확실성을 줄이기 위해 적응제어방식을 채택하면 로봇의 동적 변수에 의한 오차를 줄일 수 있다.

위 식의 우항을 적응제어 법칙을 적용하여 다시 쓰면 다음과 같다.

$$\ddot{e} + K_D\dot{e} + K_P e = \hat{M}(q)^{-1} Y(q, \dot{q}, \ddot{q})\tilde{w} \tag{3.9}$$

여기서 $\tilde{w} = w^* - w$로 w^*는 최적화된 변수벡터이고 w는 w^*의 평가치이다. 결국 모델링오차 $\hat{M}^{-1}(\Delta M\ddot{q} + \Delta h)$를 $\hat{M}(q)^{-1} Y(q, \dot{q}, \ddot{q})\tilde{w}$로 표현하고자 한다. $Y(q, \dot{q}, \ddot{q})$는 동역학 식으로부터 구할 수 있는 함수의 행렬, 즉 regression 함수이다. 적응제어에서

어려운 문제 중의 하나가 이 regression 함수를 어떻게 설정하는가 하는 것이다. 따라서, 위 식에서 적응제어는 오차를 기반으로 w를 계속적으로 갱신하여 결국에는 실제 변수 벡터 w^*와 같게 하여 우항을 영으로 만드는 것이 목적이다.

3.2.3 적응제어 법칙

제어방식의 안정성을 증명하기 위해 Lyapunov 안정성 방식을 적용해 보자. 먼저 두 제어방식의 폐회로 방정식 식(3.8)과 (3.9)을 다음과 같이 하나의 공통된 식으로 표현한다.

$$\ddot{e}+K_D\dot{e}+K_Pe=\widehat{M}^{-1}(\Lambda-\Phi) \tag{3.10}$$

식(3.10)에서 Λ와Φ는 다음과 같이 표현할 수 있다.

$$\widehat{M}(\ddot{e}+K_D\dot{e}+K_Pe)=Y(q,\dot{q},\ddot{q})w^*-Y(q,\dot{q},\ddot{q})w \tag{3.11}$$

여기서 Y는 관절의 위치, 속도, 가속도로 된 n x r의 함수 행렬, w^*는 로봇의 변수들(링크의 무게, 길이 등) 로 된 r x 1크기의 최적화된 벡터, w는 적응제어기의 가중치이다. 결과적으로 보면 적응제어기가 가중치 w를 변화시키면서 로봇 링크의 길이, 무게 또는 알지 못하는 비선형 변수들을 평가하게 된다. 여기서 $\widetilde{w}=w^*-w$로 변수의 평가 오차이다.

식(3.11)을 상태방정식으로 표현하면 아래와 같다.

$$\dot{\epsilon}=A\epsilon+B\widehat{M}^{-1}Y(q,\dot{q},\ddot{q})\widetilde{w} \tag{3.12}$$

여기서 $\epsilon=\begin{bmatrix} e \\ \dot{e} \end{bmatrix}$, $A=\begin{bmatrix} 0 & I \\ -K_P & -K_D \end{bmatrix}$, $B=\begin{bmatrix} 0 \\ I \end{bmatrix}$이다.

여기서 Lyapunov 함수 후보를 아래와 같이 설정한다.

$$L(t)=\frac{1}{2}\epsilon^TP\epsilon+\frac{1}{2}\widetilde{w}^T\Gamma\widetilde{w} \tag{3.13}$$

여기서 P와 Γ는 각각 n x n, n xr크기의 positive definite 행렬이다.

Lyapunov 함수는 positive definite이고, 즉 $L(t) \geq 0$이다. 전역적으로 안정하기 위해서는 다음의 조건을 만족해야 한다.

i)$L(x) \geq 0$: Positive definite

ii)$\dot{L}(x) < 0$: Negative definite

iii) $\|x\| \rightarrow \infty, \quad L(x) \rightarrow \infty$

Kalman-Yakubovich Lemma에 의해 아래와 같은 식이 성립함을 알 수 있다.

$$A^T P + PA = -Q \tag{3.14}$$

여기서 Q는 positive definite 행렬이다.

식(3.13)에서 Lyapunov 함수 후보를 미분한 뒤에 식(3.14)를 대입해서 정리하면 다음과 같다.

$$\begin{aligned} \dot{L}(t) &= \frac{1}{2}\dot{\epsilon}^T P\epsilon + \frac{1}{2}\epsilon^T P\dot{\epsilon} + \frac{1}{2}\dot{\tilde{w}}^T \Gamma \tilde{w} + \frac{1}{2}\tilde{w}^T \Gamma \dot{\tilde{w}} \\ &= \frac{1}{2}\epsilon^T [A^T P + PA]\epsilon + \frac{1}{2}\tilde{w}^T Y^T \hat{M}^{-T} B^T P\epsilon + \frac{1}{2}\epsilon^T PB\hat{M}^{-1} Y\tilde{w} \\ &\quad + \frac{1}{2}\dot{\tilde{w}}^T \Gamma \tilde{w} + \frac{1}{2}\tilde{w}^T \Gamma \dot{\tilde{w}} \\ &= -\frac{1}{2}\epsilon^T Q\epsilon + \tilde{w}^T (\Gamma \dot{\tilde{w}} + Y^T \hat{M}^{-T} B^T P\epsilon) \end{aligned} \tag{3.15}$$

시스템이 안정하기 위해서는 $\dot{L}(t) < 0$ 조건을 만족해야 하므로 식 (3.15)에서 다음 식을 만족해야 한다.

$$\tilde{w}^T (\Gamma \dot{\tilde{w}} + Y^T \hat{M}^{-T} B^T P\epsilon) = 0 \tag{3.16}$$

따라서 변수의 평가오차는 다음과 같다.

$$\dot{\tilde{w}} = -\Gamma^{-1} Y^T \hat{M}^{-T} B^T P\epsilon \tag{3.17}$$

식(3.17)로부터 적응제어기의 가중치의 미분식은 다음과 같이 설정되는데 이는 적응제어 알고리즘과 부합함을 알 수 있다.

$$\dot{w} = \Gamma^{-1} Y^T \widehat{M}^{-T} B^T P \epsilon \tag{3.18}$$

이를 정리하면 적응제어법칙 즉, 가중치는 매 샘플마다 업데이트된다.

$$w(t+1) = w(t) + \Gamma^{-1} Y^T \widehat{M}^{-T} B^T P \epsilon \tag{3.19}$$

여기서 $\Gamma, \widehat{M}, \ Y, B, P$ 행렬은 로봇 동역학 모델에서 모두 주어지므로 매 샘플마다 오차 ϵ에 대해 w를 업데이트 할 수 있다. Γ는 가중치 업데이트 변수임을 알 수 있다. 결과적으로 식(3.18)을 사용하면 식(3.14)는 다음 식을 만족하게 되므로 시스템은 안정하게 되고 위치오차는 제로로 수렴하게 된다.

$$\dot{L}(t) = -\frac{1}{2} \epsilon^T Q \epsilon \ \leq 0 \tag{3.20}$$

결국 적응제어기에서는 regression 함수 Y값을 구하는 것이 어렵다는 것을 알 수 있다. 이는 또한 모델을 알아야 한다는 단점이 있다.

3.2.4 2축 로봇의 적응제어 예

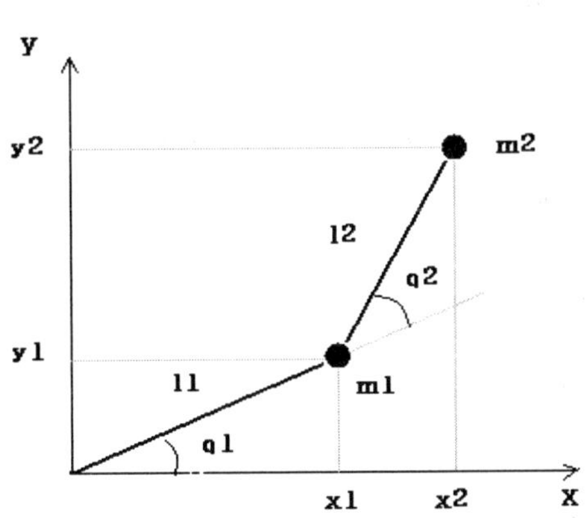

마찰력을 포함한 2축 로봇의 동력학식은 다음과 같다.

$$\begin{bmatrix} m_1 l_1^2 + m_2 l_1^2 + m_2 l_2^2 + 2m_2 l_1 l_2 c_2 & m_2 l_2^2 + m_2 l_1 l_2 c_2 \\ m_2 l_2^2 + m_2 l_1 l_2 c_2 & m_2 l_2^2 \end{bmatrix} \begin{bmatrix} \ddot{\theta}_1 \\ \ddot{\theta}_2 \end{bmatrix} + \begin{bmatrix} -2m_2 l_1 l_2 s_2 \dot{\theta}_1 \dot{\theta}_2 - m_2 l_1 l_2 s_2 \dot{\theta}_2^2 \\ m_2 l_1 l_2 s_2 \dot{\theta}_1^2 \end{bmatrix}$$

$$+ \begin{bmatrix} m_1 g l_1 c_1 + m_2 g (l_1 c_1 + l_2 c_{12}) \\ m_2 g l_2 c_{12} \end{bmatrix} + \begin{bmatrix} k_{11} \dot{\theta}_1 + k_{12} sgn(\dot{\theta}_1) \\ k_{21} \dot{\theta}_2 + k_{22} sgn(\dot{\theta}_2) \end{bmatrix} = \begin{bmatrix} \tau_1 \\ \tau_2 \end{bmatrix}$$

위의 동력학 식에서 시간에 따라 변하고 정확하게 측정하기 어려운 변수들은 각 링크의 질량과 마찰계수이다. 위의 식에서 질량과 마찰계수들의 변수 벡터 Φ를 정의하면 다음과 같이 성분을 나누어서 나타낼 수 있다.

$$\tau = Y\widetilde{w} = Y\Phi \tag{3.21}$$

여기서 Φ는 변수들의 평가치를 구하고자 하는 벡터로 다음과 같이 링크의 무게와 마찰상수로 되어 있다.

$$\Phi = \begin{bmatrix} m_1 \ m_2 \ k_{11} \ k_{12} \ k_{21} \ k_{22} \end{bmatrix}^T \tag{3.22}$$

따라서 이축로봇이므로 regression 함수 행렬은 다음과 같다.

$$Y = \begin{bmatrix} y_{11} \ y_{12} \ y_{13} \ y_{14} \ y_{15} \ y_{16} \\ y_{21} \ y_{22} \ y_{23} \ y_{24} \ y_{25} \ y_{26} \end{bmatrix} \tag{3.23}$$

식(3.21)은 다음과 같다.

$$\begin{aligned} \tau_1 &= m_1 y_{11} + m_2 y_{12} + k_{11} y_{13} + k_{12} y_{14} + k_{21} y_{15} + k_{22} y_{16} \\ \tau_2 &= m_1 y_{21} + m_2 y_{22} + k_{11} y_{23} + k_{12} y_{24} + k_{21} y_{25} + k_{22} y_{26} \end{aligned} \tag{3.24}$$

각 regression 함수의 구성 요소는 다음과 같다.

$$y_{11} = l_1^2 \ddot{\theta}_1 + g l_1 c_1$$

$$y_{12} = (l_1^2 + l_2^2 + 2 l_1 l_2 c_2) \ddot{\theta}_1 + (l_2^2 + l_1 l_2 c_2) \ddot{\theta}_2 - l_1 l_2 (2 \dot{\theta}_1 \dot{\theta}_2 + \dot{\theta}_2^2) s_2 + g (l_1 c_1 + l_2 c_{12})$$

$$
\begin{aligned}
y_{13} &= \dot{\theta}_1 \\
y_{14} &= sgn(\dot{\theta}_1) \\
y_{15} &= 0 = y_{16} \\
y_{21} &= 0 \\
y_{22} &= (l_2^2 + l_1 l_2 c_2)\ddot{\theta}_1 + l_2^2\ddot{\theta}_2 + l_1 l_2 \dot{\theta}_1^2 s_2 + l_2 g c_{12} \\
y_{23} &= 0 = y_{24} \\
y_{25} &= \dot{\theta}_2 \\
y_{26} &= sgn(\dot{\theta}_2)
\end{aligned}
\tag{3.25}
$$

식(3.24)를 보면 m과 k의 계수 값을 가중치로 간주하였음을 알 수 있다. 이처럼 regression 함수는 모델로부터 구해지게 되므로 모델기반 적응제어방식이 된다.

[점검문제 3.1]

위의 예제를 시뮬레이션 해보시오. 초기 조인트의 위치를 $q_0 = (\frac{\pi}{4}, \frac{\pi}{4})$이고 목표각도는 $q_f = (\frac{\pi}{2}, \frac{\pi}{3})$이다.

3.3 슬라이딩 모드 제어(Sliding mode control)

슬라이딩 모드제어는 일명 뱅뱅제어라 하며 비선형 강건제어의 대표적인 방식이다. 그림 3.3에 보여진 것처럼 슬라이딩 표면을 정의하고 어떤 상태를 슬라이딩 표면으로 가도록 제어기 입력을 설계하는 방식이다. 일단 슬라이딩 표면으로 가게 되면 s(t)=0인 조건을 만족하게 되어 원하는 상태로 수렴하게 된다. 슬라이딩 제어방식은 시스템의 불확실성이나 외란 등에 의한 문제를 해결하기 위해 사용한다.

슬라이딩 표면은 다음과 같이 정의된다.

$$
s(x,t) = (\frac{d}{dt} + \lambda)^{n-1} x(t) = 0 \tag{3.26}
$$

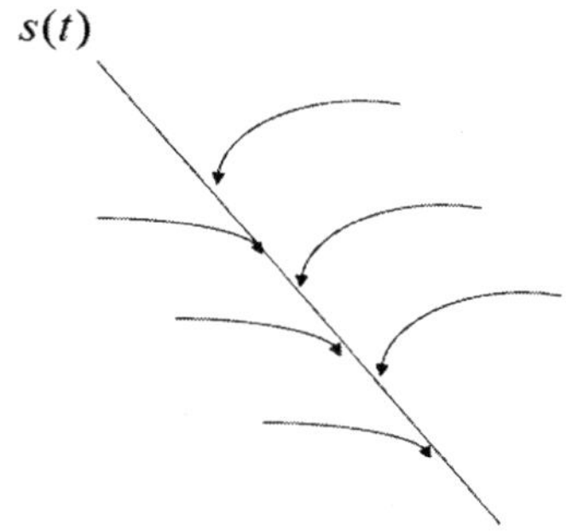

그림 3.3 슬라이딩 표면

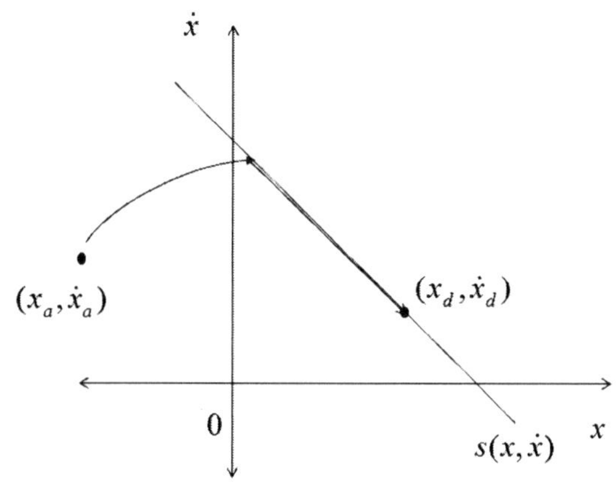

그림 3.4 슬라이딩 표면에서 상태의 움직임

여기서 $\lambda \geq 0$으로 상수이다. 그림 3.4를 보면 슬라이딩 표면에서 상태의 움직임을 예시하고 있다. 현재 상태 $(x_a, \dot{x}_a)$에서 목표 상태 $(x_d, \dot{x}_d)$로 가기위해 먼저 슬라이딩 표면 $s(x, \dot{x})$으로 가야 한다. 일단 슬라이딩 표면에 다다르면 미끄러지듯이 목표 상태 $(x_d, \dot{x}_d)$에 도달하게 된다. 이 것이 슬라이딩 제어방식의 원리이다.

간단히 n=2, 즉 이차시스템인 경우를 살펴보면 다음과 같다.

$$s(x,t) = (\frac{d}{dt} + \lambda)x(t) = \dot{x}(t) + \lambda x(t) = 0 \tag{3.27}$$

슬라이딩 표면은 $x, \dot{x}$ $x, \dot{x}$의 선의 방정식으로 표현된다. 그렇다면 슬라이딩 표면을 다음과 같이 추종오차의 함수로 나타내 보자.

$$s(e,\dot{e}) = \dot{e}(t) + \lambda e(t) = 0 \tag{3.28}$$

그림 3.5로부터 기울기 λ인 오차 평면에서의 관계식은 다음과 같다.

$$\dot{e} = -\lambda e \tag{3.29}$$

그림 3.5에서 보면 슬라이딩 라인을 중심으로 크게 두 영역으로 나뉜다.

i) $s = \dot{e} + \lambda e > 0$, 슬라이딩 라인의 위 부분

$\dot{s} > 0$이면 슬라이딩 라인에서 벗어남

ii) $s = \dot{e} + \lambda e < 0$, 슬라이딩 라인의 아래 부분

$\dot{s} < 0$이면 슬라이딩 라인에서 벗어남

따라서 슬라이딩 라인에서 벗어나지 않도록 하고 슬라이딩 라인으로 향하도록 만족하는 조건은 다음과 같이 구할 수 있다.

$$\dot{s}s < 0$$

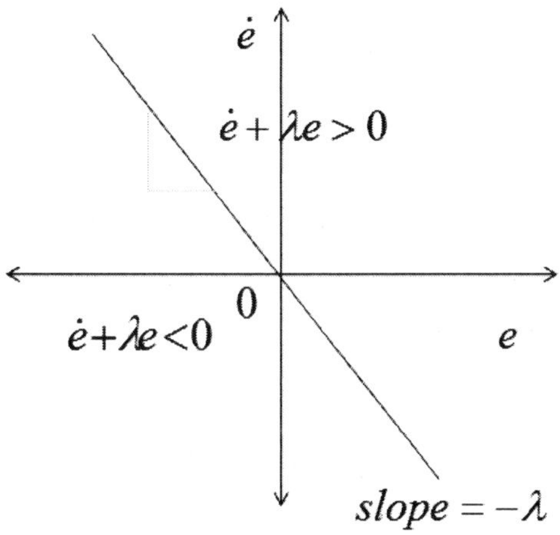

그림 3.5 슬라이딩 오차 표면

예제 3.1 **다음의 비선형 시스템을 슬라이딩 제어기로 제어해 보자.**

$$\ddot{x} = f + u \tag{3.30}$$

슬라이딩 표면은 다음과 같다.

$$s = (\frac{d}{dt} + \lambda)e = \dot{e} + \lambda e \tag{3.31}$$

추종오차는 다음과 같다.

$$e = x - x_d \tag{3.32}$$

여기서 x_d는 원하는 상태이다. s를 미분하고 (3.30)을 대입하면

$$\begin{aligned} \dot{s} &= \ddot{e} + \lambda\dot{e} \\ &= \ddot{x} - \ddot{x}_d + \lambda\dot{e} \\ &= f + u - \ddot{x}_d + \lambda\dot{e} \end{aligned} \tag{3.33}$$

모델기반 제어입력은 다음과 같다.

$$\hat{u} = -\hat{f} + \ddot{x}_d \tag{3.34}$$

여기서 $\hat{f}$는 모델이다.

제어입력은 슬라이딩 조건을 만족하기 위해 다음과 같이 설정한다. 제어기는 모델과 비선형함수 $ksgn(s)$를 포함하여 불연속 함수를 구성한다. $sgn(s)$함수는 이산 신호이므로 시스템의 응답이 불연속으로 나타난다.

$$u = \hat{u} - ksgn(s) \tag{3.35}$$

다음의 Lyapunov 함수를 고려해 보자

$$V = \frac{1}{2}s^2 \tag{3.36}$$

미분하면

$$\begin{aligned} \dot{V} &= s\dot{s} \\ &= s(\ddot{e} + \lambda\dot{e}) \\ &= s(\ddot{x} - \ddot{x}_d + \lambda\dot{e}) \\ &= s(f + u - \ddot{x}_d + \lambda\dot{e}) \\ &= s(f - \hat{f} - ksgn(s)) \\ &= s\Delta f - k|s| \end{aligned} \tag{3.37}$$

여기서 $|s| = s \cdot sgn(s)$. 만약 모델이 정확하다면, 즉 $\hat{f} = f$이면 $\Delta f = 0$이므로 안정하게 된다.

$$\dot{V} = -k|s| \leqq 0 \tag{3.38}$$

이는 다음과 같은 슬라이딩 조건식을 만족한다.

$$\dot{V} = \frac{1}{2}\frac{d}{dt}s^2 \leqq -\eta|s| \tag{3.39}$$

즉, 슬라이딩 조건은 다음과 같다.

$$\dot{s}s \leqq -\eta|s| \leqq 0 \tag{3.40}$$

식(3.35)에서 보면 슬라이딩 라인으로 보내기 위해 비선형 함수 sgn을 사용한 것을 볼 수 있다. 이는 제어 입력에서 연속이 아닌 불연속 제어 입력 신호를 발생하므로 시스템 응답에 있어 불연속적인 응답, 즉 채터링(Chattering)이 발생한다. 이 점이 슬라이딩 제어방식의 가장 큰 단점이다. 이 채터링 현상을 줄이기 위해 다음과 같은 비선형 함수를 사용해 보자.

$$sat(x) = \begin{cases} x, & |x| < 1 \\ sgn(x), & |x| \geq 1 \end{cases} \tag{3.41}$$

제어입력은 다음과 같다.

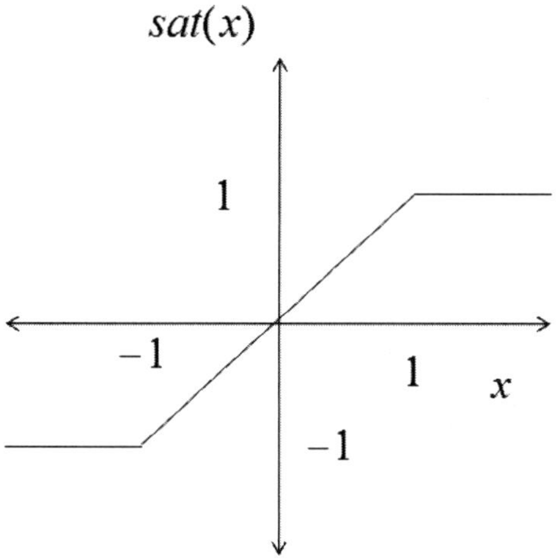

그림 3.6 Sat(x) 함수

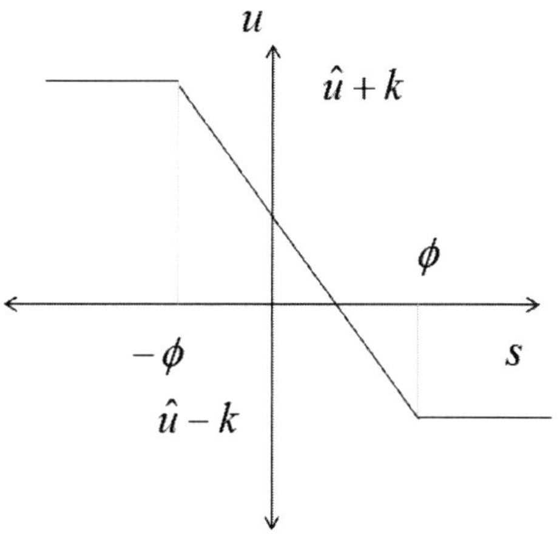

그림 3.7 Sat(x) 함수

$$u = \hat{u} - ksat(\frac{s}{\phi}), \quad \phi > 0, k > 0 \tag{3.42}$$

다음 시스템을 고려해 보자.

$$\ddot{x}(t) = f(\mathrm{x,t}) + \mathrm{u} + \mathrm{d} \tag{3.43}$$

여기서 u는 제어입력, d는 외란이다.

식(3.43)을 대입하면

$$\dot{s}(x,t) = f + u + d - \ddot{x}_d + \lambda\dot{e} \tag{3.44}$$

슬라이딩 표면 $s(\mathrm{x,t}) = 0$면 $e = 0$이 되므로 $\mathrm{x} \rightarrow \mathrm{x_d}$임을 알 수 있다.

$\dot{s}(x,t) = 0$로 하기위해 제어 입력 u를 다음과 같이 선택한다.

$$\hat{u} = -\hat{f} + \ddot{x}_d - \lambda\dot{e} \tag{3.45}$$

여기서 $\hat{f}$는 f 의 평가치이다. 비선형 함수를 고려한 제어입력은

$$u = \hat{u} - k \cdot sat(\frac{s}{\phi}) \tag{3.46}$$

$$\dot{s}(x,t) = \Delta f + d - ksat(\frac{s}{\phi}) \tag{3.47}$$

일반적으로 많이 사용하는 슬라이딩 제어기는 제어변수의 갑작스런 변화를 줄이기 위해 sgn함수를 sat함수로 바꾸어서 사용한다.

안정성을 만족하기위해 적절한 k값의 선택이 중요하다. 시스템의 동역학모델을 정확하게 알면 알수록 모델에 의한 불확실성 Δf가 작아지게 되어 k의 값도 작게 설정할 수 있게 된다. 하지만 모델을 모르는 경우, 즉 모델을 사용하지 않는 다면 k 값으로 보상해야 하므로 k 값을 잘 설정해야 한다.

따라서 최근에는 k 값을 지능적으로 선정하기 위해 다음과 같은 퍼지 슬라이딩 모드 제어기를 사용하기도 한다. 즉 슬라이딩 모드제어기 부분을 퍼지 제어기로 대체하는 것이다.

$$u = -\lambda\dot{e} - Fuzzy(e,\dot{e}) \tag{3.48}$$

SIMULINK 예제 3.1 로봇팔의 슬라이딩 모드제어

그림 2.7의 조건을 기준으로 시뮬레이션 한다.

① 제어법칙

$$\tau = \hat{M}(q)u(t) + \hat{h}(q,\dot{q}),$$

$$u = \ddot{q}_d + \lambda(\dot{q}_d - \dot{q}) + k \cdot sgn(s)$$

② SIMULINK 프로그램

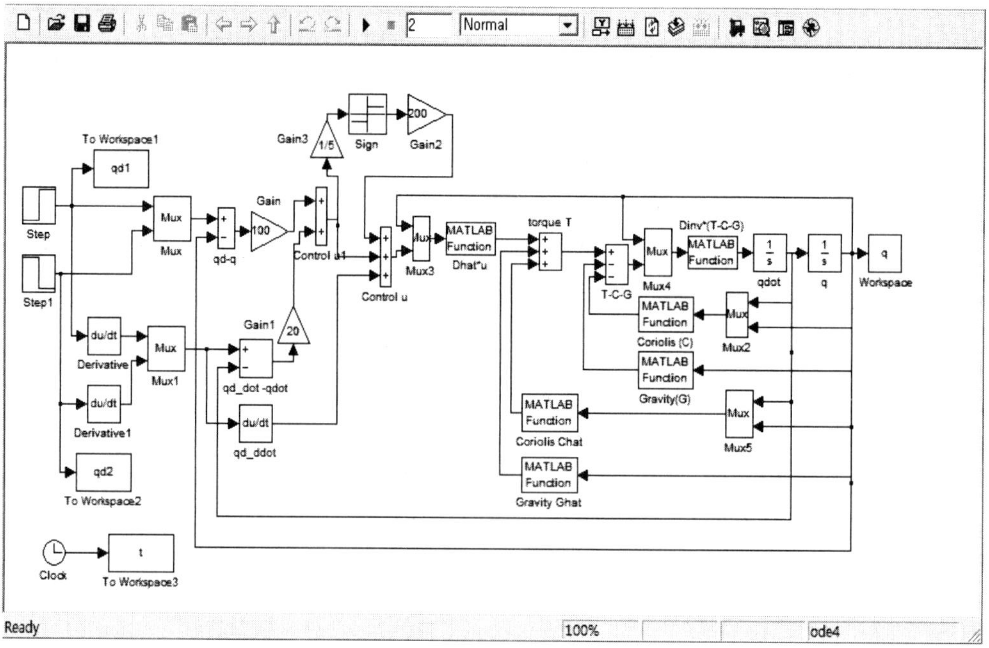

그림 3.8 Sliding mode제어 시뮬레이션

③ 결과

그림 3.9는 2축 로봇을 슬라이딩 모드 제어기로 제어한 것이다. PD제어기로 제어한 경우보다 오차가 많이 줄어든 것을 확인할 수 있다.

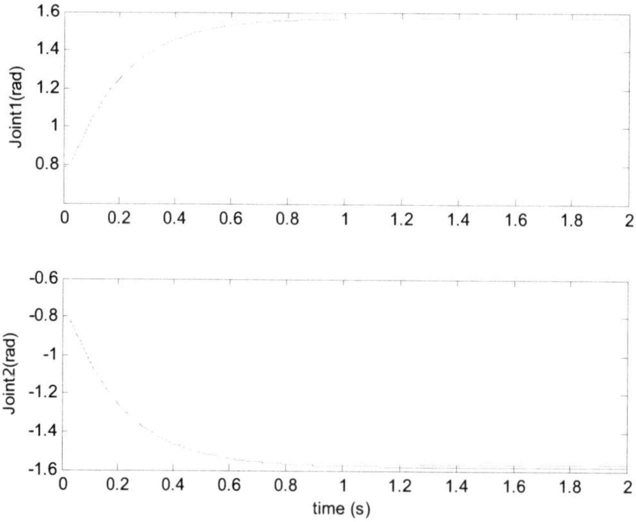

그림 3.9 Sliding mode제어 조인트 추종결과

[점검문제 3.2]

점검문제 3.1의 로봇을 슬라이딩 모드 제어를 사용하여 시뮬레이션 해 보시오. 슬라이딩 제어기의 이득값, k를 달리하여 시뮬레이션 해 보시오.

3.4 외란 관측기(Disturbance Observer)

3.4.1 외란 관측기 방식

외란 관측기는 관측기의 일종으로 모델을 기준으로 외란을 검출해 내어 제거하는 제어방식이다. 외란 관측기는 그 구조가 매우 간단하며 실제 시스템에 적용이 쉬운 제어 방법의 하나이다. 주로 외란이 있을 경우에 그 외란을 평가하여 서로 상쇄시키는 제어 방식이다.

따라서 모델이 정확하지 않을 경우에는 외란을 정확하게 관측할 수 없으므로 모델의 정확도에 따라 그 성능이 좌우된다. 그림 3.10에 외란 관측기 구조가 나타나 있다. 이 외란 관측기는 선형 시스템의 경우를 나타낸다.

외란은 다음과 같이 정의된다.

$$D(s) = \widetilde{U}(s) - U(s) = \frac{Y(s)}{G(s)} - U(s) \tag{3.49}$$

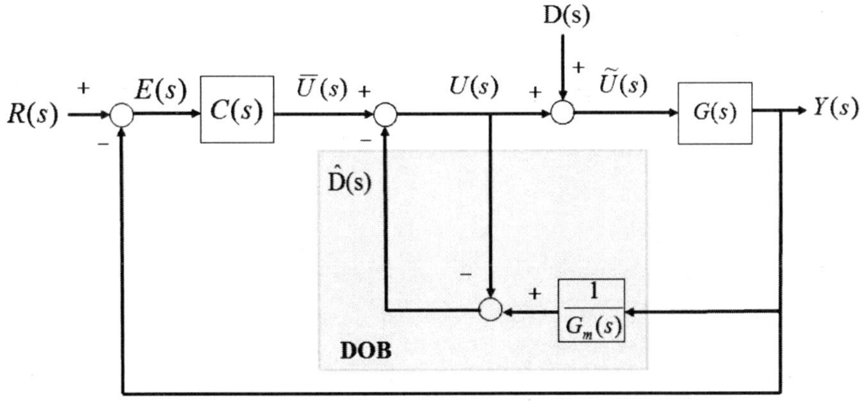

그림 3.10 외란 관측기 구조

시스템의 모델 $G_m(s)$을 사용하면 외란의 평가치는 다음과 같다.

$$\hat{D}(s) = \frac{Y(s)}{G_m(s)} - U(s) \tag{3.50}$$

여기서 $\widetilde{U}(s) = U(s) + D(s)$이다. 평가된 외란을 제어기에서 빼주게 되면 외란이 소거된 제어입력이 시스템으로 입력된다.

$$\widetilde{U}(s) = \overline{U}(s) + D(s) - \hat{D}(s) = \overline{U}(s) \tag{3.51}$$

여기서 $\overline{U}(s)$는 제어기의 출력이다.

결과적으로 출력은 다음과 같이 외란이 없는 형태가 된다.

$$Y(s) = G(s)\overline{U}(s) \tag{3.52}$$

외란관측기는 모델의 정확도에 따라 성능이 좌우되므로 모델의 오차가 있거나 센서의 잡음이 있을 경우에는 보상이 필요하다.

3.4.2 Q필터를 이용한 외란 관측기 방식

하지만 실제 응용에서는 $\widetilde{U}(s)$를 계산하는데 있어 시간지연이 발생하게 되는데 이는 Q(s) 필터를 통해 해결한다. 그림 3.11은 Q필터를 포함하는 외란관측기 구조를 나타낸다.

입력과 외란에 대해 출력을 나타내 보면 다음과 같다.

$$Y(s) = \frac{G_m(s)G(s)}{\Delta(s)}\overline{U}(s) + \frac{G_m(s)G(s)(1-Q(s))}{\Delta(s)}D(s) \tag{3.53}$$

여기서 $\Delta(s) = G_m(s) + (G(s) - G_m(s))Q(s)$. Q 의 크기가 1인 필터로 선택하고 모델을 정확하게 하면 $G_m(s) = G(s)$ 외란이 소거된다. 따라서 Q 필터는 대부분 크기가 1인 즉, $|Q(s)| = 1$인 저주파 필터로 선정한다.

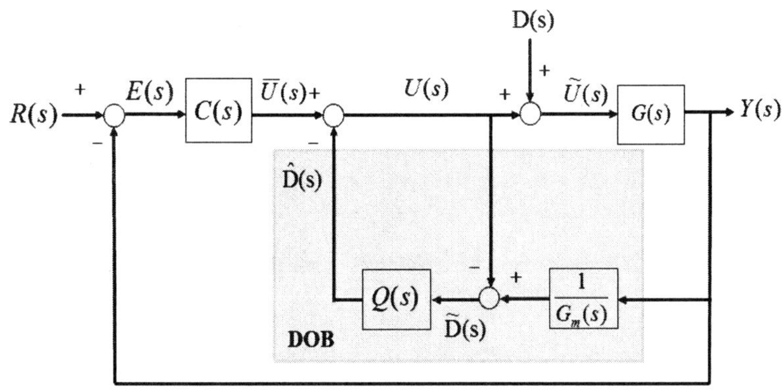

그림 3.11 Q 필터를 사용한 외란 관측기 구조

$$Y(s) = G(s)\overline{U}(s) \tag{3.54}$$

하지만 시스템이 비선형인 경우에는 위의 외란 관측기를 사용할 수 없고 변형된 형태의 외란 관측기를 사용하게 된다.

3.4.3 비선형 외란 관측기 방식

비선형 외란 관측기는 그림 3.10에서 시스템의 역모델 부분 $\frac{1}{G_m(s)}$을 역동역학으로 대체한다. 로봇팔을 제어하는 외란관측기를 설계해 보자.

그림 3.12에서 제어입력은 다음과 같다.

$$\bar{\tau}(t) = \widehat{M}u + \widehat{C} + \widehat{G} \tag{3.55}$$

여기서 PD제어는

$$u(t) = \ddot{q}_d + K_D\dot{e} + K_P e \tag{3.56}$$

실제 제어입력은 외란의 평가치를 뺀다.

$$\tau(t) = \bar{\tau}(t) - \hat{d}(t) \tag{3.57}$$

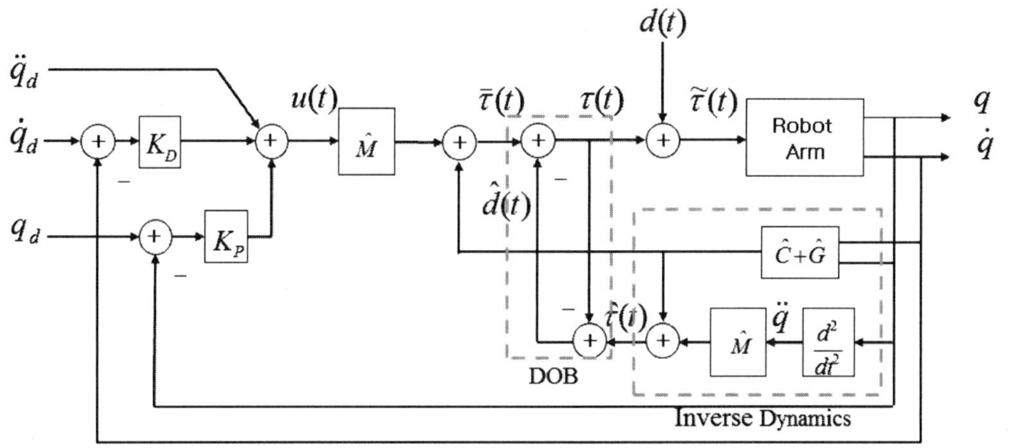

그림 3.12 로봇팔의 DOB의 구조

외란은 다음과 같이 정의된다.

$$d(t) = \tilde{\tau}(t) - \tau(t) \tag{3.58}$$

$\tilde{\tau}(t)$를 측정할 수 없으므로 이를 역동역학을 이용하여 평가한다.

$$\hat{d}(t) = \hat{\tau}(t) - \tau(t) \tag{3.59}$$

그리 3.12는 로봇 팔을 외란관측기로 제어하는 블록도를 나타낸다.

SIMULINK 예제 3.2 2축 로봇팔의 DOB제어

그림 2.7의 조건으로 시뮬레이션 한다.

① 제어법칙

$$\tau(t) = \widehat{M}u - \hat{d},\ \ u(t) = \ddot{q}_d + K_D\dot{e} + K_P e,$$

$$\hat{d}(t) = \hat{\tau}(t) - \tau(t)$$

$$\hat{\tau} = \widehat{M}\ddot{q} + \hat{C} + \widehat{G}$$

② SIMULINK 프로그램

그림 3.1. 에서 외란을 주기적으로 주고 시뮬레이션을 해 보았다.

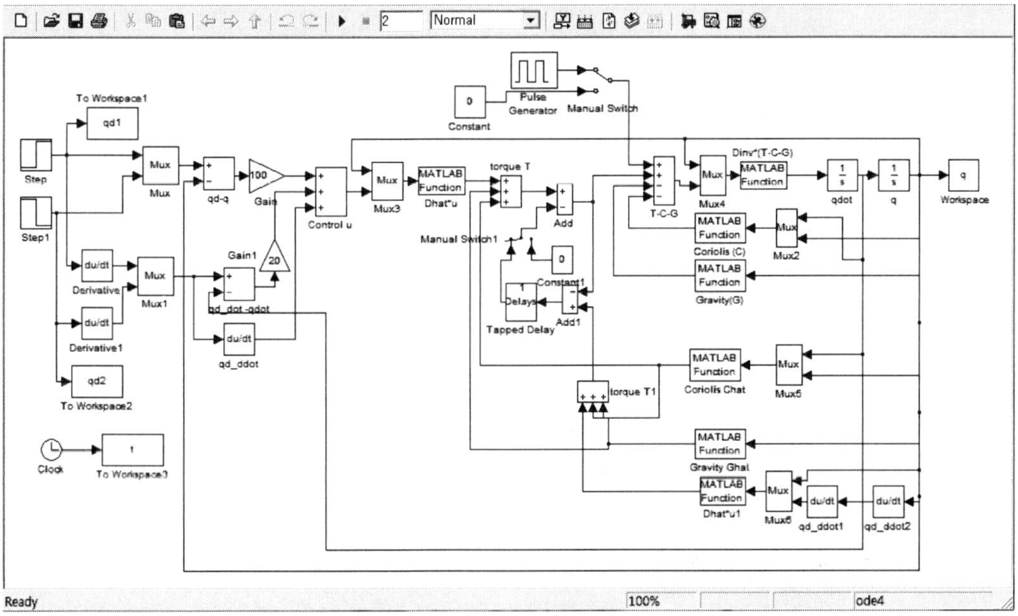

그림 3.13 2축 로봇팔의 DOB 제어의 시뮬레이션

③ 결과

그림 3.14(a)를 보면 추종에 있어 진동이 발생하는데 이는 0.2초마다 발생하는 펄스형태의 외란의 영향이다. DOB를 사용하는 경우 오차가 줄어든 것을 볼 수 있다.

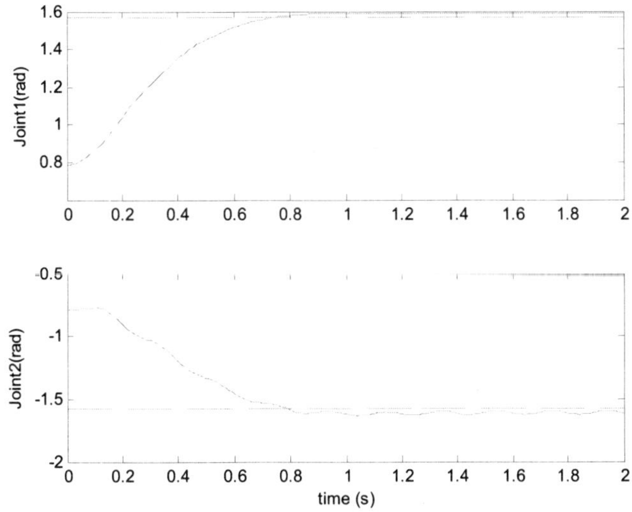

(a) DOB를 사용하지 않은 경우

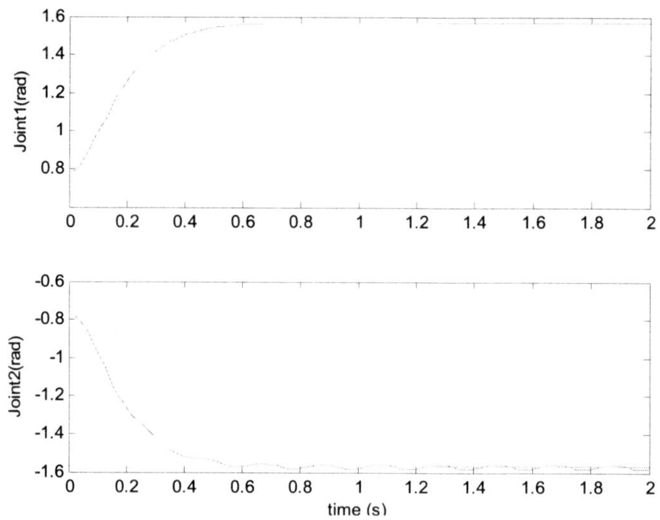

(b) DOB를 사용한 경우

그림 3.14 비선형 DOB의 응답

비선형 관측기의 문제점은 다음과 같다.

1. 동역학식이 정확하지 않으면 외란을 정확하게 관측하지 못한다.
2. 외란을 정확하게 관측하지 못하면 성능이 저하된다.

결국 관측기 기반 제어방식은 모델에 의존하고 있으며 모델의 정확도에 따라 성능이 좌우되는 것을 알 수 있다. 다음은 모델에 대한 의존도가 상대적으로 적은 제어방식을 소개하고자 한다.

[점검문제 3.3]

DOB 구조에서 모델링의 오차에 대한 성능을 확인해 보시오.

3.5 시간 지연 제어방식

3.5.1 시간지연 제어방식의 소개

시스템의 불확실성을 없애는 방법 중의 하나로 시간 지연 제어방식(Time-delayed control)이 있다. 이 방식은 매우 간단하여 실시간으로 응용 가능하므로 제어 효과가 매우 좋다. 이 제어방식은 시간 지연을 이용하여 현재 모델에서 이전 동적 모델을 뺌으로써 불확실성 요소를 제거하는 방식이다. 시간 지연과 관계되므로 샘플링 시간이 매우 중요하다.

그림 3.15는 이상적인 시간지연 제어기를 나타낸다. 여기서 이상적인 방식이란 의미는 현실적으로 불가능한 구조임을 나타낸다. 그 이유는 외란이 포함된 제어입력 $\widetilde{U}(s)$를 측정하는 것이 불가능하기 때문이다.

만약에 제어입력 $\widetilde{U}(s)$를 측정가능하다면 출력은 다음과 같이 표현되어진다.

$$Y(s) = \frac{G(s)}{\Delta_D(s)}\overline{U}(s) + \frac{(1-e^{-sT})G(s)}{\Delta_D(s)}D(s) \tag{3.60}$$

여기서 T는 시간 지연을 나타내고 $\Delta_D(s) = 1 + (1 - e^{-sT})$ 이다. 시간지연을 나타내는 e^{-sT}의 경우 크기는 1이고 위상에서 지연을 나타낸다.

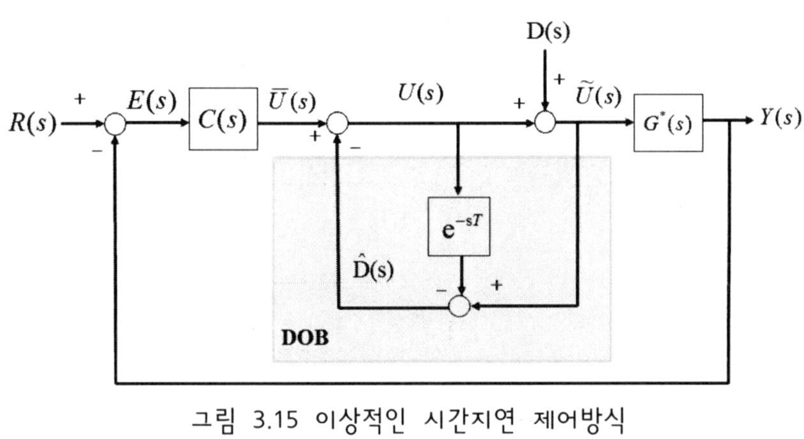

그림 3.15 이상적인 시간지연 제어방식

3.5.2 가속도 기반 시간지연 제어방식

외란이 포함된 입력 $\widetilde{U}(s)$를 측정하는 것은 불가능하지만 시스템의 가속도는 센서를 사용하는 경우에 측정이 가능하다. 그림 3.16은 가속도 센서를 사용해서 가속도를 측정하는 경우의 시간지연 제어방식을 나타낸다.

공정시스템이 다음과 같은 2차 시스템이라 하자.

$$G(s) = \frac{1}{ms^2 + bs + k} \tag{3.61}$$

이 시스템의 가속도 $\hat{m}s^2Y(s)$를 측정할 수 있다고 가정하면 출력은 다음과 같다.

$$Y(s) = \frac{\hat{m}C(s)R(s) + (1 - e^{-sT})D(s)}{(1 - e^{-sT})(ms^2 + bs + k) + \hat{m}s^2 + \hat{m}C(s)} \tag{3.62}$$

만약에 샘플링이 빨라 시간지연을 무시한다고 하면, 즉 $|e^{-sT}| = 1$인 경우에 출력을 살펴보면 다음과 같은 간단한 식이 된다.

$$Y(s) = \frac{C(s)}{s^2 + C(s)}R(s) \tag{3.63}$$

만약에 제어기로 PD 제어기를 사용한다면

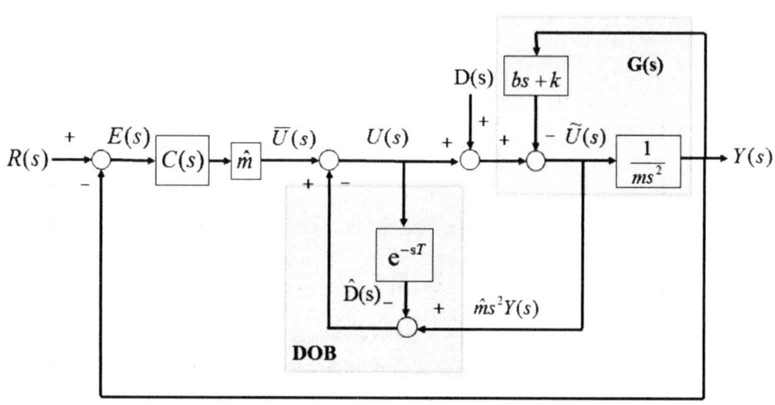

그림 3.16 가속도기반 시간지연 제어방식

$$C(s) = K_D s + K_P \tag{3.64}$$

출력은

$$Y(s) = \frac{K_D s + K_P}{s^2 + K_D s + K_P} R(s) \tag{3.65}$$

이는 공정의 모델에 상관없이 항상 같은 응답을 나타낸다는 것이다.

하지만 앞에서 설명한 외란 관측 제어방식의 경우에 선형 시스템을 가정한 것으로 비신형 시스템의 경우에는 적용하기가 이렵다. 따라서 로봇 시스템과 같은 비선형 시스템에 적용하기 위해서는 다음과 같이 구현해야 한다.

3.5.3 로봇의 시간지연 제어방식

관절 공간에서 로봇의 동적 방정식은 다음과 같다.

$$M\ddot{q} + h = \tau \tag{3.66}$$

M는 n x n 관성행렬이고 h는 n x 1 Coriolis와 구심력 그리고 중력, τ는 n x 1 관절 토크이다. 여기서 $h = C + G$이다.

모델 기반의 로봇을 제어하기 위한 제어 법칙은 다음과 같이 나타낼 수 있다.

$$\tau = \widehat{M}u + \hat{h} \tag{3.67}$$

로 나타낸다. $\widehat{M}$과 $\hat{h}$는 각각 M와 h의 모델한 값이다.

제어 입력 u는 $\widehat{M}$다음과 같이 PD 제어기 형태로 나타낼 수 있다.

$$u \approx \ddot{q} = \ddot{q}_d + K_D\dot{e} + K_P e \tag{3.68}$$

식 (3.66)과 (3.67), (3.68)을 연립하면 $\hat{h}$는

$$\hat{h} = (M - \widehat{M})\ddot{q} + h \tag{3.69}$$

로 표현될 수 있다.

식 (3.67)과 식(3.68)로 부터 $\hat{h}$ 는 다음과 같이 나타낼 수 있다.

$$\hat{h}(t) = \tau(t) - \widehat{M}(t)\ddot{q}(t) \tag{3.70}$$

하지만 식(3.70)의 성분들이 모두 같은 시간의 값이므로 $\hat{h}(t)$를 계산하기는 불가능하다. 따라서 짧은 시간의 샘플링 시간 λ를 사용하여 이전 정보를 사용하면 $\hat{h}(t) \approx \hat{h}(t-\lambda)$으로 나타낼 수 있다. 최근에 많이 사용하는 상용 DSP 보드를 사용하면 충분히 빠른 샘플링을 얻을 수 있다.

따라서 식(3.70)로 부터 $\overline{h}(t)$는 다음과 같이 이 전의 정보를 사용해서 $\hat{h}(t)$를 대략적인 값으로 나타낼 수 있다.

$$\begin{aligned}\overline{h}(t) = h(t-\lambda) &= \tau(t-\lambda) - \widehat{M}(t-\lambda)\ddot{q}(t-\lambda) \\ &= \tau(t-\lambda) - \overline{M}\ddot{q}(t-\lambda)\end{aligned} \tag{3.71}$$

여기서 $\overline{M} = \widehat{M}(t-\lambda)$라 하자.

새로운 제어 법칙은 아래와 같다.

$$\begin{aligned}\tau &= \widehat{M}u + \overline{h} \\ &= \widehat{M}(\ddot{q}_d + K_D\dot{e} + K_Pe) + \tau(t-\lambda) - \overline{M}\ddot{q}(t-\lambda)\end{aligned} \tag{3.72}$$

식(3.72)의 제어 법칙과 동력학 식을 같게 놓으면

$$M\ddot{q} + h = \widehat{M}(\ddot{q}_d + K_D\dot{e} + K_Pe) + \tau(t-\lambda) - \overline{M}\ddot{q}(t-\lambda) \tag{3.73}$$

양변에 $\widehat{D}\ddot{q}$을 더한 뒤에 정리하면 다음과 같다.

$$\begin{aligned}\widehat{M}(\ddot{e} + K_D\dot{e} + K_Pe) &= M\ddot{q} - \widehat{M}\ddot{q} + h - \tau(t-\lambda) + \overline{M}\ddot{q}(t-\lambda) \\ &= (M - \widehat{M})\ddot{q} + h - \overline{h}\end{aligned} \tag{3.74}$$

만약

$$\overline{h} = (M - \widehat{M})\ddot{q} + h \tag{3.75}$$

이면 다음과 같이 이상적인 오차방정식을 만족한다.

$$\ddot{e} + K_D\dot{e} + K_P e = 0 \tag{3.76}$$

따라서 독립적인 조인트 제어가 가능하다.

결과적으로 위치 추종 성능은 관성 행렬의 평가치 $\widehat{M}$를 얼마나 정확하게 설정하였는가에 달려있다. 하지만, $\widehat{M}$는 로봇의 관성 모델과 관계되어 있으므로 이를 정확하게 모델링 하는 것이 쉽지 않다. 시간지연제어방식에서 고려할 사항은 다음과 같다.

1. 가속도 평가치의 정확도
2. 관성 모델의 정확도
3. 샘플링 시간의 빠름

3.5.4 관성 행렬의 평가치

그렇다면 제어법칙에서 관성행렬의 평가치 $\widehat{M}$는 어떻게 구하는가? 로봇의 관성 행렬은 로봇의 움직임마다 값이 변하므로 정확한 값을 구하는 것이 어렵다. 하지만, 링크가 균일하고 무게 중심점이 중앙에 위치할 경우 일반적으로 다이아고널 요소에 의해 크게 좌우된다. 따라서 다음과 같이 관성 행렬을 정의하자.

$$\overline{M} = \alpha I \tag{3.77}$$

α는 상수이다.

로봇 동력학 식을 다음과 같이 변형시키면

$$\overline{M}\ddot{q} - \overline{M}\ddot{q} + M\ddot{q} + C + G = \tau \tag{3.78}$$

여기서 간단히 하기 위해

$$\begin{aligned} h &= M\ddot{q} - \overline{M}\ddot{q} + C + G \\ &= (M - \overline{M})\ddot{q} + C + G \end{aligned} \tag{3.79}$$

라 놓으면 식(3.78)은 다음과 같이 된다.

$$\overline{M}\ddot{q} + h(q, \dot{q}, \ddot{q}) = \tau \tag{3.80}$$

h의 값을 구하기 위해 식(3.80)로부터 정리하면

$$h(q,\dot{q},\ddot{q})(t) = \tau(t) - \overline{M}\ddot{q}(t) \tag{3.81}$$

식(3.81)에서 같은 시간에 동시의 값이 존재하지 못하므로 시간 지연값을 사용하면

$$\overline{h}(t) \cong h(t-\lambda) = \tau(t-\lambda) - \overline{M}\ddot{q}(t-\lambda) \tag{3.82}$$

결과적으로 제어법칙은 다음과 같다.

$$\tau = \overline{M}(\ddot{q}_d + K_D\dot{e} + K_P e) + \tau(t-\lambda) - \overline{M}\ddot{q}(t-\lambda) \tag{3.83}$$

제어법칙에서 시간 지연된 정보를 사용하므로 시간지연제어기라 한다.

결과적으로 제어법칙을 다음과 같이 설정하면

$$\begin{aligned} \tau &= \overline{M}u + \overline{h} \\ u &= \ddot{q}_d + K_D\dot{e} + K_P e \end{aligned} \tag{3.84}$$

여기서 $\overline{M}$와 $\overline{h}$는 각각 식(3.77)과 식(3.82)에서 구한 값이다.

만약 $h = \overline{h}$이면 각 조인트가 독립적이고 선형적인 오차 방정식을 얻게 된다.

$$\ddot{e} + K_D\dot{e} + K_P e = 0 \tag{3.85}$$

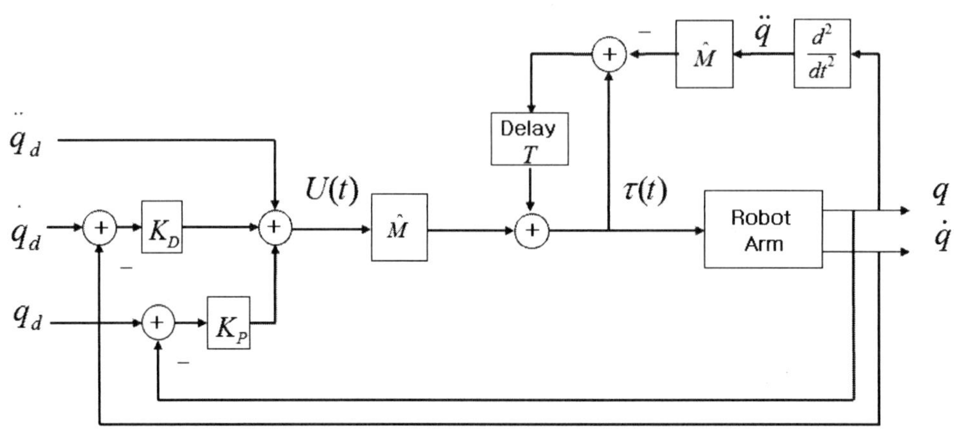

그림 3.17 시간 지연 제어기

위 식(3.83)를 조인트 i에 대해 표현하면 다음과 같이 독립적으로 나타낼 수 있다.

$$\tau_i = \alpha_i(\ddot{q}_{d_i} + k_{d_i}\dot{e}_i + k_{p_i}e_i) + \tau_i(t-\lambda) - \alpha_i\ddot{q}_i(t-\lambda) \tag{3.86}$$

그림 3.17에는 자세한 제어 블록이 나타나 있다.

3.5.5 시간지연 제어방식의 안정성

식(3.80)과 (3.84)를 같게 놓으면

$$\begin{aligned} \overline{M}\ddot{q} + h &= \overline{M}u + \overline{h} \\ &= \overline{M}u + h(t-\lambda) \end{aligned} \tag{3.87}$$

정리하면

$$\overline{M}(\ddot{q} - u) = h(t-\lambda) - h(t) \tag{3.88}$$

오차 벡터를 다음과 같이 정의하자

$$\epsilon = \ddot{q}(t) - u(t) \tag{3.89}$$

식(3.84)으로부터 식(3.89)를 다시 풀어쓰면 다음과 같다.

$$\ddot{e}(t) + K_D\dot{e}(t) + K_Pe(t) = -\epsilon(t) \tag{3.90}$$

위 식에서 우항이 한정되면 좌항은 한정되고 안정하게 되고 전체적인 시스템은 안정하다. 그렇다면 forcing 함수인 우항이 안정한가를 조사하여야 한다.

식(3.88)과 (3.89)로부터

$$\overline{M}\epsilon(t) = h(t-\lambda) - h(t) \tag{3.91}$$

정리하면

$$\epsilon(t) = \overline{M}^{-1}(h(t-\lambda) - h(t)) \tag{3.92}$$

양변에 $M(t)$를 곱하고 식(3.92)에서 $\ddot{q}$을 대입하면 다음과 같다.

$$\begin{aligned} M(t)\epsilon(t) &= M(t)(\ddot{q}(t)-u(t)) \\ &= M(t)(M^{-1}(\tau-C-G-\tau_e)-u(t)) \\ &= \tau-C-G-M(t)u(t) \end{aligned} \tag{3.93}$$

식(3.82)로부터

$$\begin{aligned} \overline{h}(t) &= \tau(t-\lambda)-\overline{M}\ddot{q}(t-\lambda) \\ &= M(t-\lambda)\ddot{q}(t-\lambda)+C(t-\lambda)+G(t-\lambda)-\overline{M}\ddot{q}(t-\lambda) \\ &= (M(t-\lambda)-\overline{M})\ddot{q}(t-\lambda)+C(t-\lambda)+G(t-\lambda) \end{aligned} \tag{3.94}$$

제어법칙은

$$\begin{aligned} \tau &= \overline{M}u+\overline{h} \\ &= \overline{M}u+(M(t-\lambda)-\overline{M})\ddot{q}(t-\lambda)+C(t-\lambda)+G(t-\lambda) \end{aligned} \tag{3.95}$$

위식(3.95)를 식(3.93)에 대입하여 정리하면

$$\begin{aligned} M(t)\epsilon(t) &= \overline{M}u+(M(t-\lambda)-\overline{M})\ddot{q}(t-\lambda)+C(t-\lambda)+G(t-\lambda) \\ &\quad -C(t)-G(t)-M(t)u(t) \\ &= (\overline{M}-M(t))u+(M(t-\lambda)-\overline{M})\ddot{q}(t-\lambda)+C(t-\lambda)-C(t) \\ &\quad +G(t-\lambda)-G(t) \end{aligned} \tag{3.96}$$

식(3.84)로부터

$$\ddot{q}(t-\lambda)=\epsilon(t-\lambda)+u(t-\lambda) \tag{3.97}$$

식(3.97)를 식(3.96)에 대입하면

$$\begin{aligned} M(t)\epsilon(t) &= \overline{M}u(t) + (M(t-\lambda) - \overline{M})(\epsilon(t-\lambda) + u(t-\lambda)) + C(t-\lambda) + G(t-\lambda) \\ &\quad - C(t) - G(t) - M(t)u(t) \\ &= (\overline{M} - M(t))u(t) + (M(t-\lambda) - \overline{M})\epsilon(t-\lambda) + (M(t-\lambda) - \overline{M})u(t-\lambda) \\ &\quad - \Delta C(t) - \Delta G(t) \\ &= \overline{M}(u(t) - u(t-\lambda)) - M(t) + M(t-\lambda)(\epsilon(t-\lambda) + u(t-\lambda)) - \overline{M}\epsilon(t-\lambda) \\ &\quad - \Delta C(t) - \Delta G(t) \end{aligned} \tag{3.98}$$

여기서 $\Delta C = C(t) - C(t-\lambda), \Delta G = G(t) - G(t-\lambda)$이다.

위 식 (3.98) $\epsilon(t-\lambda)$와 $u(t-\lambda)$를 더하고 뺀 뒤에 M로 나누면 다음과 같다.

$$\begin{aligned} \epsilon(t) &= M^{-1}(t)\overline{M}(u(t) - u(t-\lambda)) + M^{-1}(t)M(t-\lambda)\ddot{q}(t-\lambda) \\ &\quad - \Delta + \epsilon(t-\lambda) - M^{-1}(t)\overline{M}\epsilon(t-\lambda) - \epsilon(t-\lambda) \\ &\quad - u(t) + u(t-\lambda) - u(t-\lambda) \ , \end{aligned} \tag{3.99}$$

여기서 $\Lambda = \Delta C + \Delta G + \Delta\tau_e$이다.

결국 다음과 같은 오차 $\epsilon(t)$에 대한 방정식으로 표현되어진다. 이 식은 시변이고 시간 지연 방정식이므로 분석하기 매우 어렵다.

$$\begin{aligned} \epsilon(t) &= [I - M^{-1}(t)\overline{M}]\epsilon(t-\lambda) - [I - M^{-1}(t)\overline{M}](u(t) - u(t-\lambda)) \\ &\quad - (\epsilon(t-\lambda) + u(t-\lambda)) + M^{-1}(t)M(t-\lambda)\ddot{q}(t-\lambda) - \Delta \\ &= [I - M^{-1}(t)\overline{M}]\epsilon(t-\lambda) - [I - M^{-1}(t)\overline{M}](u(t) - u(t-\lambda)) \\ &\quad + M^{-1}(t)[M(t-\lambda) - M(t)]\ddot{q}(t-\lambda) - \Delta \end{aligned} \tag{3.100}$$

하지만 위 식은 다음과 같이 1차 시변 이산 시스템으로 근사화될 수 있다.

$$\begin{aligned} \epsilon(k) &= [I - M^{-1}(k)\overline{M}]\epsilon(k-1) - [I - M^{-1}(k)\overline{M}](u(k) - u(k-1)) \\ &\quad + M^{-1}(k)[M(k-1) - M(k)]\ddot{q}(k-1) + \Delta \end{aligned} \tag{3.101}$$

위 식은 1차 이산 방정식이다.

$-[I-M^{-1}(k)\overline{M}](u(k)-u(k-1))+M^{-1}(k)[M(k-1)-M(k)]\ddot{q}(k-1)+\Delta$는 외부외란 입력으로 간주되며 bound되어있다고 가정한다.

식(3.101)에서

$$A(k)=[I-M^{-1}(k)\overline{M}],$$

$$\eta_1(t-1)=M^{-1}(k)[M(k-1)-M(k)]\ddot{q}(k-1)+\Delta \tag{3.102}$$

$$\eta_2(t-1)=u(k)-u(k-1)$$

라 놓으면

$$\epsilon(k)= A(k)\epsilon(k-1)-A(k)\eta_2(t-1)+\eta_1(t-1) \tag{3.103}$$

안정성을 고려하기 위해 특성방정식을 구한다.

$$\det(zI-A)=0$$

모든 근이 단위원 안에 놓이게 되면, 즉 $|z|<1$면 안정하다.

SIMULINK 예제 3.3 로봇팔의 시간지연제어

1. 가속도 평가 : 연속 미분을 사용하는 경우

① 제어법칙

$$\tau=\overline{M}(\ddot{q}_d+K_D\dot{e}+K_P e)+\tau(t-\lambda)-\overline{M}\ddot{q}(t-\lambda)$$

② SIMULINK 시뮬레이션

시간 지연방식을 시뮬레이션 해보자. 계산 토크 방식을 변형하여 시간지연 제어 방식을 구현하였다. 앞의 2링크 로봇 팔을 대상으로 같은 조건, 즉 모델링 오차가 50%라 하고 마찰텀이 추가되었다. 그림 3.18에 보면 마찰텀은 $\tau_f=3\dot{q}+5sgn(\dot{q})$이다. 제어입력은 $u=\ddot{q}+20\dot{e}+100e$이다.

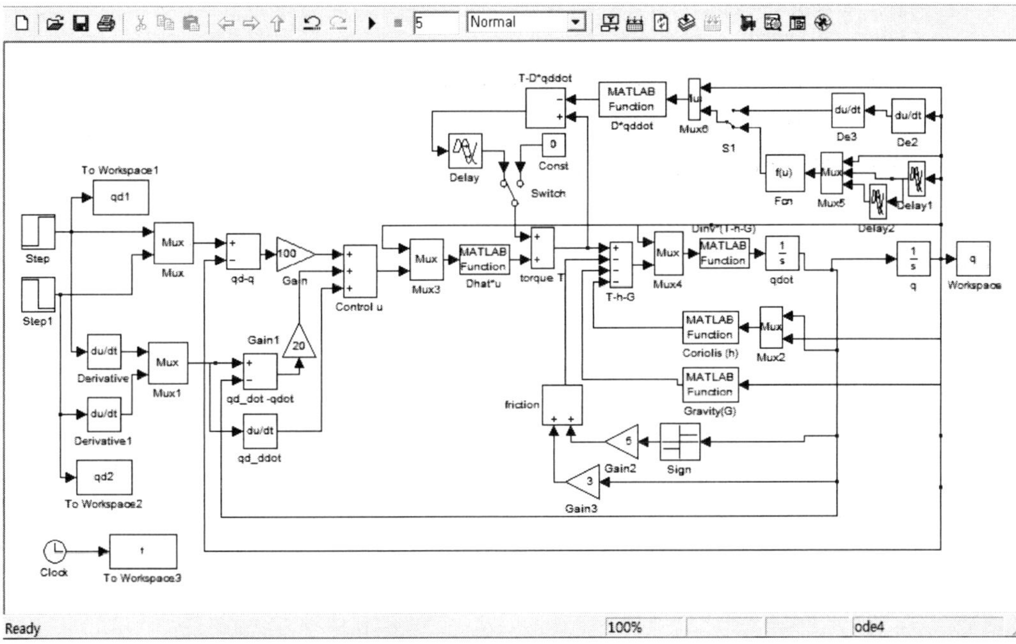

그림 3.18 시간 지연 제어방식

③ MATLAB function 프로그램

MATLAB function : D*qddot

```
function Du = Control(u)
m1 = 5; m2 = 5; l1 = 0.4; l2 = 0.4;
alpha = 1;                          % Model의 정확도
q1 = u(1); q2 = u(2);
d11 = (m1+m2)*l1^2 + m2*l2^2 + 2*m2*l1*l2*cos(q2);
d12 = (m2*l2^2 + m2*l1*l2*cos(q2));
d21 = (m2*l2^2 + m2*l1*l2*cos(q2));
d22 = m2*l2^2;
D=alpha*[d11 d12;d21 d22];
D_inv = inv(D);
C_input = [u(3) ;u(4)];
Du = D*C_input;
```

④ 시뮬레이션 결과

그림 3.19는 시간지연제어기를 사용하지 않은 경우의 응답이다. 추종오차가 크게 나타나는 것을 볼 수 있다. 그림 3.20에는 시간지연제어기의 응답이 나타나 있는데 오차가 많이 줄어든 것을 알 수 있다.

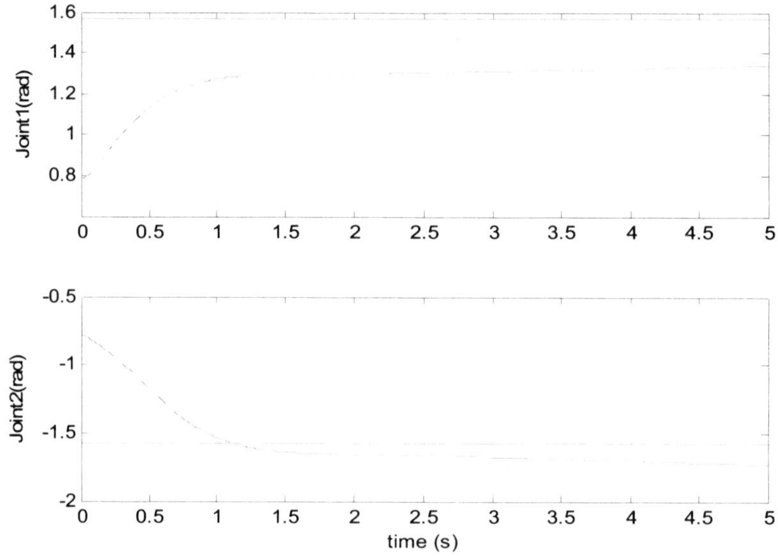

그림 3.19 모델오차와 외란이 있는 계산 토크 방식의 경로 추종

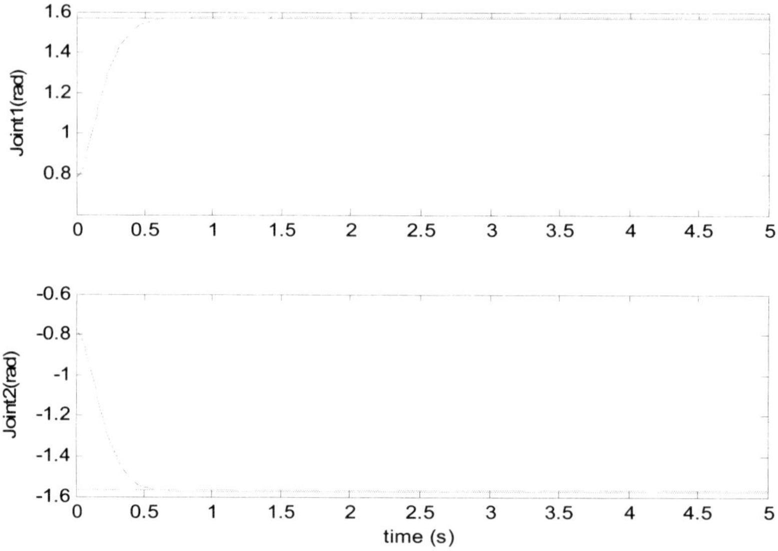

그림 3.20 시간 지연 제어방식의 스텝경로 추종

관성행렬을 정확하게 모델링하지 못한 경우 50%의 오차가 있을 경우 다음과 같다.

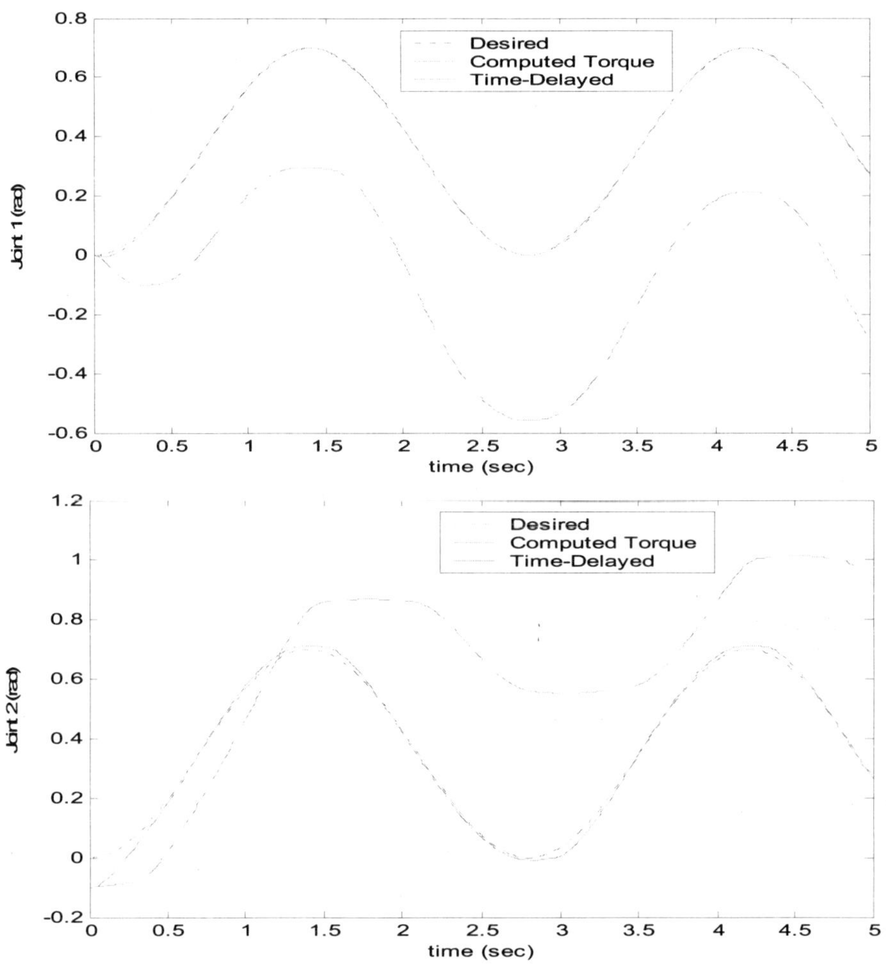

그림 3.21 시간 지연 제어방식의 사인파 경로 추종

2. 가속도 평가 : finite difference 방식을 사용하는 경우

실제로 가속도를 평가하기 위해서는 엔코더 정보를 두 번 미분하여 구하는 방법이 일반적이다.

$$\dot{q}(t) = \frac{q(t) - q(t-1)}{T}, \ddot{q}(t) = \frac{\dot{q}(t) - \dot{q}(t-1)}{T}$$

대입하면 다음과 같이 가속도를 평가할 수 있다.

$$\ddot{q}(t) = \frac{q(t) - 2q(t-1) + q(t-2)}{T^2}$$

[점검문제 3.4]

시간지연 제어기의 성능은 샘플링이 얼마나 빠른가에 달려있다. 샘플링의 영향을 비교해 보시오.

[점검문제 3.5]

시간지연 제어기의 성능은 가속도를 얼마나 정확하게 구했는가에 달려있다. 가속도의 영향을 비교해 보시오.

[점검문제 3.6]

시간지연 제어기의 성능은 관성행렬을 얼마나 정확하게 구했는가에 달려있다. 관성행렬의 영향을 비교해 보시오.

3.5.6 실험결과

실제 로봇 팔을 대상으로 실험을 수행하였다. 기존의 PD제어기와 시간지연제어기를 사용하였을 경우를 비교하였다. 그림 3.22는 두 팔을 가진 모바일 매니퓰레이터이다. 한 쪽 팔의 움직임을 제어해 보았다.

그림 3.23에 경로 추종 결과가 나타나 있다. PD제어기의 경우에도 로봇이 잘 추종하는 것을 볼 수 있으나 시간지연 제어기를 사용했을 경우 더 잘 추종하는 것을 볼 수 있다.

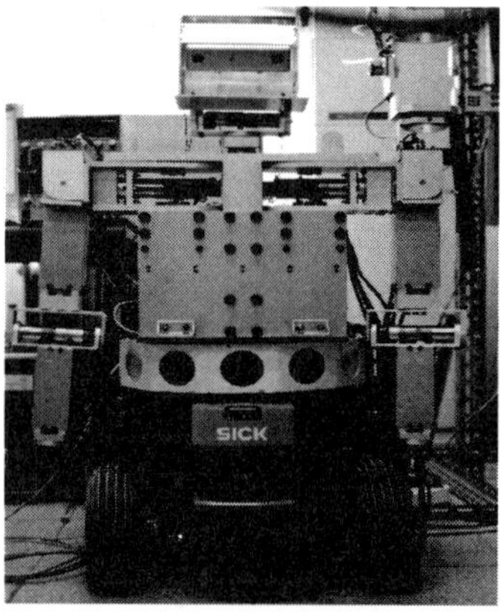

그림 3.22 로봇 시스템

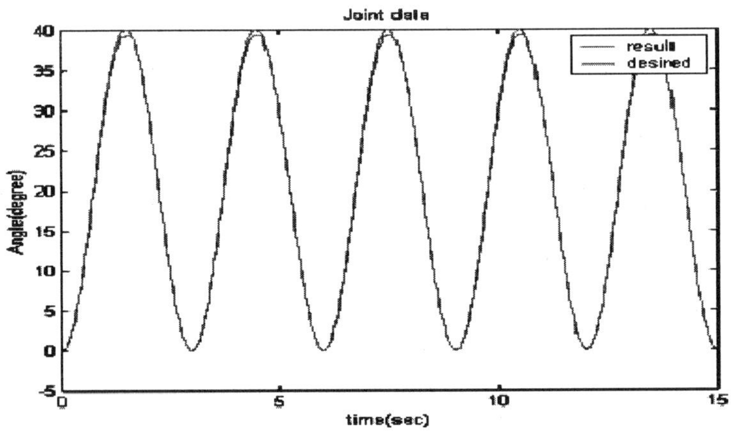

(a) Joint 3

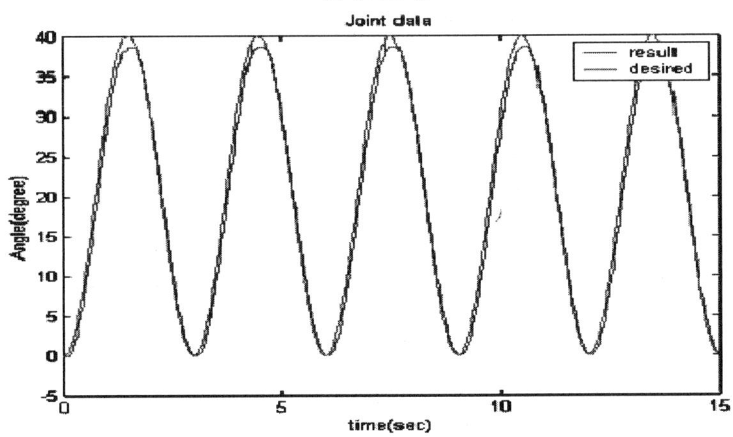

(b) Joint 4

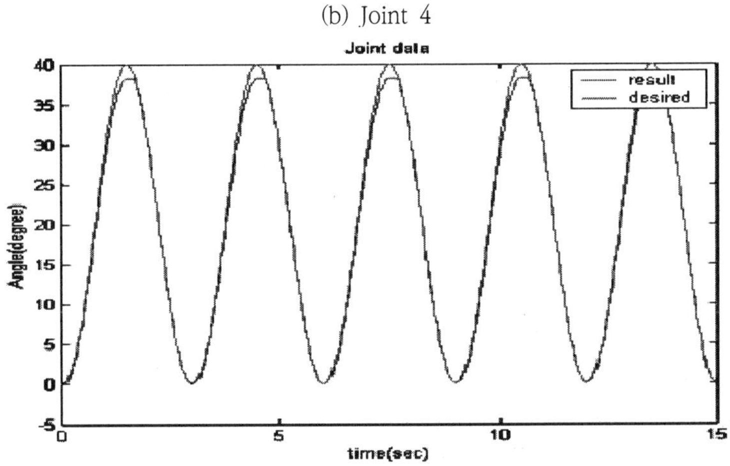

(c) Joint 5

그림 3.23 PD제어 경로추종 결과

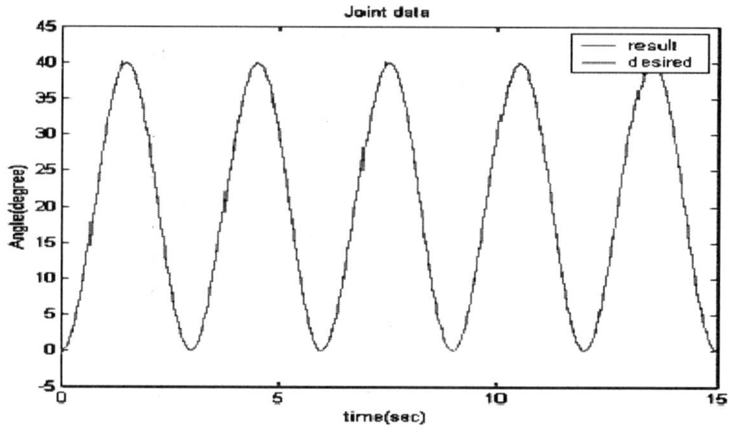

(a) Joint 3

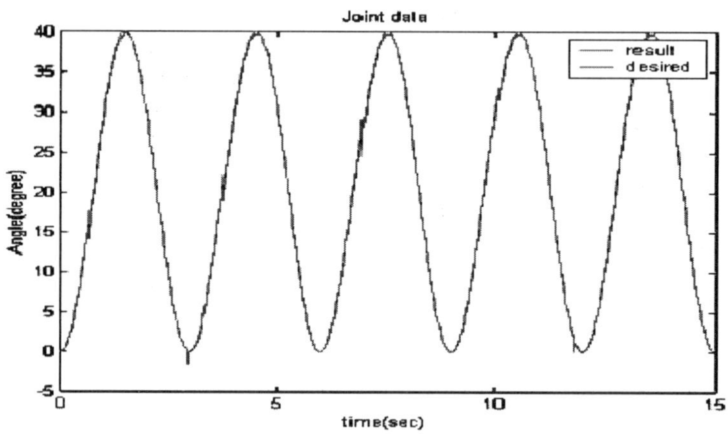

(b) Joint 4

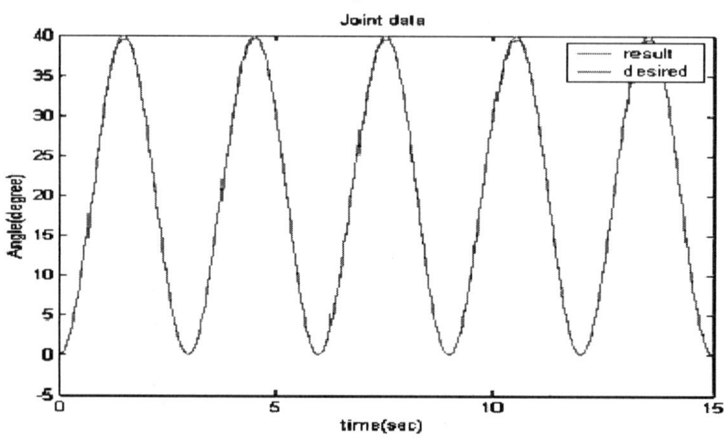

(c) Joint 5

그림 3.24 시간지연제어기 경로 추종 결과

3.5.7 간단화된 시간지연 제어기

시간지연제어기에서 단점은 가속도를 측정해야 한다는 것과 관성 모델을 정확하게 알아야 한다는 것이다. 일반적으로 가속도는 각 조인트의 모터의 회전수를 카운트하는 엔코더 센서로부터 구할 수 있다. 만약에 엔코더 데이터가 주어지면 한번 미분을 통해 속도 정보를 구하고 또 한 번 미분을 통해 가속도 정보를 얻는다. 이처럼 미분에 의한 정보는 잡음이 많게 되어 정확한 가속도 측정 이 어렵게 된다.

속도는 다음과 같이 구하고

$$\dot{q}(t) = \frac{q(t) - q(t-1)}{T}$$

가속도는 다음과 같다.

$$\ddot{q}(t) = \frac{\dot{q}(t) - \dot{q}(t-1)}{T}$$
$$= \frac{q(t) - 2q(t-1) + q(t-2)}{T^2}$$

그러므로, 잡음이 많은 가속도 정보를 이용하는 것 보다 무시하는 것이 간단하다. 무시한 것에 대한 보상은 이득값으로 한다. 그림 3.25는 가속도를 무시한 시간 지연 제어기를 나타낸다.

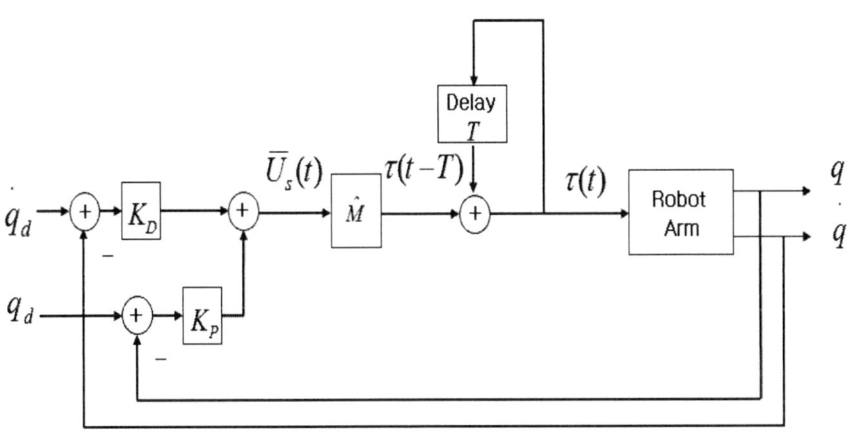

그림 3.25 간단화된 시간지연제어기

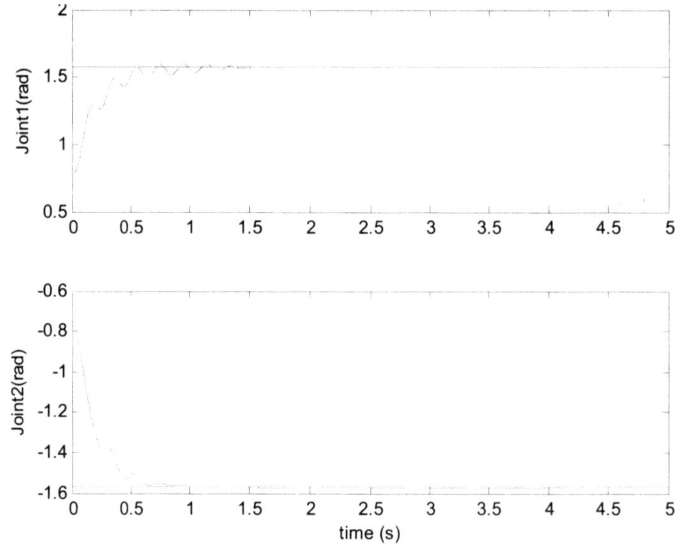

그림 3.26 가속도를 무시한 경우

수치적으로 계산한 가속도는 매우 불안정하므로 만약 가속도를 생략하고 제어기를 구성하여 제어하면 다음 그림 3.26과 같은 응답을 얻게 된다. 과도응답구간(transient period)에서 진동이 발생하는 것을 볼 수 있다.

제안하는 제어방식의 성능을 증명하기 위해 로봇팔을 대상으로 실험을 하였다. 로봇팔의 두 조인트의 위치제어 성능을 비교해 보았다. 시간지연제어기와 간단화된 시간지연제어기의 성능을 비교하여 보았다. 그림 3.27은 위치추종 결과를 나타낸다. 실제실험에서는 진동현상이 발생하지 않았다. 그림에서 보면 두 방식에서 큰 차이가 없이 잘 추종하는 것을 볼 수 있다.

[점검문제 3.7]

간단화된 시간지연제어기를 시뮬레이션해 보시오. 결과를 비교해 보시오.

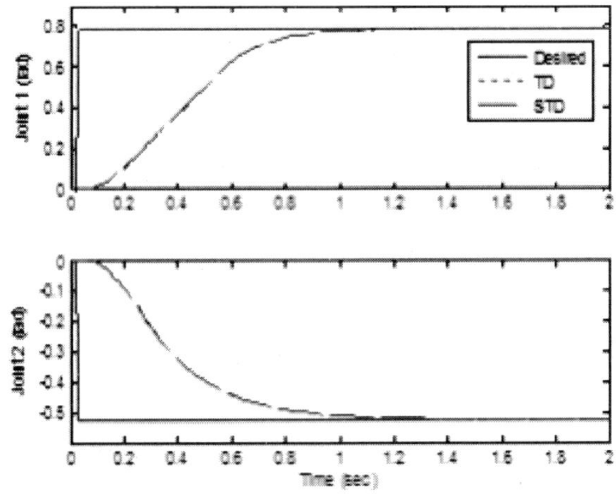

(a) 위치 추종

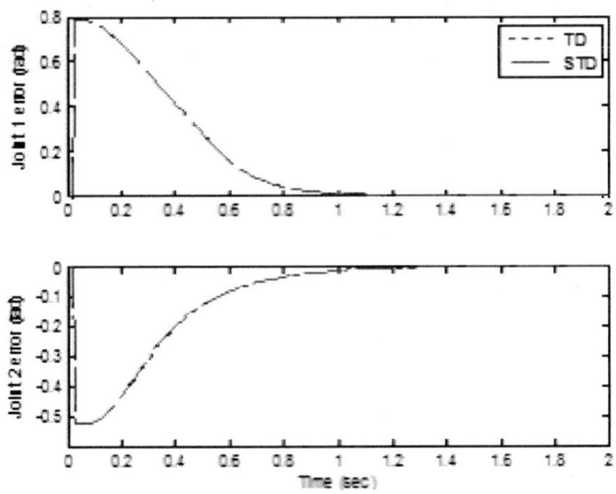

(b) 위치 추종 오차

그림 3.27 시간지연제어기의 성능 비교

참 고 문 헌

[1] R. P. Paul, "Robot Manipulators : Mathematics, Programming, and Control", The MIT Press, 1981

[2] William A. Wolovich, "ROBOTICS: Basic Analysis and Design", CBS College Publishing, 1981

[3] H. Asada and J. J. Slotine, "Robot Analysis and Control", John Wiley and Sons, 1986

[4] K. S. FU, R. C. Gonzales, C. S. G. Lee, "ROBOTICS", McGraw-Hill, 1987

[5] M. W. Spong and M. Vidyasagar, "Robot Dynamics and Control", John Wiley & Sons, 1989

[6] John J. Craig, "Introduction to Robotics", Addison-Wesley Publishing, 1989

[7] Phillip J. Mckerrow, "Introduction to ROBOTICS", Addison-Wesley Publishing, 1991

[8] J. J. Slotine and W. Li, "Applied nonlinear control", Prentice Hall, 1991

[9] F. L. Lewis, C. T. Abdallah, and D. M. Dawson, "Control of Robot Manipulators", Mc millan Publishing Company, 1993

[10] R. C. Dorf and R. H. Bishop, "Modern Control Systems", Addison-Wesley, 1995

[11] Z. Qu and D. M. Dawson, "Robust Tracking Control of Robot Manipulators", IEEE Press, 1996

[12] L. Sciavicco and B. Siciliano, "Modeling and Control of Robot Manipulators", McGraw-Hill Company, 1996

[13] 정 슬, “공학도를 MATLAB 및 SIMULINK의 기초", 청문각, 2001

[14] 정 슬, “로봇공학”, 충남대 출판사, 2002

[15] 정 슬, “지능시스템 I : 신경회로망의 구조와 사용법”, 충남대학교 출판부, 2004

[16] 정 슬, “지능시스템 II : 지능제어”, 충남대학교 출판부, 2005

[17] 정 슬, “제어시스템 분석과 MATLAB 및 SIMULINK의 활용”, 청문각, 2010

[18] J. J. Graig, Ping Hsu, and S. S. Sastry “Adaptive Control of Mechanical Manipulator", Proc. of IEEE International Conference on Robotics and Automation, pp. 130-135, 1986

4

지능 제어
(Intelligent Control)

4.1 소개

로봇팔의 제어에 있어 모델기반제어방식과 무모델 기반 제어 방식을 다루었다. 물론 모델이 주어지는 경우의 성능이 좋게 나타났다. 하지만 모델은 항상 불확실성을 포함하고 있으므로 이를 해결하지 않으면 추종오차가 발생한다. 시간지연제어기를 사용하여 최소한의 모델 정보, 즉 관성 정보만 있으면 제어를 할 수 있었다. 하지만 시간지연제어 방식도 두가지 문제, 즉 시간지연이 빨라야 한다는 것과 가속도를 구해야 하는 짐, 관성행렬 모델을 정확하게 알아야 하는 등의 어려움이 있었다.

이 장에서는 이러한 어려움이 없이 불확실성 문제를 해결하는 지능제어방식을 제안한다. 지능제어방식이란 말 그 자체에서 알 수 있듯이 지능기술을 이용하여 제어하는 방식을 말한다. 지능이란 주변 환경의 정보를 이용하여 학습을 하거나, 적응함으로써 목적함수를 실시간으로 만족하도록 하는 기술이다.

지능기술로는 크게 신경회로망과 퍼지논리가 있다. 신경회로망은 인간의 뇌를 모방하여 모델링한 네트워크로 병렬처리시스템 구조를 갖는다. 신경회로망의 큰 장점은 주변의 환경에 적응을 하며 학습을 할 수 있다는 것이다.

제어시스템에서 신경회로망은 다양한 형태로 사용되었다. 미리 학습을 하는 offline 제어방식과 실시간으로 제어하는 online 제어방식으로 나뉜다. 실제로 제어에서는 online제어 방식을 선호한다. 특히 로봇은 반복적인 작업을 많이 하므로 신경회로망의 학습제어가 두드러지게 나타날 수 있다.

로봇제어에서 신경회로망은 실시간이 필요하므로 기존의 제어기와 함께 보조제어기로 사용되는 것이 일반적이다. 신경회로망 제어기의 장점은 다음과 같다.

- 학습 능력이 있다.
- 적응 능력이 있다.
- Fault tolerant 가능이 있다.

4.2 신경 회로망 구조

제어에 사용된 신경회로망은 입력층(input layer)-은닉층(hidden layer)-출력층(output layer)의 구조를 가진 두겹 선행(two layer feedforward)식의 표준 신경회로망이다. 신경망제어기는 N_I가 입력의 수, N_H가 잠재 신경의 수, 그리고 N_o가 출력의 수

일 경우 전체의 가중치(weight)의 개수는 $W_T=(N_I+1)N_H+(N_H+1)N_o$가 된다. 입력 값은 입력층과 은닉층사이의 가중값(w_{ij})과 곱해지고, 은닉층에서 다시 더해진 뒤 활성화 함수(activation function)를 통하게 된다. 이 활성화 함수는 비선형으로 s자 함수라고도 불리는데, 그 값이 -1 부터 1 사이에 존재하는 함수이다.

$$f(x)=\frac{1-\exp(-x)}{1+\exp(-x)} \tag{4.1}$$

활성화 함수(activation function)를 통한 값들은 다시 은닉층과 출력층 사이의 가중값(w_{jk})과 곱해져서 각 출력층 마디(node)에서 더해져서 신경회로망의 출력(φ)이 된다. 신경망제어기의 출력으로 선형이 사용되었으므로 출력층의 k번째 출력 φk는 다음과 같이 나타난다.

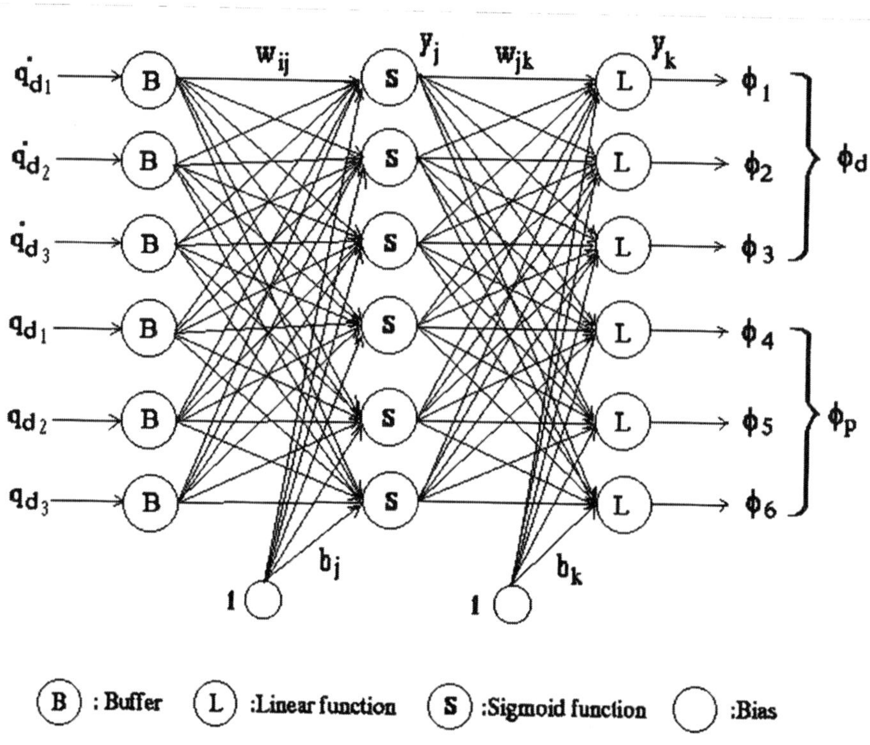

그림 4.1 신경망제어기 구조

$$\varphi_k = [\sum_{j=1}^{N_H} w_{jk} \frac{1-\exp(-\sum_{i=1}^{N_I} x_i \ \mathrm{w_{ij}} + \mathrm{b_j})}{1+\exp(-\sum_{i=1}^{N_I} x_i \ \mathrm{w_{ij}} + \mathrm{b_j})}] + b_k \tag{4.2}$$

b_j는 j번째 은닉층 신경의 편향 가중(biased weight)이고, b_k는 출력층 k번째 출력 신경(neuron)의 편향 가중인데 다른 가중들과 마찬가지로 매번 새롭게 바뀌게 된다.

4.3 Feedback Error Learning(FEL) Control

Feedback error learning(FEL)방식은 신경회로망 제어의 대표적인 방식이다. 신경회로망을 feedforward제어기로 사용하여 시스템의 역동역학을 구현하도록 설계되어 있다. 기본적으로 선형제어기와 함께 사용하며 보조제어기로 사용한다. 초기에 PD 제어기가 안정성을 확보하면 점차적으로 신경회로망이 학습을 통해 PD제어기의 역할을 건네받는다.

로봇의 동역학 식이 다음과 같다.

$$D(q)\ddot{q} + C(q,\dot{q}) + G(q) = \tau \tag{4.3}$$

PD 제어기를 사용하면

$$\tau_C = K_P e(t) + K_D \dot{e}(t) \tag{4.4}$$

여기서 $e(t) = q_d(t) - q(t)$이다. 신경회로망의 출력과 더해 제어입력을 구성한다.

$$\tau = \tau_C + \tau_N \tag{4.5}$$

그림 4.2에 FEL제어방식의 구조가 나타나 있다. 학습이 되어 오차가 영으로 되면, 즉 $\tau_C = 0$이면 결국 신경회로망의 출력은 $\tau_N = \tau$가 된다. 즉 신경회로망은 역동역학 제어기(inverse dynamics controller)가 된다.

따라서 중요한 것은 τ_C가 0이 되도록 신경회로망이 출력을 낼 수 있도록 해야 하는 것이다. 이는 다음절의 학습방법에 의해 가능하다.

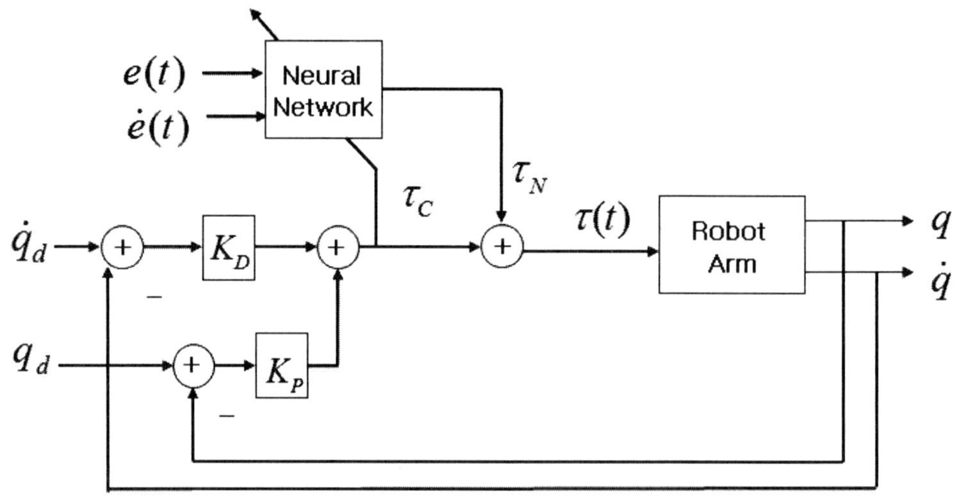

그림 4.2 FEL 제어방식의 구조

신경망제어에서 가장 중요한 것이 학습 방법이다. 신경망을 구성하는 가중치 값들을 매 샘플링마다 갱신해야 하는데 오차를 줄이는 방향으로 갱신하는 것이 필요하다. 가중치를 $w(t)$라 하면 다음과 같이 갱신한다.

$$w(t+1) = w(t) + \eta \Delta w(t) \tag{4.6}$$

여기서 η는 학습율이고 $\Delta w(t)$는 그래디언트로 다음과 같다.

$$\Delta w(t) = -\frac{\partial E}{\partial w} \tag{4.7}$$

여기서 E는 목적함수이다. 일반적으로 목적함수는 양의 상수이며 오차의 함수로 구성한다. FEL 방식에서는 목적함수를 다음과 같이 제어입력으로 설정한다.

$$E = \frac{1}{2}\tau_C^T \tau_C \tag{4.8}$$

이 때 사용하는 알고리즘이 역전파(backpropagation) 알고리즘이다. 역전파 알고리즘은 목적함수를 줄이는 방향으로 그래디언트를 구한다. 목적함수를 다음과 같이 정의하자.

$$\frac{\partial E}{\partial w} = \frac{\partial E}{\partial \tau_C}\frac{\partial \tau_C}{\partial w} = \frac{\partial \tau_C^T}{\partial w}\tau_C \tag{4.9}$$

여기서 $\frac{\partial \tau_C^T}{\partial w}$는 다음 식으로부터 구할 수 있다.

$$\tau_C = \tau - \tau_N \tag{4.10}$$

식(4.10)의 그래디언트는 다음과 같다.

$$\frac{\partial \tau_C}{\partial w} = -\frac{\partial \tau_N}{\partial w} \tag{4.11}$$

결국 역전파 알고리즘은 다음과 같다.

$$w(t+1) = w(t) + \eta\frac{\partial \tau_N}{\partial w} \tag{4.12}$$

SIMULINK 예제 4.1 2축 로봇팔의 신경망제어 (FEL 방식)

① 제어법칙

$$\tau = K_D(\dot{q}_d - \dot{q}) + K_P(q_d - q) + \tau_N$$

$$w(t+1) = w(t) + \eta\frac{\partial \tau_N^T}{\partial w}\tau_C$$

학습신호 : $\tau_C = K_P e(t) + K_D \dot{e}(t)$

② SIMULINK 프로그램

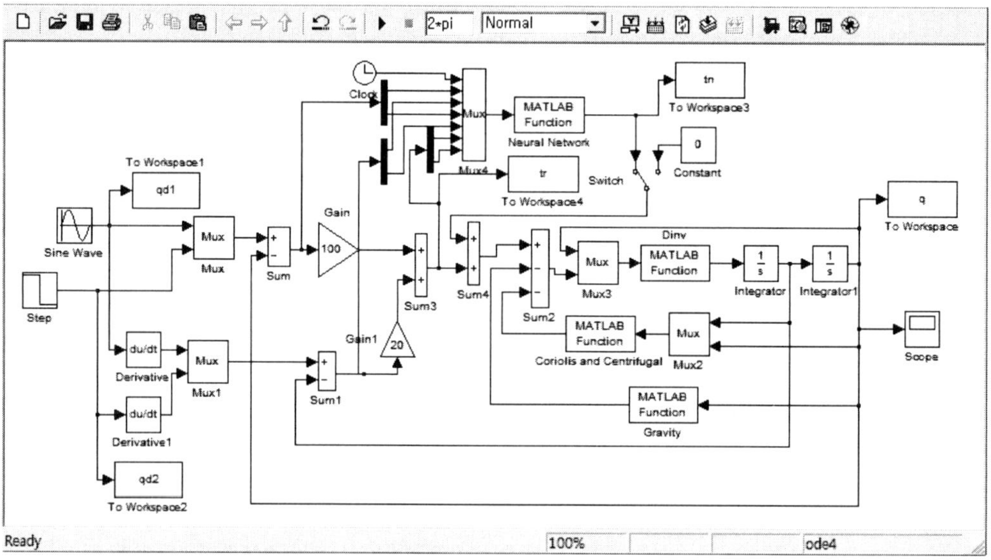

그림 4.3 2축 로봇제어를 위한 FEL 제어방식의 시뮬레이션

③ MATLAB function 프로그램

Neural Network을 구성하는 시뮬링크 각 function의 프로그램
- MATLAB function: Neural Network

```
function NN_out = robot_nn_linear_out(u)

%변수들의 정의
global No_of_Input_Units No_of_Hidden_Units No_of_Output_Units
global Oi Oj Ok train Wij dWij Wjk dWjk Biasj dBiasj Biask dBiask
global Eta Alpha

Eta = 0.0001;                    %learning rate
Alpha = 0.9;                     %Momentum constant
No_of_Input_Units = 4;           %입력 units의 개수
No_of_Hidden_Units = 6;          %Hidden units의 개수
No_of_Output_Units = 2;          %Output units의 개수

totalerror = 0;
error = 0;
time = u(1);
Oi(1,1) = u(2);
Oi(2,1) = u(3);
```

```
Oi(3,1) = u(4);
Oi(4,1) = u(5);
train(1,1) = u(6);
train(2,1) = u(7);

if time <= 0.0
    %초기화
    robot_initialize;
    NN_out = Ok;
elseif time > 0.0
        robot_Propagation_linear_out;
        robot_Backpropagation_linear_out;
        for k = 1 : No_of_Output_Units,
            error = error + train(k,1)^2;
        end
        totalerror = totalerror + error;
        NN_out = Ok;
end

function initialize_out = robot_initialize();

%변수들의 정의
global No_of_Input_Units No_of_Hidden_Units No_of_Output_Units
global Oi Oj Ok train Wij dWij Wjk dWjk Biasj dBiasj Biask dBiask netj netk
global Eta Alpha

%변수들의 초기화
%Units의 초기화
Oi = zeros(No_of_Input_Units,1);          %Output of Input layer i
Oj = zeros(No_of_Hidden_Units,1);                        %Output of Hidden
layer j
Ok = zeros(No_of_Output_Units,1);                        %Output of Output
layer k
train = zeros(No_of_Output_Units,1);
netj = zeros(No_of_Hidden_Units,1);                      %Output of Hidden
layer j
netk = zeros(No_of_Output_Units,1);

%Weight의 초기화
Wij = zeros(No_of_Input_Units, No_of_Hidden_Units);
dWij = zeros(No_of_Input_Units, No_of_Hidden_Units,2);
Wjk = zeros(No_of_Hidden_Units, No_of_Output_Units);
dWjk = zeros(No_of_Hidden_Units, No_of_Output_Units,2);
```

```
%Bias의 초기화
Biasj = zeros(No_of_Hidden_Units,1);
dBiasj = zeros(No_of_Hidden_Units, 2);
Biask = zeros(No_of_Output_Units,1);
dBiask = zeros(No_of_Output_Units,2);


%units의 초기화
%To initialize the weights between layer j and i
for j = 1 : No_of_Hidden_Units
    for i = 1 : No_of_Input_Units
        Wij(i,j) = (rand-0.5)/200;
    end
    Biasj(j,1) = (rand-0.5)/200;
end

%To initailize the weights between layer k and j
for k = 1 : No_of_Output_Units
    for j = 1 : No_of_Hidden_Units
        Wjk(j,k) = (rand-0.5)/200;
    end
    Biask(k,1) = (rand-0.5)/200;
end

function Propagation_out = robot_Propagation_linear_out()

%변수들의 정의
global No_of_Input_Units No_of_Hidden_Units No_of_Output_Units
global Oi Oj Ok train Wij dWij Wjk dWjk Biasj dBiasj Biask dBiask netj netk
global Eta Alpha

%Propagation
%layer j

for j = 1 : No_of_Hidden_Units
    for i = 1 : No_of_Input_Units
        netj(j,1) = netj(j,1) + Wij(i,j)*Oi(i,1);
    end
    %Sigmoid function
    Oj(j,1) = (1-exp(-(netj(j,1) + Biasj(j,1))))/(1+exp(-(netj(j,1) + Biasj(j,1))));
    netj(j,1) = 0;
end
```

```
%layer k

for k = 1 : No_of_Output_Units
    for j = 1 : No_of_Hidden_Units
        netk(k,1) = netk(k,1) + Wjk(j,k)*Oj(j,1);
    end
    %Sigmoid function
    Ok(k,1) = netk(k,1) + Biask(k,1);
    netk(k,1) = 0;
end



function Backpropagation_out = robot_Backpropagation_linear_out()

%변수들의 정의
global No_of_Input_Units No_of_Hidden_Units No_of_Output_Units
global Oi Oj Ok train Wij dWij Wjk dWjk Biasj dBiasj Biask dBiask netj netk
global Eta Alpha

%Backpropagation
%delta 함수의 초기화
Deltaj = zeros(No_of_Hidden_Units,1);
Deltak = zeros(No_of_Output_Units,1);

%to calculate delta t
for k = 1 : No_of_Output_Units
    Deltak(k,1) = train(k,1);
end
%to calculate delta j

for j = 1 : No_of_Hidden_Units
    sum = 0;
    for k = 1 : No_of_Output_Units
        sum = sum + Deltak(k,1)*Wjk(j,k);
    end
    Deltaj(j,1) = 0.5*(1 - Oj(j,1)^2)*sum;
end

%to calculate the weights, w and dw, between layer k and j
for j = 1 : No_of_Hidden_Units
    for k = 1 : No_of_Output_Units
```

```
        dWjk(j,k,1) = Eta*Deltak(k,1)*Oj(j,1) + Alpha*dWjk(j,k,2);
        Wjk(j,k) = Wjk(j,k) + dWjk(j,k,1);
        dWjk(j,k,2) = dWjk(j,k,1);
    end
end

%to calculate bias k
for k = 1 : No_of_Output_Units
    dBiask(k,1) = Eta*Deltak(k,1) + Alpha*dBiask(k,2);
    Biask(k,1) = Biask(k,1) + dBiask(k,1);
    dBiask(k,2) = dBiask(k,1);
end

%to calculate the weights, w and dw, between layer j and i
for i = 1 : No_of_Input_Units
    for j = 1 : No_of_Hidden_Units
        dWij(i,j,1) = Eta*Deltaj(j,1)*Oi(i,1) + Alpha*dWij(i,j,2);
        Wij(i,j) = Wij(i,j) + dWij(i,j,1);
        dWij(i,j,2) = dWij(i,j,1);
    end
end

%to calculate bias j
for j = 1 : No_of_Hidden_Units
    dBiasj(j,1) = Eta*Deltaj(j,1) + Alpha*dBiasj(j,2);
    Biasj(j,1) = Biasj(j,1) + dBiasj(j,1);
    dBiasj(j,2) = dBiasj(j,1);
end
```

④ 시뮬레이션 내용

PD제어의 경우 $K_P = 100, K_D = 20$을 사용하였다. 첫 번째 조인트는 사인파를 추종하고 두번째 조인트는 스텝응답을 나타낸다. 첫 번째 조인트의 움직임이 두 번째 조인트에 미치는 영향을 극대화하기 위해 사인파와 스텝경로를 정하였다.

⑤ 시뮬레이션 결과

PD제어방식의 경우 그림 4.4 에서보면 두 번째 조인트는 기준경로가 스텝임에도 사인파처럼 출렁이는 것을 볼 수 있다. 이는 커플된 링크의 영향으로 첫 번째 조인트의 사인파 움직임의 영향을 받아 움직임이 나타나는 것을 볼 수 있다.

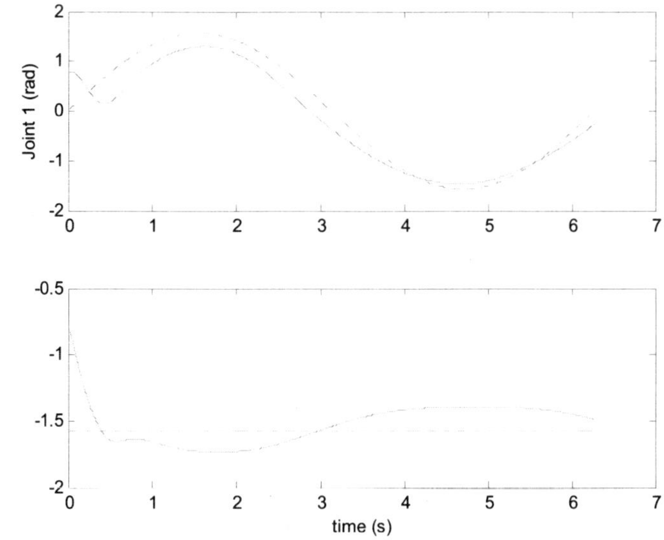

그림 4.4 PD제어방식의 결과

이러한 커플된 링크의 영향을 최소화하고 추종오차를 줄이기 위해 신경회로망 제어방식을 구현해 보자. 신경회로망 구조는 입력은 4개, 은닉층의 뉴론의 개수는 6개, 출력은 2개이다. 은닉층은 비선형 함수를 사용하고 출력층은 선형을 사용하였다. 학습률 $\eta = 0.0001$, $\alpha = 0.9$를 사용하였다. 샘플링은 1 Kh로 하였다. 그림 4.5에 나타난 것처럼 신경회로망 제어의 경우 조인트 2의 오차가 현저하게 줄어든 것을 볼 수 있다.

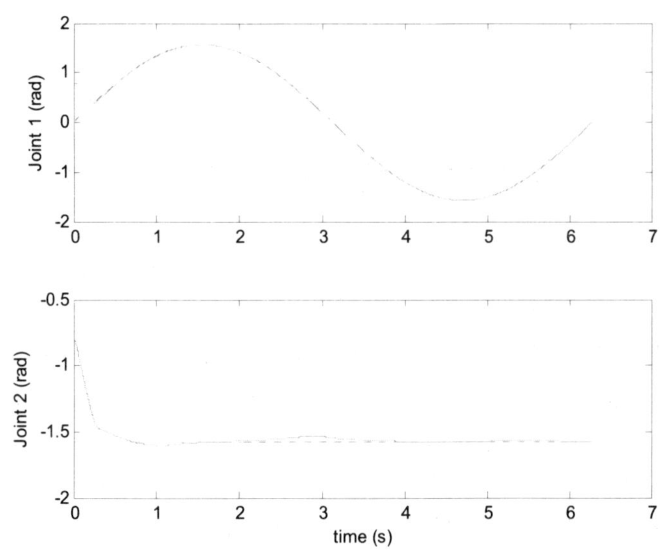

그림 4.5 FEL 제어방식의 추종결과

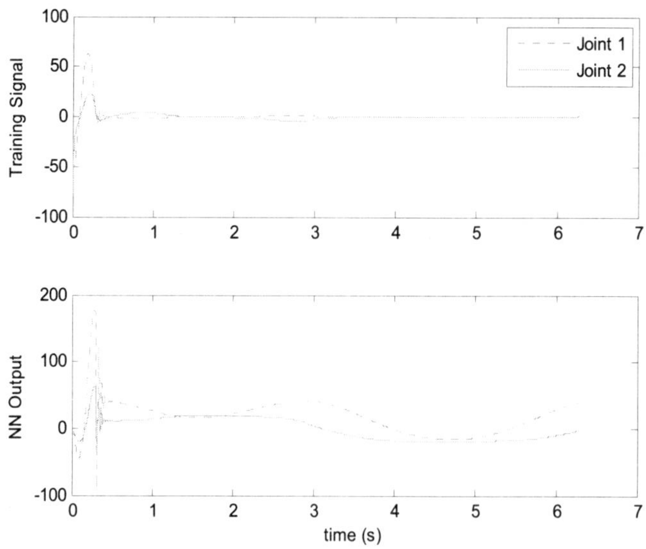

그림 4.6 FEL 제어방식의 학습신호와 신경망 출력

그림 4.6에는 신경회로망의 출력과 학습 신호가 나타나 있다. 학습신호는 추종오차가 영에 수렴하므로 영에 수렴하는 것을 볼 수 있다. 또한 각 조인트에 보상하는 토크값이 나타나 있다. 상대적으로 조인트 1에 보상하는 토크값이 더 큰 것을 볼 수 있다.

[점검문제 4.1]

FEL 방식을 시뮬레이션 해 보시오. 학습률을 달리하며 성능을 비교해 보시오.

4.4 Reference Compensation Technique(RCT) 방식

FEL방식이 토크에 보상하는 것이면 RCT방식은 기준입력에 보상하는 방식이다. 신경회로망을 토크에 보상하게 되면 기존의 제어방식을 수정해야 한다. 하지만 기준입력에 보상하게 되면 기존의 제어 방식을 수정할 필요가 없이 제어가능하다는 것이다. 따라서 RCT 방식은 다음과 같은 장점이 있다. 첫째로, 제어할 대상이 PD(Proportional and derivative)제어기로 먼저 안정된 후에 보상이 되기 때문에 안정성이 높다. 둘째로, 그림 4.7에서 보여진 것처럼 불확실성을 보상하는 신경망의 위치가 시스템을 제어하는 공정 밖에서 이루어지기 때문에 기존에 설치되어 있는 실제 시스템들의 제어기들을 수정할 필요 없이 제안한 방식을 적용하기가 쉬운 이점이 있다.

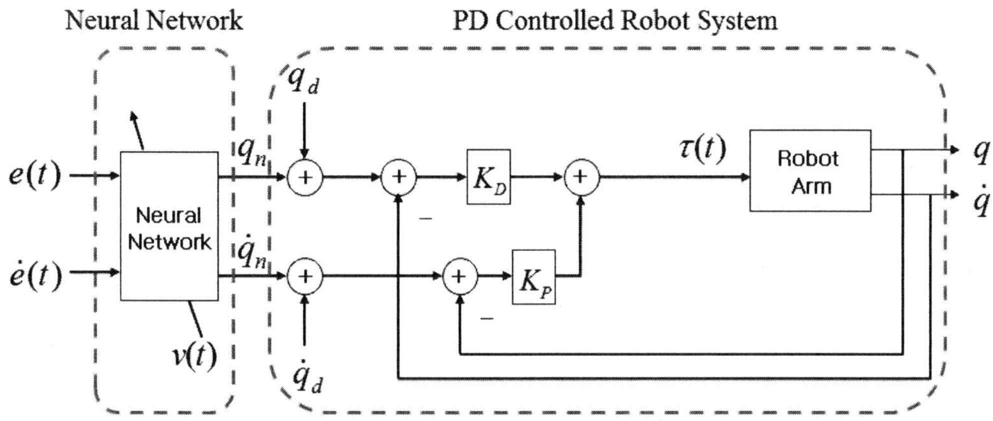

그림 4.7 RCT 신경회로망 제어 구조

그림 4.7에는 로봇제어를 위한 RCT 제어 방식의 구조를 보여준다. 기존의 PD제어 방식에 신경회로망이 입력에 추가로 놓여 있어 신경회로망의 출력이 기준입력과 더해진다.

그림 4.7의 제어구조를 살펴보면 제어기 입력 신호 $\dot{q}_n, q_n$은 신경회로망의 출력으로서 경로 오차와 신경회로망의 내부 가중치에 따라 매번 갱신이 됨을 알 수 있다. 보상 신호, 즉 신경회로망의 출력은 기준 경로 q_d, $\dot{q}_d$에 더해진 다음 비교되어서 오차 신호 ε, $\dot{\varepsilon}$를 만든다. 이 오차 신호는 제어기의 이득을 통하게 되므로 증폭되어 직접 공정을 제어할 제어 입력 신호(예를 들면 토크)를 형성한다.

그림 4.7에서 처럼 원하는 경로(Desired trajectory) $\dot{q}_d$ 과 q_d를 식(4.1)의 양변에 더해서 새로운 오차 변수 ϵ으로 구성된 새로운 오차 방정식을 구하면 다음과 같은 관계식을 얻는다.

$$K_D\dot{\varepsilon} + K_P\ \varepsilon = D(q)\ddot{q} + C(q,\dot{q}) + G(q) \tag{4.13}$$

여기서 $\dot{\varepsilon} = \dot{q}_d - \dot{q} + \dot{q}_n, \varepsilon = q_d - q + q_n$ 이다. 대입하여 정리하면 다음과 같다.

$$K_D\dot{e} + K_P e = D(q)\ddot{q} + C(q,\dot{q}) + G(q) - (K_D\dot{q}_n + K_P q_n) \tag{4.14}$$

제어 입력 신호 $q_n, \dot{q}_n$는 신경회로망의 출력이다. 간단히 하기 위해서는 속도에 보상하는 것을 생략하고 위치에만 보상할 수도 있다. 따라서 식(4.14)는 다음과 같이 표현할 수 있다.

$$K_D\dot{e} + K_P e = \tau - K_P q_n \tag{4.15}$$

FEL과 마찬가지로 PD출력을 학습신호를 정하면

$$v(t) = K_D\dot{e} + K_P e \tag{4.16}$$

식(4.15)는 다음과 같다.

$$v = \tau - K_P q_n \tag{4.17}$$

마찬가지로 신경회로망을 역전파 알고리즘을 이용하여 학습하기 위해서 다음과 같이 목적함수를 설정한다.

$$E = \frac{1}{2}v^T v \tag{4.18}$$

식(4.17)로부터 그래디언트를 구하면

$$\begin{aligned}\frac{\partial E}{\partial w} &= \frac{\partial E}{\partial v}\frac{\partial v}{\partial w} \\ &= \frac{\partial v^T}{\partial w}v\end{aligned} \tag{4.19}$$

이 경우에 그래디언트 $\frac{\partial v}{\partial w}$ 는 식(4.17)로부터 구한다.

$$\frac{\partial v}{\partial w} = -K_P\frac{\partial q_n}{\partial w} \tag{4.20}$$

FEL 방식과의 차이는 이득값이 곱해지는 것으로 이는 RCT방식에서는 학습률이 더 작게 설정되는 것을 알 수 있다. 가중값들을 다음과 같이 새롭게 하기 위해 역전파(back-propagation) 알고리즘에 사용된다.

$$\begin{aligned}w(t+1) &= w(t) + \Delta w(t) \\ \Delta w(t) &= -\eta\frac{\partial E}{\partial w} + \alpha\Delta w(t-1)\end{aligned} \tag{4.21}$$

여기서 η 값은 학습률이고, α는 운동량(momentum) 상수이다.

SIMULINK 예제 4.2 2축 로봇팔의 신경망제어 (RCT방식)

① 제어법칙

$$\tau = K_D(\dot{q}_d - \dot{q} + \dot{q}_n) + K_P\ (q_d - q + q_n)$$

$$w(t+1) = w(t) + \eta K_P \frac{\partial q_n^T}{\partial w} v$$

학습신호 : $v(t) = K_D \dot{e} + K_P e$

② SIMULINK 프로그램

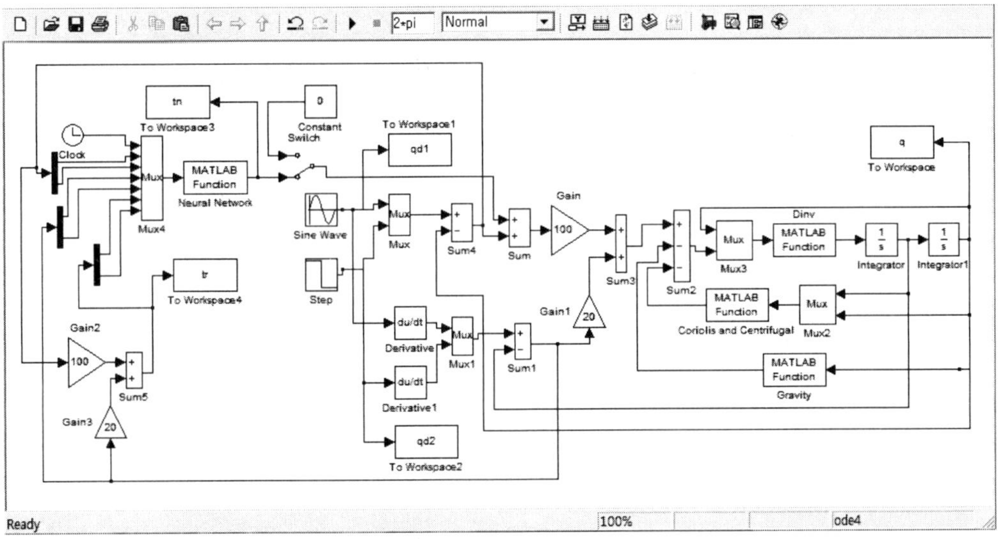

그림 4.8 RCT 신경회로망 제어 시뮬레이션

③ 시뮬레이션 결과

그림 4.9에서 보면 각 조인트의 추종 오차가 나타나 있다. 그림 4.5와 비교하면 빠르게 수렴하고 더 추종을 잘 하는 것을 볼 수 있다. 그림 4.10은 신경회로망의 학습신호와 출력을 나타낸다.

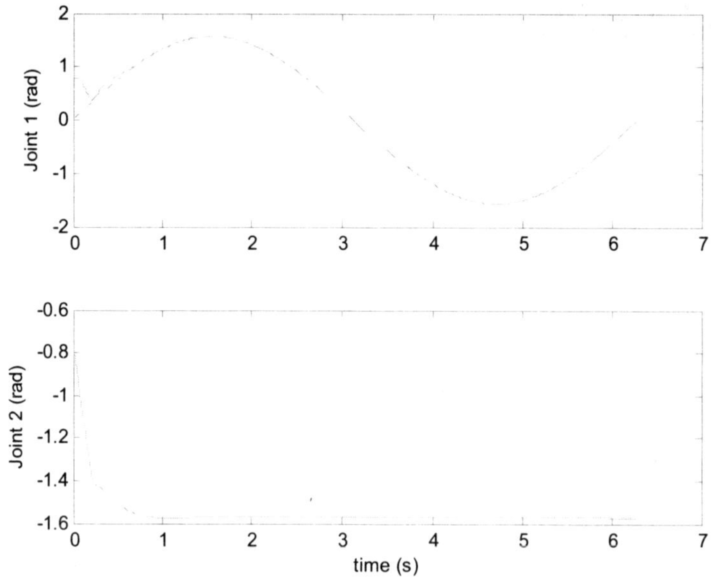

그림 4.9 RCT 신경회로망 제어 추종 결과

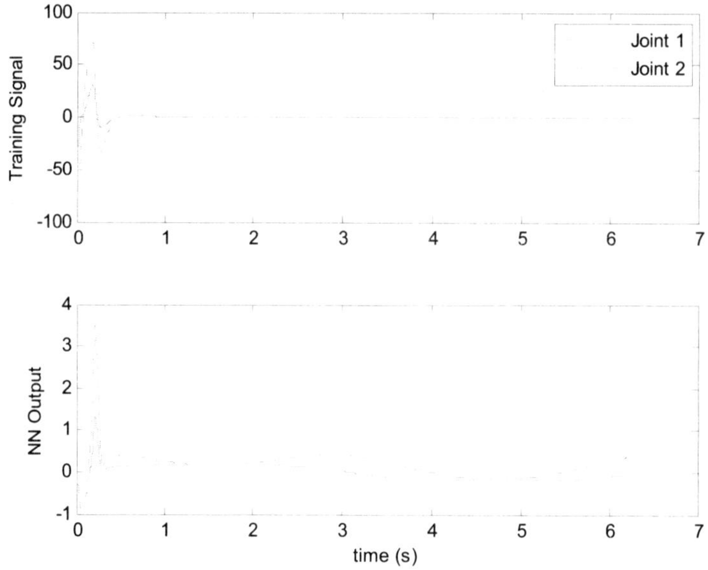

그림 4.10 RCT 신경회로망 학습신호와 출력

[점검문제 4.2]

RCT 방식을 시뮬레이션 해 보시오. 위치에만 보상하는 경우와 위치와 속도에 모두 보상하는 방식의 결과를 비교해 보시오.

4.5 퍼지기반 신경망 보상 방식

4.5.1 소개

Zadeh의 퍼지 논리(fuzzy logic) 발표 이후 Sugeno, Mamdani등을 거쳐 지금까지 퍼지 제어기에 대한 연구는 매우 활발하게 이루어지고 있다. 특히 비선형이거나 복잡한 시스템에 내해서도 전문가의 경험에 의해 잘 세어되는 경우가 많아 이러한 연구는 더욱 활발해 지고 있다.

퍼지 제어를 하기 위해서는 제어 변수와 이에 따른 소속 함수의 설정, 제어 규칙의 정의, 그리고 제어 변수의 정규화 과정 등이 필요하다. 그러나 퍼지 제어기의 설계에 있어 이러한 과정들이 결코 간단한 것만은 아니다. 시스템이 복잡해질수록 전문가의 의견이 서로 달라지고 이에 따라 소속 함수의 설정 및 제어 규칙의 정의 등이 설계자의 주관에 따라 달라질 수가 있다. 그리고 이는 제어기의 성능에 큰 차이를 가져오게 된다. 또한 이미 작성한 퍼지 제어기는 시스템의 변화에 능동적으로 대처하기가 어려운 단점이 있다. 즉, 시스템이 변화하게 되면 이에 맞춰 정규화 값을 변경해 주거나 제어기의 규칙을 수정해야 하는 번거로움을 안고 있다.

이러한 단점들을 해결하기 위해 신경회로망을 결합한 다양한 방법이 여러 연구가들에 의해 제안되었다. 그 중에서 가장 활발하게 이루어지고 있는 연구가 신경회로망을 이용한 퍼지 규칙의 자동 생성 기법으로 뉴로-퍼지 제어라 한다. 다층 신경회로망의 각 층은 퍼지화, 추론, 디퍼지화 등과 같은 각 퍼지 제어방식의 진행과정을 나타내고, 이는 신경회로망과 퍼지제어의 장점만을 사용하여 시스템의 성능을 좋게 하는 결과를 보여주었다.

여기에서는 기존의 퍼지-뉴로 제어방식과는 달리 기존의 퍼지제어기의 외부에 신경망을 이용한 제어기를 첨가하는 방법을 다룬다. 이것은 시스템의 변화로 인해 퍼지 제어기의 성능에 문제가 발생 했을 경우, 퍼지 제어기를 다시 설계하는 번거로움을 없애고, 외부에 신경망 제어기를 설계하여 시스템 오차를 보상해 줌으로써 퍼지 제어기의 수정 없이 시스템 오차를 개선하는 방법이다. 그리고 퍼지 제어기의 소속 함수 설정 및 제어 규칙의 정의는 이미 보편적으로 사용되는 일반적 형태를 사용함으로써 최적의 퍼지법칙을 구현하기 위한 문제를 없앨 수 있다. 이미 설계되어 있는 퍼지 제어기를 다시 수정하는 것 보다는 시스템의 외부에 새로운 제어기를 설계하여 시스템의 오차를 개선한다. 이러한 방법을 입력 보상 방식(reference compensation technique:RCT)이라 하는데, 기존의 PD나 PID 제어기와 함께 기준입력에 신경회로망의 출력을 더하여 시스템의 불확실성을 보상하는 방법으로 사용하였다. 입력보상방식은 비선형 시스템에 적용되어 그 성능이 실험적으로 평가되어왔다.

신경회로망의 보상 신호를 어디에 더하느냐에 따라 제어방식의 특성이 달라지게 되는데, 제어 입력에 보상하는 FEL(feedback error learning) 제어방식과 기준 입력에 보상하는 RCT 방식 등 두 가지 제어방식이 있다. RCT제어방식을 기본으로 하는 신경회로망과 퍼지 제어방식 모두 퍼지 제어기를 기본 제어기로 사용한다. FEL방식의 경우 신경회로망의 보상 입력을 제어 입력에 더하게 되고, RCT 방식에서는 기준 입력에 더하게 된다. 신경망의 학습 방법은 역전파 알고리즘을 사용하며, 퍼지 제어 기반의 실시간 학습이 가능하도록 학습 알고리즘을 유도해야한다.

따라서 일반적인 형태의 제어 규칙을 사용하여 퍼지 제어기를 설계하고 신경회로망을 연결시킴으로써 제어 성능을 향상 시킬 수 있는 제어 구조를 사용하여 오차를 보상함으로써 제어 성능을 개선하게 된다.

4.5.2 퍼지제어기반 RCT 신경망 보상 방식

퍼지 제어기의 성능 개선을 위한 신경회로망의 첨가한 제어구조가 그림 4.11에 나타나 있다. 이 구조는 퍼지 제어기를 시스템의 주 제어기로 사용하고 퍼지 제어기 앞에 신경 회로망을 첨가함으로써 입력으로 사용되는 오차 값을 보상하는 형태이다.

시스템에 새로운 외란이 발생하거나, 시스템의 상태 값이 변하는 경우 퍼지 제어기만으로는 이를 효과적으로 제어하는데 어려움이 따른다. 또한 퍼지 제어기에 사용되는 규칙이 표 4.2과 같이 일반적 형태의 규칙을 사용하므로 시스템에 따라 제어가 효율적으로 이루어지지 않는 경우도 나타날 수 있다.

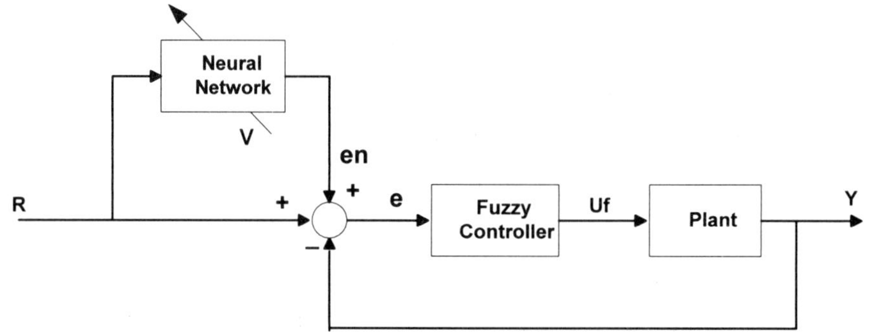

그림 4.11 RCT 기반의 신경회로망과 퍼지 제어방식

표 4.2 퍼지 제어기의 제어규칙

		$\dot{e}$						
		NB	NM	NS	ZO	PS	PM	PB
e	NB	PB	PB	PM	PM	PM	PS	ZO
	NM	PB	PM	PM	PM	PS	ZO	NS
	NS	PM	PM	PM	PS	ZO	NS	NM
	ZO	PM	PM	PS	ZO	NS	NM	NM
	PS	PM	PS	ZO	NS	NM	NM	NM
	PM	PS	ZO	NS	NM	NM	NM	NB
	PB	ZO	NS	NM	NM	NM	NB	NB

ZO : Zero
PS(NS) : Positive(Negative) Small
PM(NM) : Positive(Negative) Medium
PB(NB) : Positive(Negative) Big

표 4.2과 같은 일반적 형태의 규칙 테이블의 사용은 전문가의 경험이나 지식 없이도 쉽게 퍼지 제어기를 사용할 수 있도록 한다. 따라서 소속 함수의 설정 및 제어 규칙의 작성을 용이하게 해준다. 여기에 신경 회로망을 사용하여 오차를 보상해 줌으로써 퍼지 제어기의 성능을 향상 시키게 된다.

RCT 기반의 방식은 그림 4.12와 같이 시스템의 오차를 이동시켜 원하는 출력이 나오도록 하는 방식이다.

시스템의 오차로 e*가 발생하였을 경우 이 값에 신경회로망의 출력 값을 더하여 새로운 오차 e값을 퍼지 제어기의 입력 값으로 사용하게 된다. 이 방식은 FEL 기반의 방식과 구조적으로 비교해서 시스템의 내부를 건드리지 않고 외부에서 보상하는 장점이 있다.

이 시스템에서의 오차 신호는 다음과 같이 구성 된다.

$$e = R - Y + e_N \tag{4.22}$$

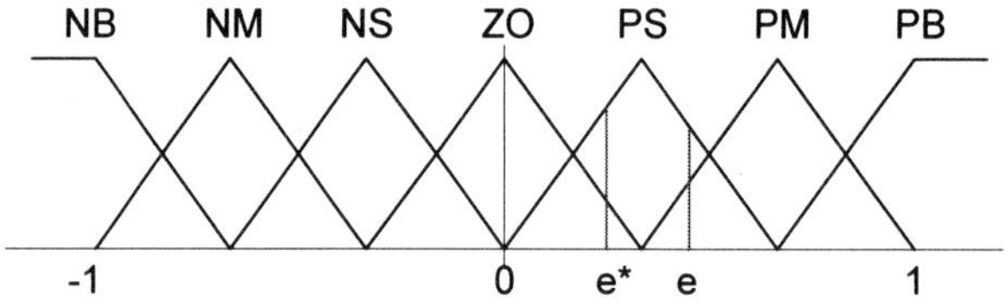

그림 4.12 퍼지 법칙

퍼지 제어기의 출력 u_f는 다음과 같다.

$$\begin{aligned} u_f &= k_1 e + k_2 \dot{e} \\ &= k_1 (R - Y + e_N) + k_2 (\dot{R} - \dot{Y} + \dot{e}_N) \\ &= k_1 \varepsilon + k_2 \dot{\varepsilon} + k_1 e_N + k_2 \dot{e}_N \end{aligned} \tag{4.23}$$

토크를 τ라 하면,

$$k_1 \varepsilon + k_2 \dot{\varepsilon} + k_1 e_N + k_2 \dot{e}_N = \tau \tag{4.24}$$

정리하면,

$$v = k_1 \varepsilon + k_2 \dot{\varepsilon} = \tau - (k_1 e_N + k_2 \dot{e}_N) \tag{4.25}$$

따라서 신경망의 학습 신호를 다음과 같이 정의한다.

$$v = k_1 \varepsilon + k_2 \dot{\varepsilon} \tag{4.26}$$

신경망의 목적 함수는

$$E = \frac{1}{2} v^T v \tag{4.27}$$

그리고 역전파 알고리즘을 유도하기 위해 목적함수를 가중치로 편미분 하면 다음과 같다.

$$\begin{aligned}\frac{\partial E}{\partial w} &= \frac{\partial E}{\partial v}\frac{\partial v}{\partial w} \\ &= -v\left(k_1\frac{\partial e_N}{\partial w} + k_2\frac{\partial \dot{e}_N}{\partial w}\right)\end{aligned} \tag{4.28}$$

이 값을 역전파 알고리즘에 적용한다. 각각 편미분이 가능하므로 자코비안이 필요 없이 역전파 알고리즘에 적용할 수 있다.

4.5.3 퍼지제어기반 FEL신경망 보상 방식

퍼지 제어기를 보상하기 위한 신경회로망의 첨가는 RCT방식 외에도 그림 4.13과 같은 FEL방식이 있다. 이 방식은 퍼지 제어기의 출력을 보상해 주는 방식으로 제어기 출력을 가감해 줌으로써 원하는 제어 입력을 가해주는 방식이다.

FEL 기반의 신경회로망과 퍼지 제어방식의 경우 목적 함수는 제어기의 오차로 구성한다.

$$E = \frac{1}{2}u_f^T u_f \tag{4.29}$$

제어 입력은 퍼지 제어기의 출력과 신경망의 출력의 합으로 다음과 같이 나타난다.

$$u = u_f + u_N \tag{4.30}$$

따라서 역전파 알고리즘에 적용하기 위해 목적함수를 가중치로 편미분 하면 다음과 같다.

$$\begin{aligned}\frac{\partial E}{\partial w} &= \frac{\partial E}{\partial u_f}\frac{\partial u_f}{\partial w} \\ &= u_f\frac{\partial (u-u_N)}{\partial u_N}\frac{\partial u_N}{\partial w} \\ &= -u_f\frac{\partial u_N}{\partial w}\end{aligned} \tag{4.31}$$

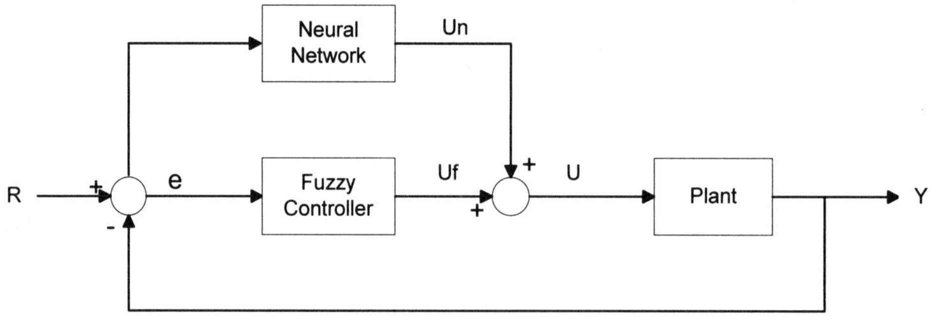

그림 4.13 FEL 기반의 신경회로망과 퍼지 제어방식

이 그래디언트를 역전파 알고리즘에 적용한다. 여기서 미분 가능하므로 자코비안이 필요없이 역전파 알고리즘에 적용할 수 있다.

4.5.4 3축 로봇의 예

4.5.4.1 여유자유도 로봇(Redundant robot)

그림 4.13은 손가락 모양의 3축 로봇으로 xy평면상에서 움직이는 로봇이다. 각 로봇의 D-H 파라미터는 다음 표 4.3과 같다. 그림 4.14는 순기구학과 역기구학을 검증한 그림이다.

그림 4.15는 D-H 변수로부터 기구학을 구해 시뮬레이션 한 것이다.

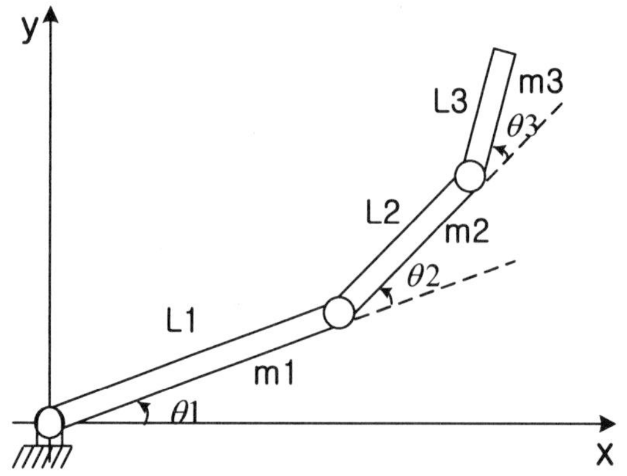

그림 4.14 3축 손가락 로봇

표 4.3 Redundant robot의 D-H parameter

Joint	θ_i	α_i	d_i	a_i
1	θ_1	0	0	L_1
2	θ_2	0	0	L_2
3	θ_3	0	0	L_3

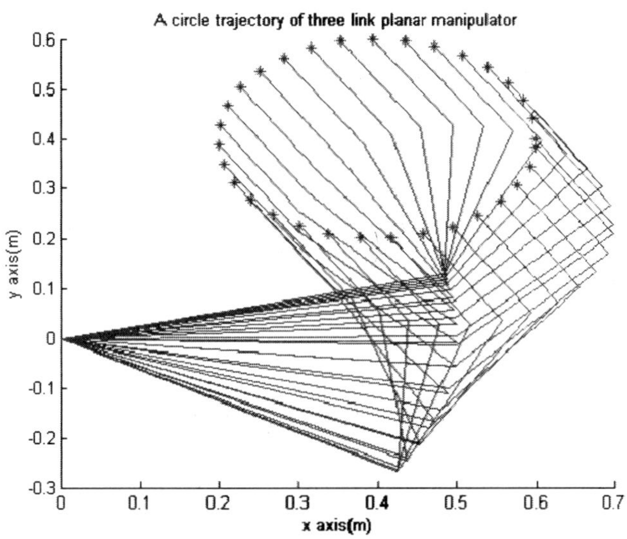

그림 4.15 3축 로봇의 원경로

[점검문제 4.3]

표 4.3으로부터 기구학을 구해 보시오.

4.5.4.2 3축 로타리 로봇(Rotary robot)

그림 4.16은 3축 로타리 로봇을 나타낸다. 표 4.4의 D-H 변수를 이용하여 기구학을 구하고 시뮬레이션 하였다.

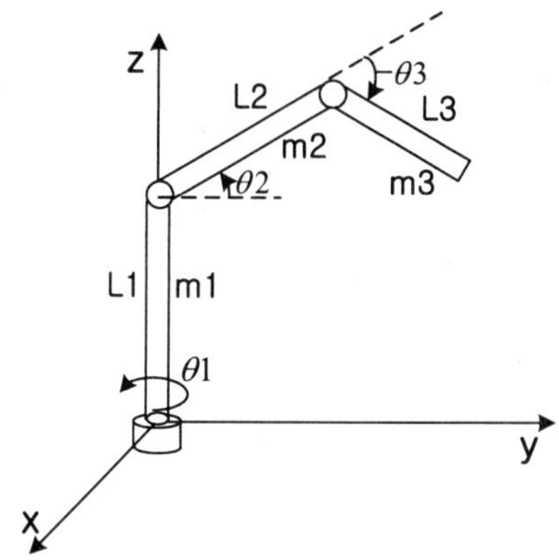

그림 4.16 3축 로타리 로봇

표 4.4 3-link rotary robot 의 D-H parameter

Joint	θ_i	α_i	d_i	a_i
1	θ_1	90	L_1	0
2	θ_2	0	0	L_2
3	$-\theta_3$	0	0	L_3

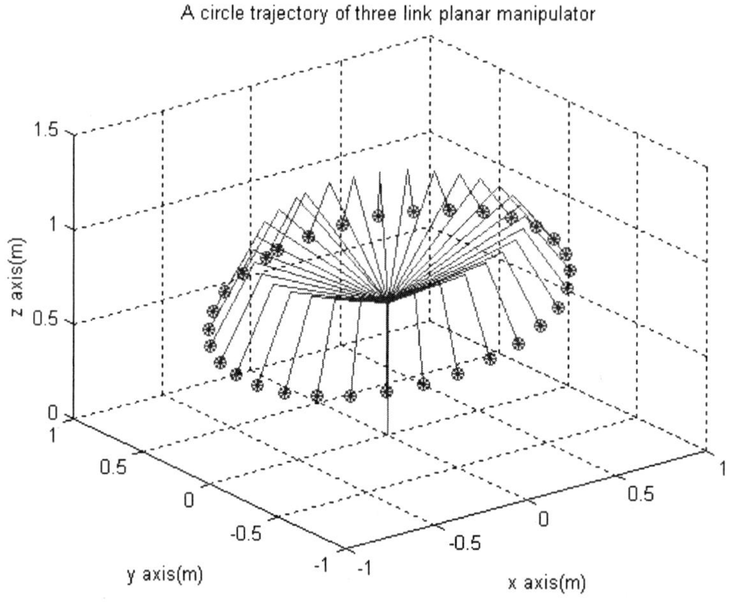

그림 4.17 3축 로봇의 원경로

[점검문제 4.4]

표 4.4로부터 기구학을 구하시오.

4.5.5 시뮬레이션

시뮬레이션에서는 각각의 로봇이 평면 및 공간상에서 원을 그리며 움직이는 것을 제어 하였다. 시뮬레이션은 PD제어, 퍼지제어, FEL방식, RCT 방식1(위치보상)및 RCT 방식2(위치 및 속도보상)의 5가지의 경우에 대해 실험 하였다. 그리고 샘플링 시간은 0.01s로 하였으며, 초기 위치는 Redundant robot이 (0.6, 0.4, 0)이며, 3-link rotary robot이 (0, 0.8, 0.7)로 하였다. 그리고 최대 토크는 link1 ±250, link2 ±200, link3 ±150로 제한하였다.

4.5.5.1 손가락 형태의 로봇

이 로봇은 xy평면상에서 직경 0.4m의 원경로를 그리고 움직이며, 각 링크의 크기 및 질량은 다음과 같다.

m1 = 10kg L1 = 0.5m

m2 = 8kg L2 = 0.3m

m3 = 5kg L3 = 0.2m

① PD 제어기

PD 제어기만을 사용한 경우로 그림 4.18은 로봇 end-effector의 원경로를 나타낸다.

결과를 보면 PD 제어기만을 사용하였을 경우 오차가 크게 나타나는 것을 확인 할 수 있다. 이는 로봇 동력학식에 마찰력이 더해짐으로 식이 비선형이 되어 PD제어만으로는 제어가 어렵기 때문이다.

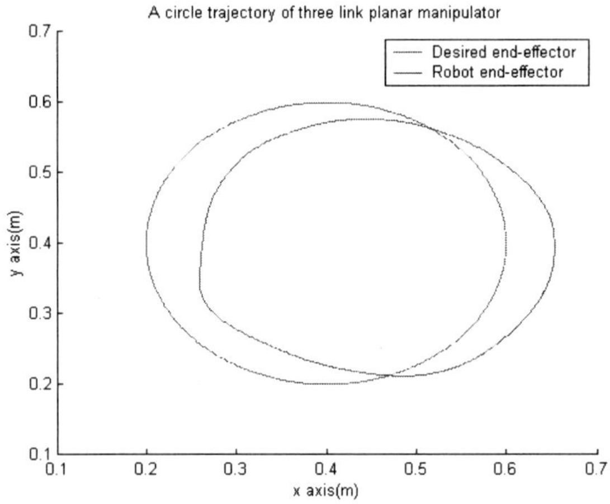

그림 4.18 로봇의 원 경로(m)

② 퍼지 제어기

그림 4.19는 퍼지 제어기만을 사용한 경우로 로봇 end-effector의 원경로를 나타낸다. 퍼지 제어기만을 사용한 경우에는 PD제어기를 사용한 경우보다 오차가 크게 줄어든 것을 볼 수 있다. 그러나 이 경우에도 오차가 만족할 만큼 줄어들지 않는 것을 알 수 있다.

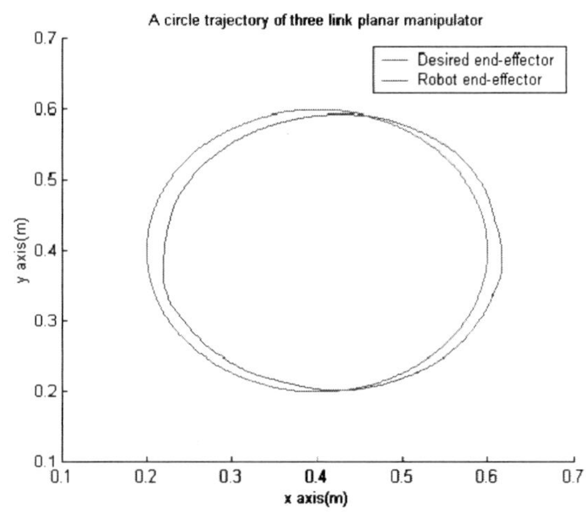

그림 4.19 로봇의 원 경로(m)

③ 퍼지-신경망 제어기(FEL 방식)

앞의 퍼지제어에서 나타난 오차를 보상하기 위해 퍼지 제어기에 신경망제어기를 FEL 방식으로 사용하며, 신경망을 제외한 나머지 부분은 앞의 실험과 같은 조건이다.

그림 4.20은 로봇 end-effector의 원경로를 나타낸다. 그림 4.19보다 로봇이 기준경로를 잘 따라가는 것을 볼 수 있다.

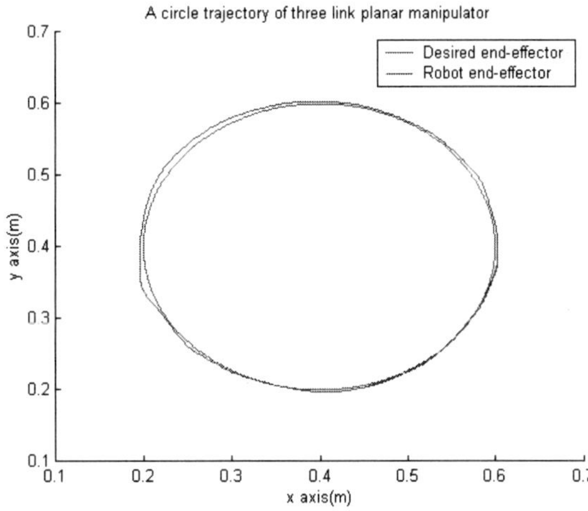

그림 4.20 로봇의 원 경로(m)

④ **퍼지-신경망 제어기(RCT 방식1)**

다음은 퍼지 제어기에 신경망 제어기를 RCT 방식으로 사용한 경우로, 이 때 신경망의 출력은 하나이며, 역시 신경망을 제외한 나머지 조건은 실험 2와 동일하다.

이 실험에서도 로봇이 기준경로를 잘 따라가는 것을 볼 수 있다.

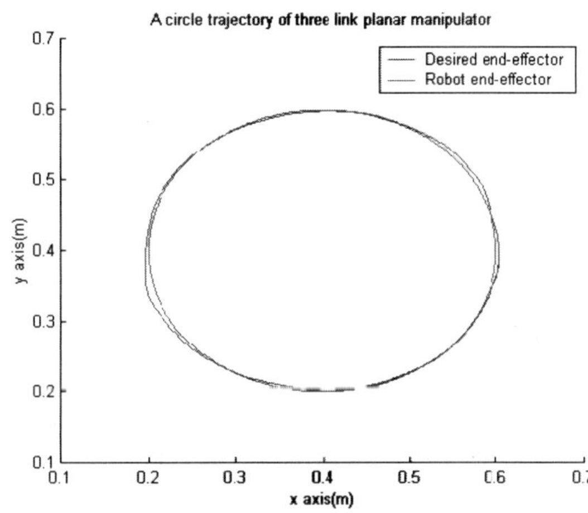

그림 4.21 로봇의 원 경로(m)

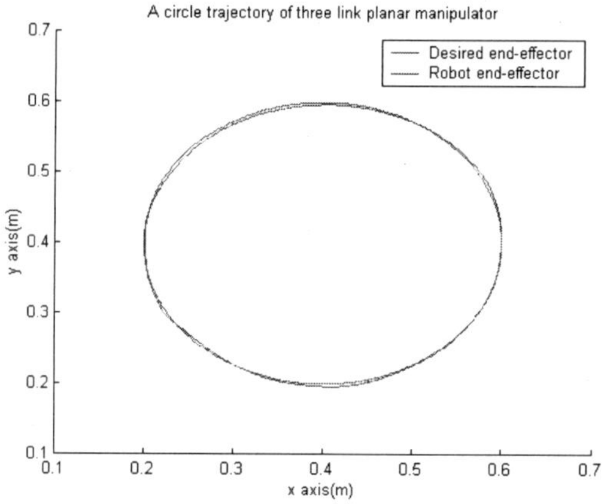

그림 4.22 로봇의 원 경로(m)

표 4.5 Redundant robot의 MSE

	PD Control	Fuzzy Control	Fuzzy-Neuro Control (FEL)	Fuzzy-Neuro Control (RCT1)	Fuzzy-Neuro Control (RCT2)
MSE	38.8021	18.8283	9.3992	9.8126	5.9479

⑤ 퍼지-신경망 제어기(RCT 방식2)

실험 5는 실험 4과 동일한 방식이며, 단지 신경망의 출력으로 2개를 사용하는 방식이다. 실험 5의 경우에도 역시 로봇이 desired값을 잘 따라가는 것을 확인 할 수 있다. 이상의 결과로부터 각각의 MSE(Mean Squared Error)를 구하면 다음의 결과를 얻을 수 있다.

위 결과를 보면 FEL및 RCT방식이 퍼지 제어기에 비해 MSE가 반으로 줄어드는 것을 알 수 있다.

4.5.5.2 3-link rotary robot

이 로봇은 z축을 중심으로 반경 0.8m의 원경로를 그리며 이 원경로는 다시 기울기가 1/4만큼 기울어져 있는 경로를 움직인다. 각 링크의 크기 및 질량은 다음과 같다.

m1 = 15kg　　L1 = 0.7m
m2 = 10kg　　L2 = 0.6m
m3 = 5kg　　L3 = 0.5m

① PD 제어기

실험 1 에서는 PD 제어기만을 사용한 경우로 그림 4.23은 로봇 end-effector의 원 경로를 나타낸다.

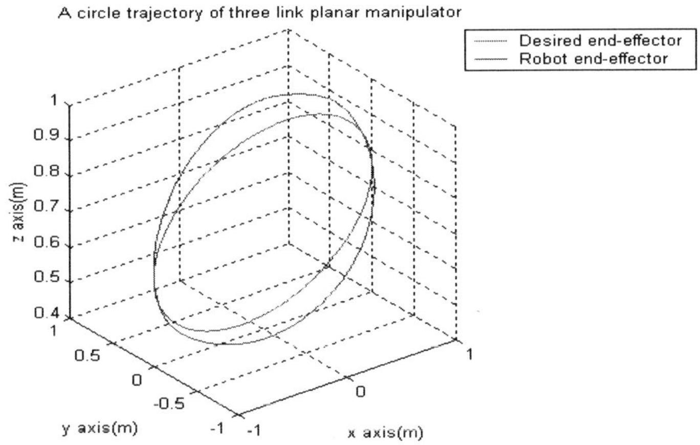

그림 4.23 로봇의 원 경로(m)

실험 1의 결과를 보면 PD 제어기만을 사용하였을 경우 오차가 크게 나타나는 것을 확인 할 수 있다.

② 퍼지 제어기

실험 2 에서는 퍼지 제어기만을 사용한 경우로 그림 4.24는 로봇 end-effector의 원 경로를 나타낸다.

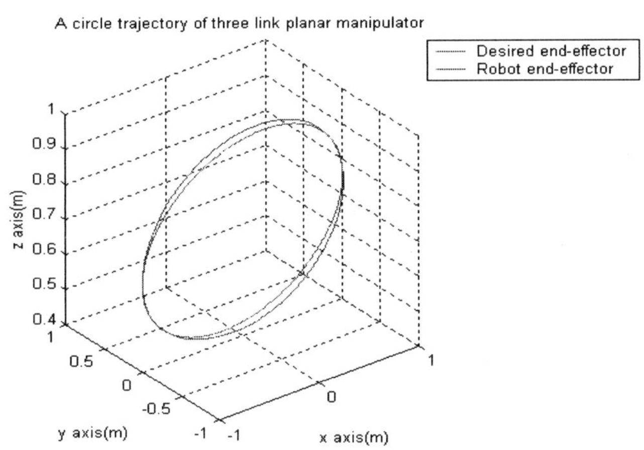

그림 4.24 로봇의 원 경로(m)

퍼지 제어기만을 사용한 경우에는 PD제어기를 사용한 경우보다 오차가 크게 줄어든 것을 볼 수 있다. 그러나 이 경우에도 오차가 만족할 만큼 줄어들지 않는 것을 알 수 있다.

③ 퍼지-신경망 제어기(FEL 방식)

앞의 퍼지제어에서 나타난 오차를 보상하기위해 실험 3 의 경우는 퍼지 제어기에 신경망 제어기를 FEL 방식으로 사용하며, 신경망을 제외한 나머지 부분은 실험 2의 경우와 같은 조건이다.

그림 4.25는 로봇 end-effector의 원경로를 나타낸다.

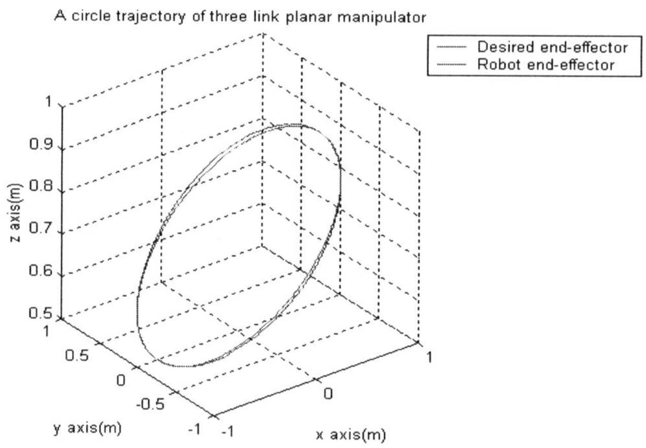

그림 4.25 로봇의 원 경로(m)

실험 3에서는 실험 2에 비해 오차가 크게 줄어든 것을 확인 할 수 있다.

④ 퍼지-신경망 제어기(RCT 방식1)

이 실험은 퍼지 제어기에 신경망 제어기를 RCT 방식으로 사용한 경우로, 이 때 신경망의 출력은 하나이며, 역시 신경망을 제외한 나머지 조건은 실험 2와 동일하다.

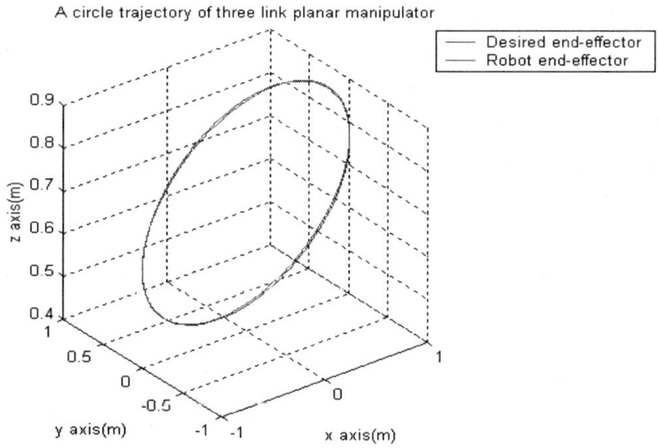

그림 4.26 로봇의 원 경로(m)

실험 4의 경우 오차가 거의 없는 것을 볼 수 있다.

⑤ 퍼지-신경망 제어기(RCT 방식2)

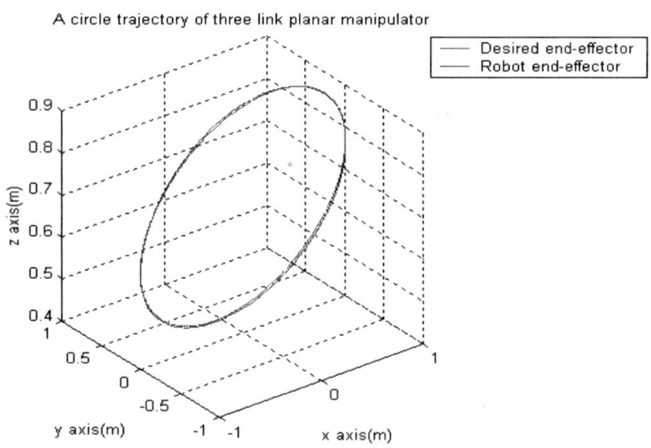

그림 4.27 로봇의 원 경로(m)

실험 5는 실험 4와 동일한 방식이며, 단지 신경망의 출력이 으로 2개를 사용하는 방식이다.

실험 5의 경우에도 역시 로봇이 오차가 거의 없이 잘 따라가는 것을 확인 할 수 있다. 이상의 결과로부터 각각의 MSE(Mean Squared Error)를 구하면 다음의 결과를 얻을 수 있다.

표 4.6 3-link rotary robot의 MSE

	PD Control	Fuzzy Control	Fuzzy-Neuro Control(FEL)	Fuzzy-Neuro Control(RCT1)	Fuzzy-Neuro Control (RCT2)
MSE	66.6655	29.2223	20.6801	9.1148	9.3643

위 결과를 보면 FEL및 RCT방식이 퍼지 제어기에 비해 MSE가 줄어드는 것을 알 수 있다.

위 결과를 종합해 보면, 퍼지 제어기에 신경망을 첨가한 경우 시스템의 성능이 향상되는 것을 확인 할 수 있었다. 그 성능을 비교해 보면, FEL방식보다 RCT방식의 성능이 더욱 좋다는 것을 알 수 있다.

이미 설계된 퍼지 제어기의 성능이 시스템의 변화로 인해 감소하였을 경우 이를 향상시키기 위한 방법으로 시스템의 외부에 신경망을 이용한 새로운 제어기를 설계하는 방법을 제시 하였다. 이 방법의 장점은 이전에 설계된 제어기를 다시 수정하지 않아도 외부에 새로운 제어기를 설계하여 시스템의 변화로 인한 제어기의 성능 저하를 보상해 줄 수 있다는 것이다. 그리고 보상하는 방법으로 FEL방식과 RCT방식을 사용하여 제어기의 성능을 보다 좋게 함을 보였으며 그 중 RCT방식이 보다 나은 성능을 보임을 확인 하였다. 각각의 방식에 대한 시뮬레이션을 통하여 제안하는 신경회로망과 퍼지 제어방식이 퍼지 제어만을 사용할 경우보다 성능이 우수함을 알 수 있었으며 퍼지 제어기의 수정 없이도 신경회로망을 이용한 제어기의 성능 개선이 가능함을 알 수 있다.

참고문헌

[1] R. C. Dorf, S. Jung, J. Dawes and L. N "An S-Plane Analytic Technique for Lead-Lag Controller Design", American Control Conference, pp. 2227-2228, Seattle, June, 1995

[2] W. T. Miller, R. S. Sutton, and P. J. Werbos, "Neural Networks for Control", The MIT Press, 1991.

[3] M. W. Spong and M. Vidyasagar, "Robot dynamics and control", John Wiley and Sons, 1984.

[4] M. Miyamoto, M. Kawato, T. Setoyama, and R. Suzuki, "Feedback error learning", Neural Networks, vol.1, pp. 251-265, 1988

[5] A. Ishiguro, T. Furuhashi, S. Okuma, and Y.Uchikawa, "A Neural Network compensator for uncertainties of robot manipulator", IEEE Trans. on Industrial Electronics, vol. 33, pp. 61-66, December,1992

[6] D. Psaltis, A. Sideris, and A. Yamamura, "A multilayered neural network controllers", IEEE Control Systems Magazine, pp. 17-21, 1986

[7] C. C. Ku and K. Y. Lee, "System Identification and Control Using Diagonal Recurrent Neural Networks", American Control Conference, vol. 1, pp.545-543, 1992

[8] T. Yabuta and T. Yamada, "Learning Control Using Neural Networks", Proc. of IEEE International Conference on Robotics and Automation, pp. 740-745, 1981

[9] F. L. Lewis, S. Jagannathan, and A. Yesldirek, "Neural network control of robot manipulators and nonlinear systems", Taylor & Francis, 1999

[10] J. S. Wang, "Self-Adaptive Recurrent Neuro -Fuzzy Control of an Autonomous Underwater Vehicle", pp. 283-295, IEEE Trans. on Robotics and Automations, Vol. 19, No. 2, 2003

[11] S. Pletl, "Neuro-Fuzzy Control of Rigid and Flexible Joint Robotic Manipulator", IEEE IECON pp. 93-97, 1995

[12] A. J , P. H. Yang, D. M. Auslander, and R. N. Dave, "Real Time Neuro-Fuzzy Control of a Nonlinear Dynamic System", Biennial Conf, of North American Fuzzy Information Processing pp. 210-214, 1996

[13] 정슬, "인공 지능 시스템 I, II," 충남대학교 출판부, 2003

[14] S. Jung and H. Cho, "Balancing and Position Tracking Control of An Inverted Pendulum on An X-Y Plane Using Decentralized Neural networks," IEEE/ASME Advanced Intelligent Mechatronics, p.181-186, 2003.

[15] S. Omatu and M, Khalid, "Neuro-Control and its Applications," Springer, 1995

[16] K.S. Fu, R.C. Gonzalez, C.S.G. Lee, "Robotics", McGraw-Hill, 1987

[17] S. Jung & T. C. Hsia, "A New Neural Network Control Technique for Robot Manipulators", ROBOTICA, vol. 13, pp. 477-484, 1995

[18] T. C. Hsia & S. Jung, "A Simple Alternative to Neural Network Control scheme for Robot manipulators", *EEE Transaction on Industrial Electronics,* vol. 42, no. 4, pp. 414-416, 1995

[19] S. Jung & T. C. Hsia, "A Study of neural network control of Robot manipulator ", ROBOTICA, vol. 14, no. 1, pp. 7-15, 1996

[20] S. Jung & T. C. Hsia, "On an Effective Design Approach of Cartesian Space Neural Network Control for Robot Manipulators ", ROBOTICA, vol. 15, no. 3, pp. 305-312, 1997

[21] S. Jung & T. C. Hsia, " Neural network Inverse Control Techniques for PD Controlled Robot Manipulator", ROBOTICA, vol. 19, no. 3, pp. 305-314, 2000

[22] S. Jung & H. T. Cho, "Decoupled Neural Network Reference Compensation Technique for a PD Controlled Two Degrees of Freedom Inverted Pendulum", International Journal of Control, Automation, and Systems Engineering, vol.2, no.1, pp. 92-99, 2004

[23] S. S. Kim and S. Jung, "Hardware implementation of a neural network controller with an MCU and am FPGA for nonlinear systems", International Journal of Control, Automation, and Systems Engineering, vol.4, no.5, pp. 567-574, 2006

[24] S. Jung and S. S. Kim, "Hardware implementation of a real-time neural network controller with a DSP and an FPGA for nonlinear systems", *EEE Transaction on Industrial Electronics,* vol. 54, no. 1, pp. 265-271, 2007

[25] S. Jung, H. T. Cho, and T. C. Hsia, "Neural network control for position tracking of a two-axis inverted pendulum system: Experimental studies", EEE Transaction on Neural Networks, vol. 18, no. 4, pp. 1042-1048, 2007

[26] G. H. Lee, J. S. Noh, and S. Jung, "Implementation and experiment of neural network controllers for intelligent control system education", International Journal of Fuzzy logic and intelligent systems, vol.7, no.4, pp. 267-273, 2007

[27] D. H. Song, G. H. Lee, S. Jung, "Neural network compensation technique for standard PD-like fuzzy controlled nonlinear systems", International Journal of Fuzzy logic and intelligent systems, vol.8, no.1, pp. 68-74, 2008

[28] H. T. Cho, S. S. Kim, and S. Jung, "Experimental studies of real time decentralized neural network control for an x-y table robot", International Journal of Fuzzy logic and intelligent systems, vol.8, no.3, pp. 185-191, 2008
[29] 임선빈, 정슬, “신경회로망을 이용한 비선형 시스템 제어의 실험적 연구”, 제어 자동화 시스템 공학 논문지, 7권 11호, pp. 918-926, 2001
[30] 임선빈, 정슬, “미정보 환경하에서의 신경회로망 힘추종 로봇제어 기술의 실험적 연구”, 제어 자동화 시스템 공학 논문지, 8권 4호, pp. 338-344, 2002
[31] 장평수, 홍섭, 정슬, “신경회로망을 이용한 비전 기반 로봇의 위치제어에 대한 실험적 연구”, 제어 자동화 시스템 공학 논문지, 9권 7호, pp. 515-526, 2003
[32] 전풍우, 정슬, “장님 이동로봇의 힘제어 : 분석, 시뮬레이션 및 실험”, 제어 자동화 시스템 공학 논문지, 9권 10호, pp. 798-807, 2003
[33] 조현택, 정슬, “속도 추정 기반의 2 자유도 도립진자의 안정화를 위한 입력 보상 방식의 분산신경망 제어기에 관한 실험적 연구”, 제어 자동화 시스템 공학 논문지, 10권 4호, pp. 342-350, 2004
[34] 장평수, 장은수, 정슬, “힘레이저 센서 기반의 Cascaded 제어기 및 신경회로망을 이용한 이동로봇의 위치 추종 실험적 연구”, 제어 자동화 시스템 공학 논문지, 10권 7호, pp. 625-633, 2004
[35] 김성수, 정슬, “DSP와 FPGA를 이용한 지능 제어기의 하드웨어 구현”, 제어 자동화 시스템 공학 논문지, 10권 10호, pp. 922-929, 2004
[36] 전풍우, 정슬, “힘제어 기반의 틈새 추종 로봇의 제작 및 제어에 관한 연구: Part II. 힘제어”, 제어 자동화 시스템 공학 논문지, 11권 4호, pp. 337-343, 2005
[37] 엄일용, 석진영, 정슬, “힘자율 주행 헬리콥터의 위치 추종 제어를 위한 LQR 제어 및 신경회로망 보상 방식”, 제어 자동화 시스템 공학 논문지, 11권 11호, pp. 930-935, 2005
[38] 조현택, 정슬, “힘제어 기반의 틈새 추종 로봇의 제작 및 제어에 관한 연구: Part I. 신경회로망을 이용한 레이저와 카메라에 의한 틈새 검출 및 로봇 제작”, 제어 자동화 시스템 공학 논문지, 11권 4호, pp. 290-296, 2005
[39] 송덕희, 정슬, “PD기반의 퍼지제어기로 제어된 로봇의 새로운 신경회로망 보상 제어 기술”, 제어 자동화 시스템 공학 논문지, 11권 6호, pp. 524-529, 2005
[40] 김성수, 정슬, “신경회로망을 이용한 이동로봇 위의 역진자의 각도 및 로봇 위치 제어에 대한 연구”, 제어 자동화 시스템 공학 논문지, 11권 10호, pp. 888-894, 2005
[41] 송덕희, 노진석, 정슬, “다관절 휴머노이드 상체 로봇의 제어를 위한 신경망 보상 퍼지 제어기 구현 및 실험”, 제어 자동화 시스템 공학 논문지, 13권 7호, pp. 671-676, 2007
[42] 전효원, 정슬, “힘제어 기반의 로봇 팔과 인간팔의 상호 작용을 위한 임베디드 시스템 설계”, 제어 자동화 시스템 공학 논문지, 15권 11호, pp. 1096-1101, 2009

[43] 배영걸, 최호진, 정슬, “원격제어 시스템의 종로봇인 이동 로봇의 제작과 힘 추종 제어 구현”, 제어 자동화 시스템 공학 논문지, 16권 7호, pp. 681-687, 2010

[44] 최호진, 정슬, “원격 제어 시스템에서의 신경망을 이용한 시간 지연 보상 제어기 설계”, 한국지능시스템논문지, 21권 4호, pp. 449-455, 2011

5

직교좌표 공간제어
(Cartesian Space Control)

5.1 소 개

로봇이 작업하는 공간은 조인트 공간이 아닌 직교 좌표공간이다. 우리 인간도 직교 좌표 공간에서 모든 것을 설정하고 해석하기 때문에 직교공간에서 경로를 설정하는 것이 중요하다. 특히, 힘제어의 경우에 직교 좌표공간에서 해석이 되므로 경로 계획이나 제어를 직교 좌표공간에서 실행해야 한다. 하지만 로봇이 직접 구동되고 제어되는 공간은 조인트 공간이므로 직교 좌표공간과 조인트 공간과의 상관관계가 매우 중요하다.

이전의 모션 기구학에서 살펴본 것처럼 조인트 공간과 직교 좌표 공간은 자코비안 행렬 $J(q)$에 의해 관계된다. 순기구학식이 $x = F(q)$ 일 때 직교공간에서의 속도는 다음과 같다.

$$\dot{x} = J(q)\dot{q} \tag{5.1}$$

여기서 $J(q) = \dfrac{\partial F(q)}{\partial q}$ 이다. 자코비안 행렬은 조인트 공간의 속도가 직교 좌표공간의 속도로 표현 될 수 있게 한다. 따라서, 직교 공간의 속도로 표현하기 위해서는 자코비안의 역행렬을 구해야 한다. 일반적으로 역행렬은 정방 행렬일 경우에 가능하고 역행렬을 계산할 때 행렬의 크기 $|J(q)|$가 0이 되지 않도록 해야 하는 점을 고려해야 한다. 이는 로봇 기구학의 특이치 문제(singularity)와도 연관된다.

또한 자코비안 행렬은 카테시안 공간에서의 힘을 조인트 공간에서의 토크로 변환한다.

$$\tau = J^T(q)F \tag{5.2}$$

여기서 F 는 힘벡터이고 τ는 토크 벡터이다. 카테시안 공간에서 제어 법칙을 설계한 후에 자코비안으로 변환하면 조인트 공간의 토크로 변환이 가능하다는 것이다.

5.2 직교좌표에서의 로봇의 동적 모형

힘제어는 직교공간좌표에서 적용되므로 로봇을 직교공간에서 제어하면 편리하다. 직교공간에서의 로봇 동력학을 구해보자.

관절이 n인 로봇의 동적 방정식은 다음과 같다.

$$M(q)\ddot{q}+C(q,\dot{q})+G(q)+\tau_f(\dot{q})=\tau \tag{5.3}$$

$M(q)$는 n x n 관성 행렬, $C(q,\dot{q})$는 n x 1 Coriolis, 원심력과 $G(q)$는 중력 벡터, $q, \dot{q}, \ddot{q}$ 는 각각 n x 1 관절의 각, 각 속도, 각가속도 벡터이고, τ_f는 n x 1 마찰력이고, τ는 n x 1 토크 벡터이다. 관절 공간에서 카테시안(Cartesian) 공간으로의 변환은 자코비안 행렬을 사용하는 동기구학(Motion Kinematics)을 통해 이루어진다.

$$\dot{q}=J^{-1}\dot{x} \tag{5.4}$$

여기서 x는 n x 1 직교좌표의 위치이다.

식 (5.4)를 미분하면 각 가속도를 얻는다.

$$\ddot{q}=J^{-1}(\ddot{x}-\dot{J}\dot{q}) \tag{5.5}$$

식 (5.4)와 (5.5)을 식 (5.3)에 대입하면 다음과 같다.

$$M(q)(J^{-1}(\ddot{x}-\dot{J}\dot{q}))+h(q,\dot{q})+\tau_f(\dot{q})=J^TF \tag{5.6}$$

여기서 $h(q,\dot{q})=C(q,\dot{q})+G(q)$이다.

식(5.4)를 (5.6)에 대입한 뒤에 양변을 J^{-T}로 곱하고 정리하면

$$J^{-T}M(q)J^{-1}\ddot{x}-J^{-T}M(q)J^{-1}\dot{J}(J^{-1}\dot{x})+J^{-T}h(q,\dot{q})+J^{-T}\tau_f=F \tag{5.7}$$

카테시안 공간에서의 로봇 동적 모형을 다음과 같이 구할 수 있다.

$$M^*(x)\ddot{x}+h^*(x,\dot{x})\dot{x}+F_f^*=F \tag{5.8}$$

$M^*=J^{-T}MJ^{-1}$는 Cartesian 관성 행렬, $h^*\dot{x}=J^{-T}h-M^*\dot{J}J^{-1}\dot{x}$는 Cartesian Coriolis, 원심력, 중력, $F_f^*=J^{-T}\tau_f$는 마찰력, F는 실제 구동하는 힘이다. 식(5.8)은 비선형이고 각 방향이 서로 연관되어 있기 때문에 토크 계산 방식(computed-torque)을 사용하여 선형화하고 분리시켜 제어한다.

5.3 직교공간에서의 PD 제어

5.3.1 중력을 정확하게 보상할 경우

PD제어기에 중력을 보상하면 안정성이 보상된다. 제어 법칙은 다음과 같다.

$$\tau = J^T(q)(K_D\dot{e} + K_P e) + G(q) \tag{5.9}$$

여기서 $e = x_d - x$로 직교 좌표공간에서 추종오차이다. 마찰력과 같은 불확실성요소를 무시하고 동역학식에 대입하면 다음과 같다.

$$M(q)\ddot{q} + C_m(q,\dot{q})\dot{q} = J^T(q)(K_D\dot{e} + K_P e) \tag{5.10}$$

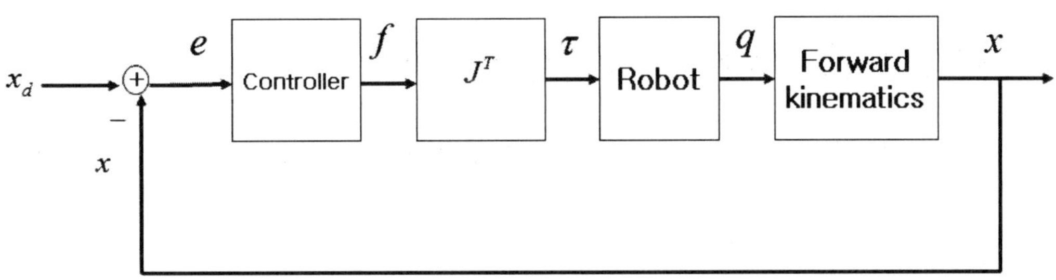

그림 5.1 직교공간에서 PD 제어

안정성을 고려해 보자.

Lyapunov 함수를 다음과 같이 정하자.

$$L = \frac{1}{2}\dot{q}^T M(q)\dot{q} + \frac{1}{2}e^T K_P e \tag{5.11}$$

미분하면

$$\dot{L} = \frac{1}{2}\dot{q}^T \dot{M}(q)\dot{q} + \dot{q}^T M(q)\ddot{q} + e^T K_P \dot{e} \tag{5.12}$$

여기서 $M(q)\ddot{q}$를 구하면, $M(q)\ddot{q} = J^T(K_P e + K_D\dot{e}) + G - (C_m\dot{q} + G)$이고 이를 식

(5.12)에 대입하면 다음과 같다.

$$\begin{aligned}\dot{L} &= \frac{1}{2}\dot{q}^T\dot{M}(q)\dot{q} + \dot{q}^T J^T K_P e + \dot{q}^T J^T K_D \dot{e} - \dot{q}^T C_m \dot{q} + e^T K_P \dot{e} \\ &= \frac{1}{2}\dot{q}^T(\dot{M}(q) - 2C_m)\dot{q} + \dot{q}^T J^T K_P e + \dot{q}^T J^T K_D \dot{e} + e^T K_P \dot{e} \\ &= \frac{1}{2}\dot{q}^T(\dot{M}(q) - 2C_m)\dot{q} + \dot{X}^T K_P e - \dot{X}^T K_D \dot{X} - e^T K_P \dot{X}\end{aligned} \tag{5.13}$$

Skew symmetry 특성 $\dot{M} - 2C_m = 0$과 $\dot{x}^T = \dot{q}^T J^T$이용하여 대입하면 간단하게 안정성을 만족한다. 단 여기서 $\dot{e} = -\dot{x}$로 기준 경로가 상수인 경우로 한정된다.

$$\dot{L} = -\dot{x}^T K_D \dot{x} < 0 \tag{5.14}$$

5.3.2 중력을 정확하게 보상하지 않을 경우

앞 절에서 PD제어기에 중력을 보상하면 안정성이 보상된다는 것을 증명했다. 만약에 중력을 정확하게 보상하지 못하는 경우에 안정성 증명은 어떻게 될까?

중력을 고려한 제어 법칙은 다음과 같다.

$$\tau = J^T(q)(K_D\dot{e} + K_P e) + \hat{G}(q) \tag{5.15}$$

여기서 $\hat{G}(q)$는 $G(q)$의 모델 평가치이다. 마찰력과 같은 불확실성요소를 무시하고 동역학식에 대입하면 다음과 같다.

$$M(q)\ddot{q} + C(q,\dot{q}) + \Delta G(q) = J^T(q)(K_D\dot{e} + K_P e) \tag{5.16}$$

여기서 $\Delta G(q) = G(q) - \hat{G}(q)$이다.

평형점 q_e에서 식(5.16)는 다음과 같다.

$$J^T(q_e)K_P(x_d - x_e) - \Delta G(q_e) = 0 \tag{5.17}$$

식(5.17)에서 정리하면

$$x_e = x_d - K_P^{-1} J^{-T}(q_e)\Delta G(q_e) \tag{5.18}$$

중력 보상에 오차가 있는 한 위치추종은 오차가 발생하므로 $x_e \neq x_d$가 된다.

안정성을 고려해 보자. Lyapunov 함수를 다음과 같이 정하자.

$$L = \frac{1}{2}\dot{q}^T M(q)\dot{q} + \int_{q_e}^{q} < J^T(q) K_P(X - X_e) - f(q), dq > \tag{5.19}$$

여기서 〈,〉는 두 벡터의 내적을 가리킨다. $f(q) = J^T(q)K_P(x_d - x_e) - \Delta G(q)$로 정한다. 평형점에서 $f(q_e) = 0$이다. Lyapunov의 함수의 조건 L〉0을 만족해야 한다. 따라서, 다음을 증명해야 한다.

$$[\int_{q_e}^{q} < J^T(q) K_P(x - x_e) - f(q), dq >] \geq 0 \tag{5.20}$$

식 (5.20)에서 적분텀은 다음과 같이 쓸 수 있다.

$$< J^T(q) K_P(x - x_e) - f(q), dq > = < J^T(q)(K_P(x - x_e) - J^{-T} f(q)), dq > \tag{5.21}$$

벡터의 크기를 살펴보면

$$\| K_P(x - x_e) - J^{-T} f(q) \| > \| K_P(x - x_e) \| - \| J^{-T} f(q) \| \tag{5.22}$$

(5.22)에서 만약 다음 조건을 만족한다면

$$\| J^{-T} f(q) \| \leqq \rho \| K_P(x - x_e) \|, 0 < \rho < 1 \tag{5.23}$$

$$\| K_P(x - x_e) \| - \| J^{-T} f(q) \| > \| K_P(x - x_e) \| - \rho \| K_P(x - x_e) \| \tag{5.24}$$

그러므로

$$J^T(q)\,(K_P(x-x_e)-J^{-T}f(q)) \geqq (1-\rho)J^T(q)\,K_P(x-x_e) \tag{5.25}$$

식(5.25)는 양수가 된다. 따라서 Lyapunov함수는 양수이다.

$$\begin{aligned} &[\int_{q_e}^{q} < (1-\rho)^T(q)\,K_P(x-x_e), dq > = (1-\rho)[\int_{X_e}^{X} < K_P(x-x_e), dX > \\ &= (1-\rho)\frac{1}{2}(x-x_e)^T K_P(x-x_e) \geqq 0 \end{aligned} \tag{5.26}$$

Lyapunov 함수를 미분하면 다음과 같다.

$$\dot{L} = \frac{1}{2}\dot{q}^T\,\dot{M}(q)\dot{q} + \dot{q}^T M(q)\ddot{q} + e^T K_P \dot{e} \tag{5.27}$$

앞에서 구한 $M(q)\ddot{q} = J^T(K_P e + K_D\dot{e}) - C_m\,\dot{q} - \Delta G$를 대입하면 다음과 같다. 결과적으로 안정성을 만족하는 것을 볼 수 있다. 로봇팔 제어에서 중력텀이 정확하게 보상되지 못해도 안정성은 확보되는 것을 알 수 있다.

$$\begin{aligned} \dot{L} &= \frac{1}{2}\dot{q}^T\dot{M}(q)\dot{q} + \dot{q}^T M(q)\ddot{q} + \dot{q}^T[J^T K_P(X-X_e) - f(q)] \\ &= \dot{q}^T[(\frac{1}{2}\dot{M}(q) - C_m)\dot{q} + J^T(K_P e + K_D\dot{e}) - \Delta G] + \dot{q}^T M(q)\ddot{q} + \dot{q}^T[J^T K_P(X-X_e) - f(q)] \\ &= -\dot{X}^T K_D \dot{X} < 0 \end{aligned} \tag{5.28}$$

5.4 직교공간에서의 계산 토크 제어

직교공간의 경우 조인트 공간과 마찬가지로 계산토크 방식의 제어 법칙은 다음과 같이 쓰여질 수 있다.

$$F = \widehat{M}^*(x)v + \widehat{h}^*(x,\dot{x}) \tag{5.29}$$

$\widehat{M}^*(x)$는 로봇 관성 행렬 $M^*(x)$의 대략적인 값이고, $\widehat{h}^*(x,\dot{x}) = \widehat{C}^* + \widehat{G}^*$이다. 제어 입력 $v(t)$는 PD 형태의 제어 입력으로 다음과 같이 주어진다.

$$v = \ddot{x}_d + K_D(\dot{x}_d - \dot{x}) + K_P(x_d - x) \tag{5.30}$$

여기서 K_P와 K_D는 n x n 크기의 symmetric positive definite 이득 행렬이고, x_d는 원하는 경로이다. 식(5.30)을 식(5.29)에 대입하여 식(5.6)과 함께 연립하면

$$\widehat{M}^*(\ddot{x}_d + K_D(\dot{x}_d - \dot{x}) + K_P(x_d - x)) + \widehat{h}^* = M^*\ddot{x} + h^* \tag{5.31}$$

양변에서 $\widehat{D}^*\ddot{x}$를 빼면

$$\widehat{M}^*((\ddot{x}_d - \ddot{x}) + K_D(\dot{x}_d - \dot{x}) + K_P(x_d - x)) + \widehat{h}^* = (M^* - \widehat{M}^*)\ddot{x} + h^* \tag{5.32}$$

정리하면 다음과 같은 이차 오차 방정식을 얻는다.

$$\ddot{e} + K_D\dot{e} + K_P e = \widehat{M}^{*-1}(\Delta M^*(x)\ddot{x} + \Delta h^*(x,\dot{x})) \tag{5.33}$$

여기서

$$\Delta M^*(x) = M^*(x) - \widehat{M}^*(x), \Delta h^*(x,\dot{x}) = h(x,\dot{x}) - \widehat{h}^*(x,\dot{x}) \text{ and } e = (x_d - x).$$

모델오차가 없으면, 즉 Δ M = Δh = 0, τ_f = 0 미면 식 (5.34)는 이상적인 오차방정식이 된다.

$$\ddot{e}+K_D\dot{e}+K_Pe=0 \tag{5.34}$$

여기서 $e=x_d-x$이다.

카테시안 공간에서의 제어는 두 가지 방식으로 시뮬레이션이 가능하다.

① 첫 번째로 식(5.29)에서처럼 모든 것을 카테시안 공간에서 처리한다. 나중에 실제로 입력되는 것은 힘과 토크와의 관계를 이용한다. 모델기반제어를 하는데 있어 카테시안 동역학 식(5.29)가 필요하게 된다.

먼저 카테시안 제어입력을 계산하고

$$v=\ddot{x}_d+K_D(\dot{x}_d-\dot{x})+K_P(x_d-x)$$

카테시안 동역학 모델에 근거한 제어 법칙을 계산한다.

$$f=\widehat{M}^*(x)v+\hat{h}^*(x,\dot{x})$$

자코비안을 이용하여 힘을 토크로 변환한다.

$$\tau=J^Tf$$

② 두 번째로는 조인트 가속도와 카테시안 가속도와의 상관관계를 이용한다. 자코비안의 역행렬을 구해야 하는 부담이 있다. 카테시안의 제어입력, 즉 식(5.30)의 v를 조인트 공간의 가속도로 변형하여 앞에서 제어한 방식을 그대로 사용하면 된다.

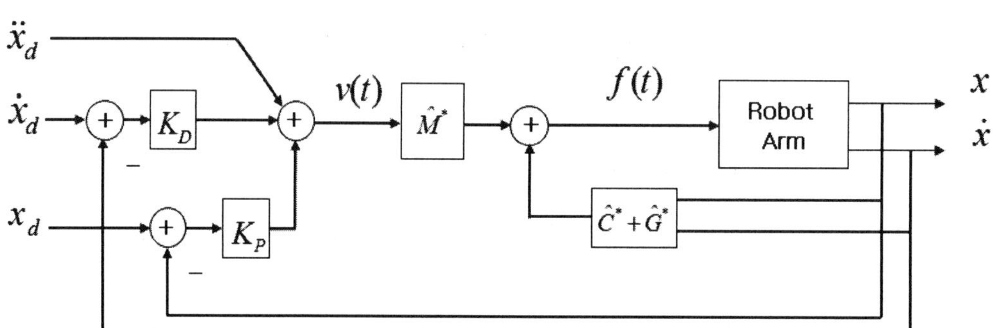

그림 5.2 직교공간에서 계산토크 제어방식 1

카테시안 공간의 동역학 모델을 사용하지 않고 조인트 공간에서의 동역학 모델을 그대로 사용하면 된다.

먼저 카테시안 제어입력을 계산하고

$$v = \ddot{x}_d + K_D(\dot{x}_d - \dot{x}) + K_P(x_d - x)$$

자코비안을 이용하여 조인트 공간으로 변환한다.

$$u = \ddot{q} = J^{-1}(v - \dot{J}\dot{q})$$

조인트 공간 동역학 모델에 근거한 제어 법칙을 계산한다.

$$\tau = \hat{M}(q)u + \hat{h}(q, \dot{q})$$

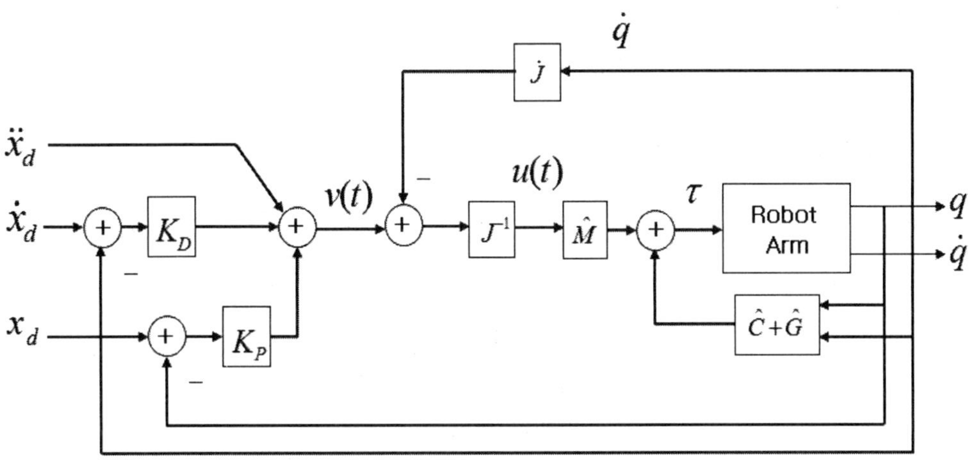

그림 5.3 직교공간에서 계산토크 제어방식 2

SIMULINK 예제 5.1 직교좌표공간에서 2축 로봇팔의 PD제어

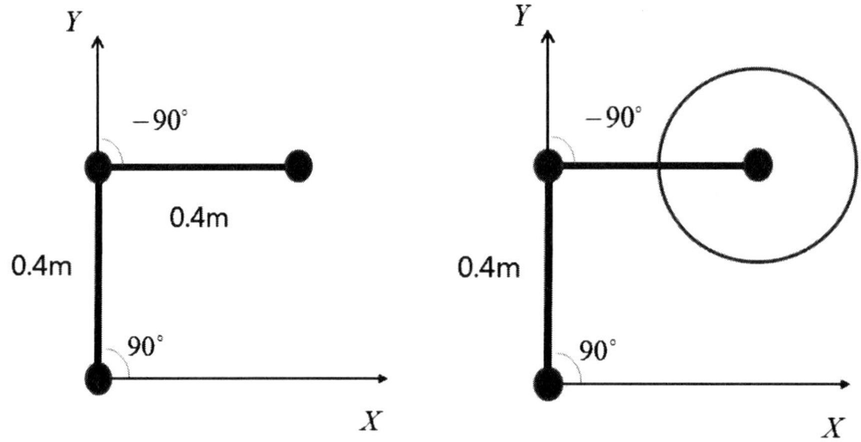

그림 5.4 로봇의 초기위치와 목표경로

① 제어법칙

$$f = K_D(\dot{x}_d - \dot{x}) + K_P\ (x_d - x)$$

② SIMULINK 프로그램

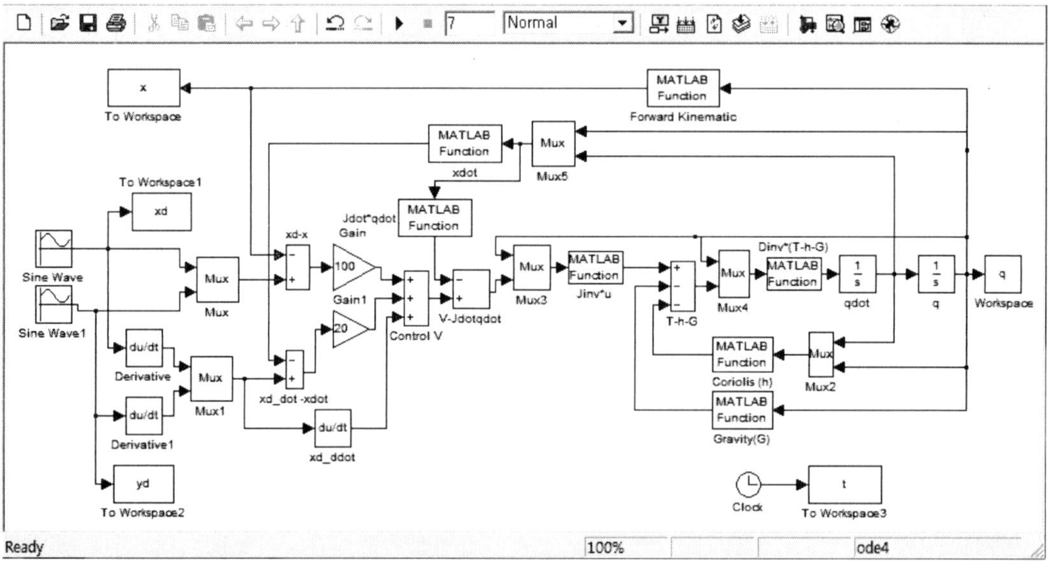

그림 5.5 직교 공간에서의 로봇 제어

③ MATLAB function

- MATLAB function : Forward Kinematics

```
function P = Forward_kin(u)
l1=0.4; l2=0.4;
q1 = u(1); q2=u(2);
Px = l1*cos(q1) + l2*cos(q1+q2);
Py = l1*sin(q1) + l2*sin(q1+q2);
P = [Px;Py];
```

$\dot{x}$ 는 자코비안에 $\dot{q}$를 곱해 구한다. $\dot{x}= J\,\dot{q}$

- MATLAB function : xdot

```
function P = Jacobian(u)
l1=0.4; l2=0.4;
q1 = u(1); q2=u(2);
J11 = -l1*sin(q1) - l2*sin(q1+q2);
J12 = -l2*sin(q1+q2);
J21 = l1*cos(q1) + l2*cos(q1+q2);
J22 = l2*cos(q1+q2);
J = [J11 J12;J21 J22];
qdot = [u(3); u(4)];
P = J * qdot;
```

$\dot{J}\,\dot{q}$ 는 다음과 같이 구한다.

- MATLAB function : Jdot*qdot

```
function Jdotqdot = Jderiv(u)
l1=0.4; l2=0.4;
q1 = u(1); q2=u(2); qdot1 = u(3); qdot2 = u(4);
```

```
Jdot11 = -l1*cos(q1)*u(3) - l2*cos(q1+q2)*(u(3)+u(4));
Jdot12 = -l2*cos(q1+q2)*(u(3)+u(4));
Jdot21 = -l1*sin(q1)*u(3) - l2*sin(q1+q2)*(u(3)+u(4));
Jdot22 = -l2*sin(q1+q2)*(u(3)+u(4));

Jdot= [Jdot11 Jdot12 ; Jdot21 Jdot22];
qdot = [u(3); u(4)];
Jdotqdot = Jdot * qdot;
```

J^{-1} 는 다음과 같이 구한다.

```
- MATLAB function : Jinv*u
function Jinv_u = Jinv(u)
m1 = 5; m2 = 5; l1 = 0.4; l2 = 0.4;
q1 = u(1); q2 = u(2);
J11 = -l1*sin(q1) - l2*sin(q1+q2);
J12 = -l2*sin(q1+q2);
J21 = l1*cos(q1) + l2*cos(q1+q2);
J22 = l2*cos(q1+q2);
J = [J11 J12 ; J21 J22];
Jinv = inv(J);
u_input = [u(3) ;u(4)];
Jinv_u = Jinv*u_input;
```

④ 시뮬레이션 내용

원경로를 추종하는 시뮬레이션을 수행해보자. 먼저 원경로를 정해야 한다. 초기위치를 (0.4m,0.4m)라 하고 반지름이 0.2m인 원을 추종하도록 기준 경로를 설정한다.

$$x_d = 0.4 + 0.2\sin(wt), y_d = 0.4 + 0.2\cos(wt)$$

⑤ **시뮬레이션 결과**

카테시안 PD제어 방식의 경우 제어기 이득값이 적절치 않으면 아래 그림과 같이 추종오차가 발생한다. 순기구학을 통해 조인트에서 카테시안 좌표를 구한다. 그림 5.6의 시뮬레이션 결과를 살펴보면 초기에 원의 중심에서 시작해서 원을 추종하려 하나 오차가 크게 나타나는 것을 볼 수 있다. 이는 모델을 사용하지 않고 제어기 이득값으로만 제어했기 때문이다.

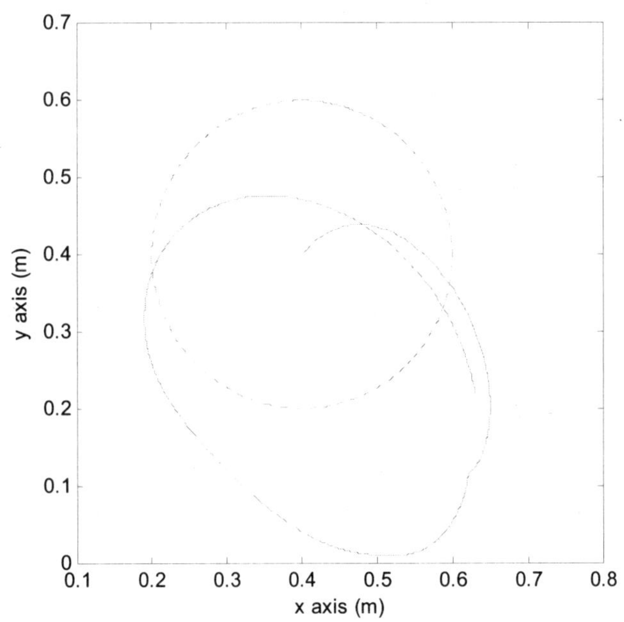

그림 5.6 직교공간에서의 위치 추종

SIMULINK 예제 5.2 직교좌표공간에서 로봇팔의 계산토크제어

① **제어법칙**

$$f=\widehat{M}^{*}(x)v+\widehat{h}^{*}(x,\dot{x}),\ \ v=\ddot{x}_d+K_D(\dot{x}_d-\dot{x})+K_P(x_d-x),\ \ \tau=J^Tf$$

② SIMULINIK 프로그램

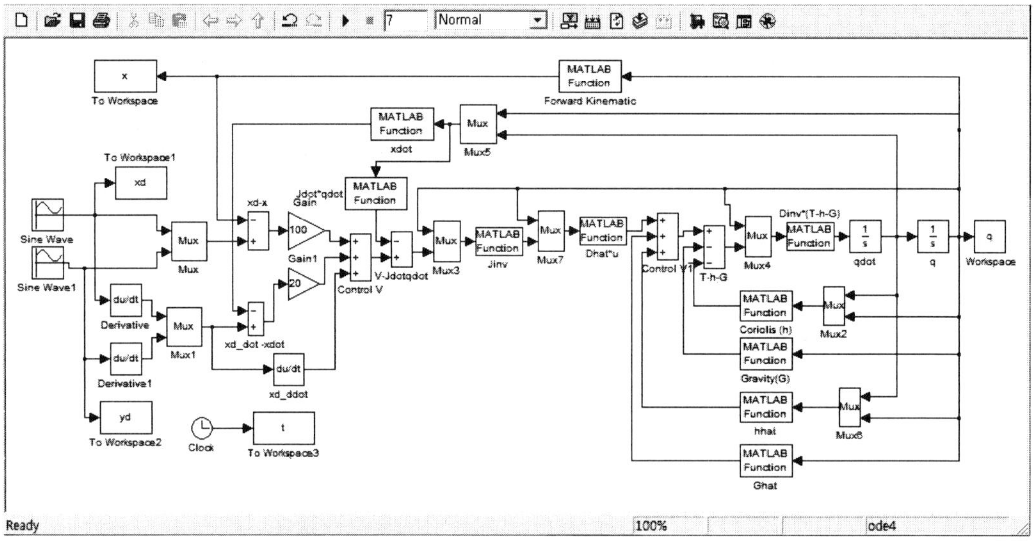

그림 5.7 계산토크 방식 시뮬레이션 (100 % 모델)

③ 시뮬레이션 결과

모델이 100% 일치하는 경우의 제어방식을 시뮬레이션 해 보았다.

그림 5.8의 PD제어의 경우와 비교해 보면 원을 잘 추종하는 것을 볼 수 있다.

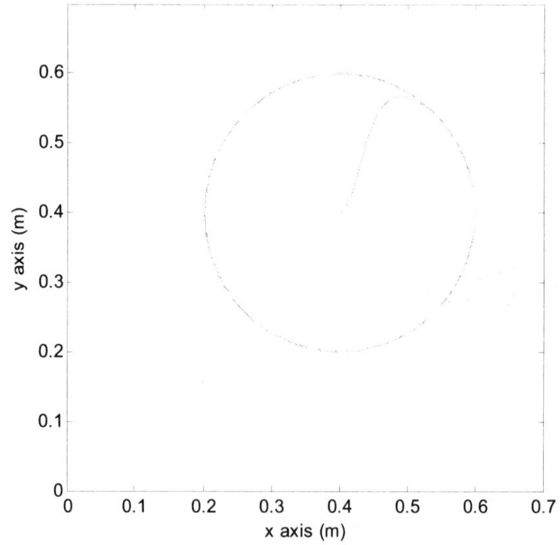

그림 5.8 계산토크 방식의 위치 추종 결과

SIMULINK 예제 5.3 직교좌표공간에서 2축 로봇팔의 신경망제어

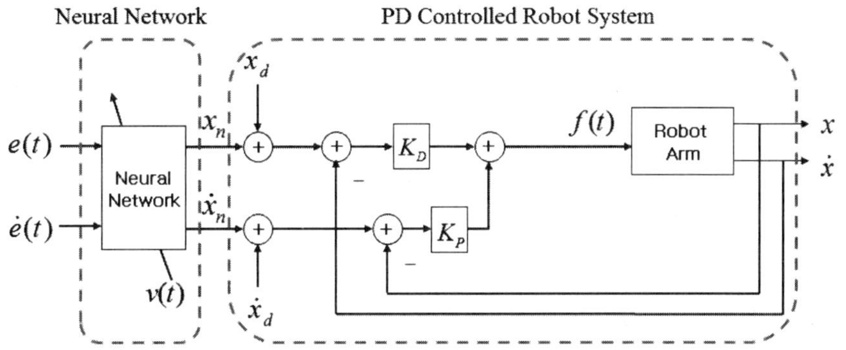

그림 5.9 직교좌표공간에서 신경회로망 RCT 보상 방식

① 제어법칙

$$f = \widehat{M}^*(x)v + \widehat{h}^*(x,\dot{x}),\ \ v = \ddot{x}_d + K_D(\dot{x}_d - \dot{x} + \dot{x}_n) + K_P(x_d - x + x_n),\ \ \tau = J^T f$$

② SIMULINIK 프로그램

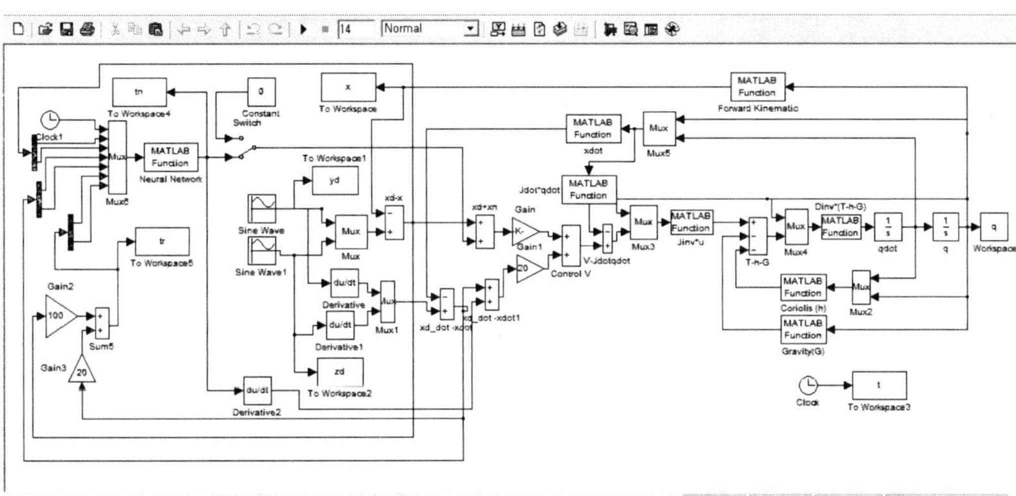

그림 5.10 직교좌표공간에서 신경회로망 RCT 보상 방식 시뮬레이션

③ 시뮬레이션 내용

모델을 사용하지 않고 PD제어에서 발생하는 추종오차를 줄이기 위해 신경회로망 제어방식을 사용하였다. 2축 로봇팔의 제어를 위해 각 축을 보상하기 위해 신경망의 출력은 2개로 하였지만 미분해서 각 조인트의 위치와 속도에 보상하였다. 그 이유는 위치에만 보상하는 경우보다 위치와 속도에 모두 보상하는 경우 제어가 더 잘되었기 때문이다.

신경회로망 구조로는 학습율 $\eta = 0.001$, 모멘텀 상수 $\alpha = 0.9$, 은닉층 뉴론의 개수는 6개를 사용하였다.

④ 시뮬레이션 결과

그림 5.11의 원 경로 추종 결과를 살펴보면 매우 잘 추종하는 것을 볼 수 있다.

신경회로망의 출력을 살펴보면 조인트 1과2의 보상 값이 반대로 나타나는 것을 볼 수 있다. 또한 학습신호는 초기에 오차를 보이다가 빠르게 영에 수렴한다. 이는 추종오차가 영에 수렴했음을 말한다.

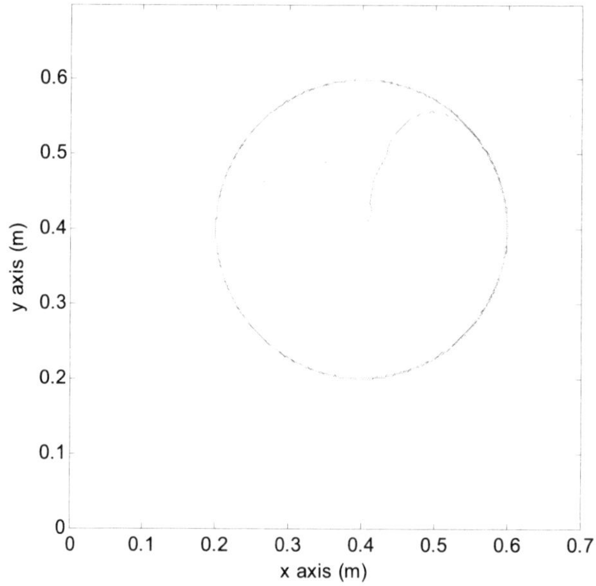

그림 5.11 신경회로망 RCT 방식의 위치 추종 결과

참 고 문 헌

[1] R. P. Paul, "Robot Manipulators : Mathematics, Programming, and Control", The MIT Press, 1981

[2] William A. Wolovich, "ROBOTICS: Basic Analysis and Design", CBS College Publishing, 1981

[3] H. Asada and J. J. Slotine, "Robot Analysis and Control", John Wiley and Sons, 1986

[4] K. S. FU, R. C. Gonzales, C. S. G. Lee, "ROBOTICS", McGraw-Hill, 1987

[5] M. W. Spong and M. Vidyasagar, "Robot Dynamics and Control", John Wiley & Sons, 1989

[6] John J. Craig, "Introduction to Robotics", Addison-Wesley Publishing, 1989

[7] Phillip J. Mckerrow, "Introduction to ROBOTICS", Addison-Wesley Publishing, 1991

[8] J. J. Slotine and W. Li, "Applied nonlinear control", Prentice Hall, 1991

[9] F. L. Lewis, C. T. Abdallah, and D. M. Dawson, "Control of Robot Manipulators", Mc millan Publishing Company, 1993

[10] R. C. Dorf and R. H. Bishop, "Modern Control Systems", Addison-Wesley, 1995

[11] Z. Qu and D. M. Dawson, "Robust Tracking Control of Robot Manipulators", IEEE Press, 1996

[12] L. Sciavicco and B. Siciliano, "Modeling and Control of Robot Manipulators", McGraw-Hill Company, 1996

[13] 정 슬, "공학도를 MATLAB 및 SIMULINK의 기초", 청문각, 2001

[14] 정 슬, "로봇공학", 충남대 출판사, 2002

[15] 정 슬, "지능시스템 I : 신경회로망의 구조와 사용법", 충남대학교 출판부, 2004

[16] 정 슬, "지능시스템 II : 지능제어", 충남대학교 출판부, 2005

[17] 정 슬, "제어시스템 분석과 MATLAB 및 SIMULINK의 활용", 청문각, 2010

[18] 임선빈, 정슬, "미정보 환경하에서의 신경회로망 힘추종 로봇제어 기술의 실험적 연구", 제어 자동화 시스템 공학 논문지, 8권 4호, pp. 338-344, 2002

[19] 전풍우, 정슬, "장님 이동로봇의 힘제어 : 분석, 시뮬레이션 및 실험", 제어 자동화 시스템 공학 논문지, 9권 10호, pp. 798-807, 2003

[20] 전풍우, 정슬, "힘제어 기반의 틈새 추종 로봇의 제작 및 제어에 관한 연구: Part II. 힘제어", 제어 자동화 시스템 공학 논문지, 11권 4호, pp. 337-343, 2005

[21] 엄일용, 석진영, 정슬, “힘자율 주행 헬리콥터의 위치 추종 제어를 위한 LQR 제어 및 신경회로망 보상 방식”, 제어 자동화 시스템 공학 논문지, 11권 11호, pp. 930-935, 2005

[22] 정슬, 하천장, “자율 주행 이동 로봇의 슬립을 고려한 횡방향 임피던스 힘제어에 대한 연구”, 제어 자동화 시스템 공학 논문지, 12권 2호, pp. 161-167, 2006

[23] 전효원, 정슬, “힘제어 기반의 로봇 팔과 인간팔의 상호 작용을 위한 임베디드 시스템 설계”, 제어 자동화 시스템 공학 논문지, 15권 11호, pp. 1096-1101, 2009

[24] 배영걸, 최호진, 정슬, “원격제어 시스템의 종로봇인 이동 로봇의 제작과 힘 추종 제어 구현”, 제어 자동화 시스템 공학 논문지, 16권 7호, pp. 681-687, 2010

6

힘제어
(Force Control)

6.1 소 개

최근에는 생산 공정이 점차 자동화됨에 따라서 로봇의 역할이나 기여도가 점점 중요해지고 있는 실정이다. 로봇을 제어하는 기술도 물건을 옮기는 단순한 위치제어에서부터 벗어나 힘과 위치의 동시 제어가 필요한 복잡하고도 세련된 방향으로 요구되어 진다. 대표적인 힘제어를 적용한 예를 보면 로봇을 사용하는 부품조립, 디버링, 광택작업, 그라인딩, peg in hole, opening door, 로봇끼리의 상호작용, 인간과의 상호작용 등이 있다. 최근 미국 NASA에서는 인공위성을 수리하는 로봇을 연구 중인데 움직이는 위성을 같은 속도로 움직이며 수리해야하므로 로봇과 인공위성과의 접촉에서 오는 힘제어를 해야 한다. 이처럼 다양한 곳에서 세련된 힘제어 기술이 요구되고 있는 실정이다.

그림 6.1은 힘센서를 장착한 로봇의 end-effector와 도구를 보여주고 있다.

로봇을 응용한 디버링 작업은 힘 제어의 대표적인 한 예로서 일반 산업 공정, 특히 주물 생산 공정이나 절삭 가공 후의 뒷처리 공정으로 많이 쓰인다. 로봇을 사용해서 대상(주물)의 거친 표면을 부드럽게 하려면 적당한 힘을 대상 표면에 가한 상태로 대상의 표면을 따라 움직이면서 로봇 팔 끝(end-effector)에 부착되어 있는 절삭도구로 버를 없앤다 [1,2]. 버를 없애는 디버링 작업을 하기 위해서는 로봇 팔 끝이 대상과의 접촉을 계속 유지, 대상이 일정한 힘을 받도록 조절하면서 주어진 경로를 따라가야 하는데, 이때 로봇과 대상사이의 접촉으로 생기는 힘을 제어하는 것이 힘 제어이다.

로봇이 대상과 접촉시 자유 공간(free space)에서 설계된 위치 제어만을 직접 적용해서 로봇을 제어하면 로봇과 대상과의 동적 관계를 무시하게 되므로 안정성이 떨어지게 된다. 위치를 제어함과 동시에 힘을 제어하여야 하는데 이를 힘제어라 한다. 디버링 작

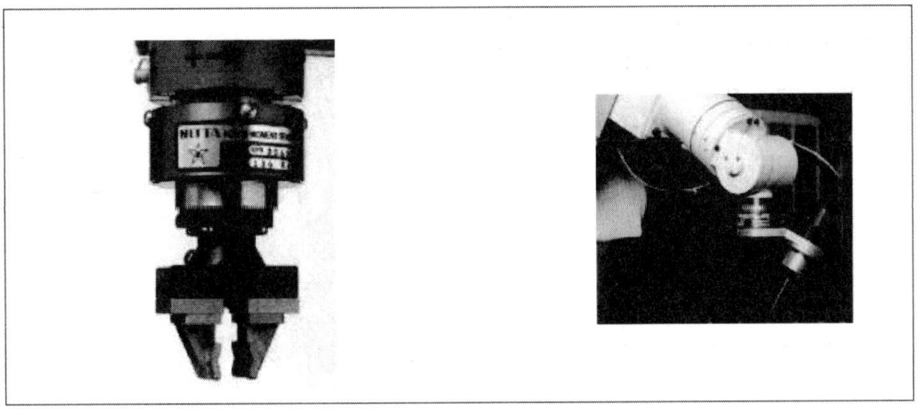

그림 6.1 힘센서를 장착한 로봇

업 후의 공정으로는 대상의 표면을 문질러서 광택을 내는 공정으로 적당한 힘을 대상에 적용해 매끄럽게 사포질하는 작업이 있다. 이 또한 힘과 위치의 동시 제어가 필요하다. 한 예로 미국의 대표적인 자동차 회사인 GM(General Motors)에서는 차의 표면에 페인트를 칠하기 전에 사람이 사포로 면을 고르게 하였다. 하지만 이처럼 사람이 엎드려서 하는 반복적인 작업은 노동자들의 허리에 많은 고통을 주게 되었고, 그에 따른 문제를 해결하고자 최근에는 로봇으로 사람을 대체하기 시작하였다. 하지만 아직도 해결해야할 문제가 많으므로 연구가 계속 되고 있는 실정이다. 힘 제어에서 로봇이 대상체를 누르는 힘의 크기는 주어진 경로(reference trajectory)에 도달하기 위해 로봇의 팔 끝이 얼마만큼 대상에 의해 한정되는 가에 따라서 정해진다.

힘제어에는 다양한 기술[3,4]이 있지만 대표적인 힘 제어 방법으로는 임피던스 제어방식[5]과 하이브리드 힘 제어방식[6]들이 주류를 이룬다. 임피던스 제어방식은 힘과 위치를 직접 제어하는 것이 아니라 로봇 팔 끝의 위치와 대상으로부터의 반영된 힘과의 동적 관계를 조절함으로써 간접적으로 제어하기 때문에 원하는 힘을 직접 기준 입력으로 표시하지 못하는 단점이 있다[5]. 반면에, 하이브리드 힘 제어방식에서는 힘을 제어할 수 있는 방향과 위치를 제어할 수 있는 방향을 선택 행렬을 사용하여 정하기 때문에 원하는 힘과 위치를 직접 제어할 수 있으나, 로봇과 대상 사이의 동적인 상관관계를 무시함으로써 나타나는 힘의 과도응답을 제어하지 못 하는 단점이 있다 [6]. 임피던스 제어방식과 하이브리드 제어방식의 이점을 고려한 제어방식으로 하이브리드 임피던스 제어방식이 제안된 바 있다 [7,8].

최근에는 인공 지능의 한 분야인 신경회로망을 이용하여 불확실성을 보상하거나 임피던스 힘 제어방식에 직접 원하는 기준 힘을 따라갈 수 있는 방법에 관한 많은 연구

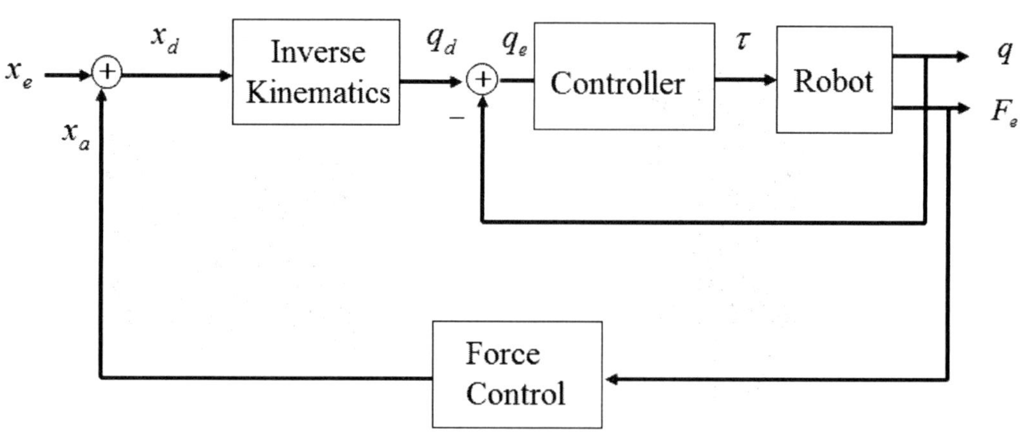

그림 6.2 위치기반 힘제어 구조

가 진행되고 있다[4,9]. 여기서 설명하는 제어방식도 임피던스 제어방식에 근거하여 하이브리드 힘 제어방식의 이점인 주어진 힘을 따라가도록 하는 제어방식이다.

기존의 임피던스 힘 제어를 사용해서 디버링 작업을 하려면 로봇 팔 끝에 부착된 디버링 도구가 전체 로봇 동적 모형에 미치는 영향과 대상(주물)의 강성도(stiffness)와 위치(location) 등에 관한 정확한 사전 지식이 있어야만 원하는 힘을 제어하는 디버링 작업을 잘 수행할 수 있다. 그렇지만, 이러한 지식들은 미리 알기도 어렵고 정확하게 측정하기가 어렵기 때문에 어느 정도의 측정오차를 허용하는 강건한 힘제어 기술이 필요하다. 먼저 disturbance rejection 알고리즘[11,12]을 사용하여 로봇 모형과 마찰력 등의 동적 불확실성을 보상하여 위치 제어를 정확하게 하도록 하고 대상의 강성도를 알 필요 없이 강성도를 측정된 힘과 위치로 인식하는 경로 조정 알고리즘[13]을 사용하여 기존의 임피던스 힘 제어방식에서 원하는 힘을 따라가도록 한다. 입력으로 힘을 설정할 수 있기 때문에 힘을 따라 갈 수는 있지만 대상의 위치를 정확하게 알지 못하면 오차가 생긴다. 시각 센서를 통해서 얻은 대상의 위치 오차에서 오는 단점을 보완하기 위해서 적응 제어방식을 제안한다. 적응제어방식은 부정확한 대상의 위치 측정에서 생기는 힘의 오차를 점차 줄여 가는 것이다. 적응제어방식의 안정성과 수렴도를 이론적으로 분석하여 설명한다. 그러므로, 적응제어방식은 안정성이 보장이 되고, 원하는 힘으로 수렴하는 간단하며 강건한 힘제어방식이다.

결과적으로 3축 로봇의 모델로 시뮬레이션을 함으로써 제안하는 적응제어 알고리즘의 성능을 검증한다. 열악한 상황에서의 힘제어의 결과는 매우 만족할 만 하다.

6.2 힘제어의 예 : 디버링과 표면 광택 작업 환경

디버링 작업은 간단히 버를 없애는 공정으로 사출 성형이나 주물 공정을 거친 후의 대상의 거친 표면을 다듬는 공정을 말한다. 디버링 작업에 로봇이 쓰이는 이유는 같은 물체의 반복적인 작업을 간단히 할 수 있고, 디버링 작업 중에 생기는 파편이 인체에 해롭기 때문이다. 그림 6.3은 3 차원의 버를 가진 대상의 한 예를 나타낸다. 로봇 팔 끝의 절삭 도구는 힘센서를 통해 연결된다. 그림 6.3에 나타난 버를 제거하는 방법으로 임피던스 힘 제어 방법을 사용하는 경우를 살펴보면, 로봇이 버와 접촉을 했을 때 갑작스런 힘이 생겨 디버링 도구를 부러뜨리거나 상하게 할 수 있는 안정성의 우려가 있다. 이러한 경우는 임시방편으로 힘을 작게 조절함으로써 해결할 수 있지만, 버가 완전히 제거될 때까지 같은 작업을 여러 번 반복해야 하기 때문에 작업의 효율성이 떨어진다.

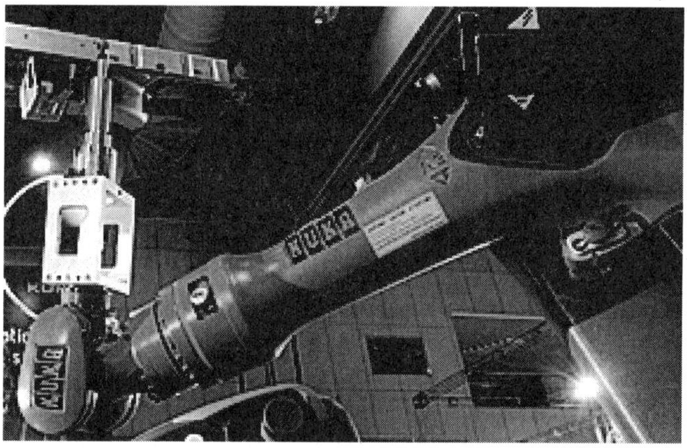

그림 6.3 버제거 과정

따라서 로봇을 응용한 디버링 작업에서는 안정성과 효율성을 함께 고려한 한도 내에서 최대의 효율을 취할 수 있는 힘을 설정하여 버를 제거하는 것이 바람직하다.

버를 효율적으로 제거하는 한 방법으로 버가 있는 곳과 버가 없는 곳을 달리 제어하는 방법이 필요하다. 그림 6.3에서 보는 바와 같이 버가 없는 부분은 위치제어나 작은 힘을 제어하는 기존의 임피던스 힘제어 방식을 사용하고, 버가 있는 부분은 힘을 조절할 수 있는 임피던스 힘제어 방식을 사용하여 힘을 증가시킨다. 그리하면, 버를 한 번에 효율적으로 제거할 수 있다.

시각 센서 시스템은 하나의 부수적인 시스템으로 버의 위치와 모양, 크기 등을 인식함으로써 힘 제어방식을 돕는다. 기존에 있는 삼차 시각 시스템으로는 레이저를 이용한 상업용 CAD 시스템이 있는데 정확도가 떨어지고 가격이 또한 비싸다. 또한 버의 위치와 모양이 일정치 않기 때문에 수시로 구경 측정(calibration)을 해야 하는 단점이 있다. 무작위로 나타나는 버의 모양과 크기 등을 검출하는 삼차원 시각 시스템의 개발은 지금 연구가 활발히 진행되고 있는 분야의 하나로 아직 디버링 작업에 사용하기는 시각 인식 기술이 뒷받침하지 못하는 실정이다.

디버링 후에 해야 하는 공정 중의 하나는 표면 광택 작업이다. 표면 광택 작업은 말 그대로 물체의 표면을 매끄럽게 가공하는 일이다. 표면 광택 작업은 대상의 전체 표면에 적당한 힘을 제어하면 되므로 버의 위치를 미리 알아야 하는 디버링 작업보다는 다소 간단하다. 하지만 표면이 고르지 않아 표면에 높낮이가 있다면 작업이 훨씬 어려워진다. 그러므로, 시각 시스템의 도움이 없이도 디버링이나 표면 광택 작업을 잘 수행할 수 있는 새로운 힘제어 기술이 필요하다.

6.3 직교좌표에서의 로봇의 동적 모형

힘제어는 직교공간좌표에서 적용되므로 로봇을 직교공간에서 제어하면 편리하다. 직교공간에서의 로봇 동력학을 구해보자.

관절이 n인 로봇의 동적 방정식은 다음과 같다.

$$M(q)\ddot{q}+h(q,\dot{q})+\tau_f(\dot{q})=\tau \tag{6.1}$$

$M(q)$는 n x n 관성 행렬, h 는 n x 1 Coriolis, 원심력과 중력 벡터, $q,\dot{q}$, $\ddot{q}$ 는 각각 n x 1 관절의 각, 각 속도, 각가속도 벡터이고, τ_f 는 n x 1 마찰력이고, τ는 n x 1 토크 벡터이다. 관절 공간에서 카테시안(Cartesian) 공간으로의 변환은 자코비안 행렬을 사용하는 동기구학(Motion Kinematics)을 통해 이루어진다.

$$\dot{q}=J^{-1}\dot{x} \tag{6.2}$$

여기서 x는 n x 1 직교좌표의 위치이다.

식 (6.2)를 미분하면 각 가속도를 얻는다.

$$\ddot{q}=J^{-1}(\ddot{x}-\dot{J}\dot{q}) \tag{6.3}$$

식 (6.2)와 (6.3)을 식 (6.1)에 대입하면 다음과 같다.

$$M(q)(J^{-1}(\ddot{x}-\dot{J}\dot{q}))+h(q,\dot{q})+\tau_f(\dot{q})=J^TF \tag{6.4}$$

식(6.2)를 (6.4)에 대입한 뒤에 양변을 J^{-T}로 곱하고 정리하면

$$J^{-T}M(q)J^{-1}\ddot{x}-J^{-T}M(q)J^{-1}\dot{J}(J^{-1}\dot{x})+J^{-T}h(q,\dot{q})+J^{-T}\tau_f=F \tag{6.5}$$

카테시안 공간에서의 로봇 동적 모형을 다음과 같이 구할 수 있다.

$$M^*(x)\ddot{x}+h^*(x,\dot{x})+F_f^*=F \tag{6.6}$$

$M^* = J^{-T}MJ^{-1}$는 Cartesian 관성 행렬, $h^* = J^{-T}h - M^*\dot{J}J^{-1}\dot{x}$는 Cartesian Coriolis, 원심력, 중력, $F_f^* = J^{-T}\tau_f$는 마찰력, F는 실제 구동하는 힘이다. 식(6.6)은 비선형이고 각 방향이 서로 연관되어 있기 때문에 토크 계산 방식(computed-torque)을 사용하여 선형화하고 분리시켜 제어한다.

6.4 직교공간에서의 제어

직교공간의 경우 조인트 공간과 마찬가지로 계산토크 방식의 제어 법칙은 다음과 같이 쓰여질 수 있다.

$$F = \hat{M}^*(x)v + \hat{h}^*(x,\dot{x}) \tag{6.7}$$

$\hat{M}^*(x)$는 로봇 관성 행렬 $M^*(x)$의 대략적인 값이고, $\hat{h}^*(x,\dot{x}) = \hat{C}^* + \hat{G}^*$이다. 제어 입력 $v(t)$는 PD 형태의 제어 입력으로 다음과 같이 주어진다.

$$v = \ddot{x}_d + K_D(\dot{x}_d - \dot{x}) + K_P(x_d - x) \tag{6.8}$$

여기서 K_P와 K_D는 n x n 크기의 symmetric positive definite 이득 행렬이고, x_d는 원하는 경로이다. 식(6.8)을 식(6.7)에 대입하여 식(6.6)과 함께 연립하면

$$\hat{M}^*(\ddot{x}_d + K_D(\dot{x}_d - \dot{x}) + K_P(x_d - x)) + \hat{h}^* = M^*\ddot{x} + h^* \tag{6.9}$$

양변에서 $\widehat{M^*}\ddot{x}$를 빼면

$$\hat{M}^*((\ddot{x}_d - \ddot{x}) + K_D(\dot{x}_d - \dot{x}) + K_P(x_d - x)) + \hat{h}^* = (M^* - \hat{M}^*)\ddot{x} + h^* \tag{6.10}$$

정리하면 다음과 같은 이차 오차 방정식을 얻는다.

$$\ddot{e} + K_D\dot{e} + K_P e = \widehat{M^*}^{-1}(\Delta M^*(x)\ddot{x} + \Delta h^*(x,\dot{x})) \tag{6.11}$$

여기서

$$\Delta M^*(x) = M^*(x) - \widehat{M}^*(x), \Delta h^*(x,\dot{x}) = h(x,\dot{x}) - \widehat{h}^*(x,\dot{x}) \text{ and} e = (x_d - x).$$

모델오차가 없으면, 즉 Δ M = Δh = 0, τ_f = 0 이면 식 (6.10)은 이상적인 오차방정식이 된다.

$$\ddot{e} + K_D\dot{e} + K_P e = 0 \tag{6.12}$$

여기서 $e = x_d - x$이다.

6.5 로봇과 환경의 관계

그림 6.4는 대상의 강성도가 k_e이고 위치가 x_e인 대상에 질량이 m인 로봇이 적당한 힘 f를 적용하고 있는 것을 나타낸다.

로봇은 주어진 경로 x_d를 추종하기 위해 움직이므로 x_d를 설정하는 것이 중요하다. x_d를 대상의 안쪽으로 설정하면 할수록 누르는 힘의 크기가 커진다. 가상적인 힘은 다음과 같이 모델링할 수 있다.

$$f_e = k_e(x - x_e) \tag{6.13}$$

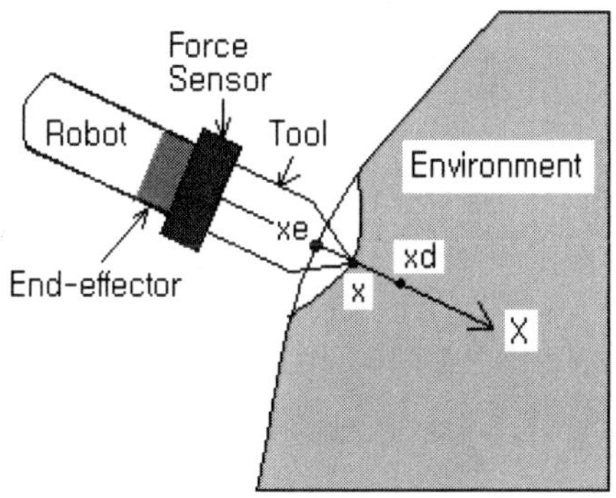

그림 6.4 로봇과 환경

6.5.1 강체인 환경

만약 환경을 단순한 강체라 하면 환경의 모델을 간단한 스프링으로 모델할 수 있다. 동력학 식은 다음과 같다.

$$f = m\ddot{x} + f_e + f_{dist} \tag{6.14}$$

여기서 x는 움직인 변위를 나타내고 f는 로봇이 대상에 누르는 힘이고 f_e는 대상으로부터의 접촉힘, 그리고 f_{dist}는 외란힘이다. 한 방향으로 힘이 적용된다고 가정하면 대상으로 부터의 힘, 즉 힘센서에서 측정되는 힘은 다음과 같이 모델할 수 있다.

$$f_e = k_e x \tag{6.15}$$

여기서 k_e는 대상의 강성도로 단위는 N/m이다. 일반적으로 스프링의 경우에는 수천 N/m이고 금속의 강성도는 수만에서 수십만 N/m이다.

식(6.15)를 식(6.14)에 대입하면 다음과 같다.

$$m\ddot{x} + k_e x + f_{dist} = f \tag{6.16}$$

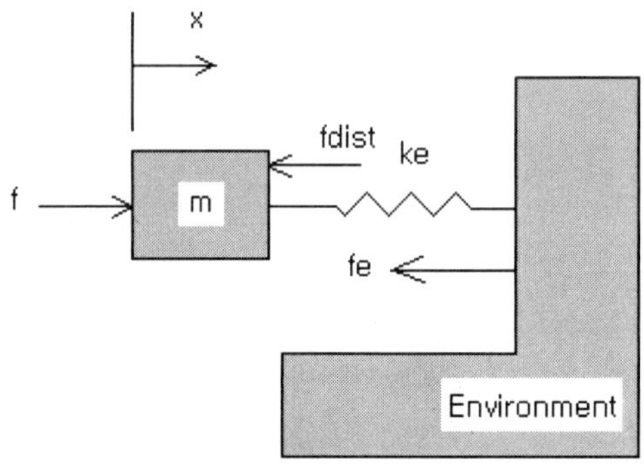

그림 6.5 스프링 모델의 환경

6.5.2 댐핑이 있는 환경의 경우

만약 환경을 댐핑과 강성으로 모델하면 다음과 같다.

$$f = m\ddot{x} + b\dot{x} + k_e x + f_e + f_{dist} \tag{6.17}$$

6.5.3 PD 제어의 적용

제어 법칙으로 PD 제어기를 사용하면 다음과 같다.

$$f = k_p(x_d - x) - k_d\dot{x} \tag{6.18}$$

$f_{dist} = 0$이라 가정하고 식(6.18)을 (6.16)에 대입하면

$$m\ddot{x} + k_e(x - x_e) = k_p(x_d - x) - k_d\dot{x} \tag{6.19}$$

정리하면 다음과 같다.

$$m\ddot{x} + k_d\dot{x} + (k_e + k_p)x = k_p x_d + k_e x_e \tag{6.20}$$

식(6.20)에서 정상상태에서 x는

$$x = \frac{k_p x_d + k_e x_e}{k_e + k_p} \tag{6.21}$$

식(6.21)을 식(6.13)에 대입하면 정상상태에서 힘은 다음과 같다.

$$
\begin{aligned}
f_e &= k_e\left(\frac{k_p x_d + k_e x_e}{k_e + k_p} - x_e\right) \\
&= k_e\left(\frac{k_p x_d + k_e x_e - k_e x_e - k_p x_e}{k_e + k_p}\right) \\
&= \frac{k_e \cdot k_p}{k_e + k_p}(x_d - x_e) \\
&= k_{eff}(x_d - x_e)
\end{aligned}
\tag{6.22}
$$

여기서 $\frac{1}{k_{eff}} = \frac{1}{k_e} + \frac{1}{k_p}$

식(6.22)에서 힘 f_e를 원하는 힘 f_d로 바꾸면 기준 경로 x_d는 다음과 같이 설정할 수 있다.

$$
x_d = x_e + \frac{f_d}{k_{eff}} \tag{6.23}
$$

따라서 원하는 힘 $f_e = f_d$를 얻기 위해서는 식(6.23)을 만족하는 힘의 방향으로의 위치 경로 x_d를 설정하여야 하는데 이때 필요한 정보가 대상의 위치 x_e와 대상의 강성도 k_e이다. 대상의 위치 x_e와 대상의 강성도 k_e는 대상체에 따라 다르고 작업에 따라 달라지므로 정확한 값을 얻는 것이 어렵다.

결과적으로 능동강성제어는 직접 원하는 힘 f_d를 제어하지 못하고 간접적으로 기준 위치 x_d를 조절하므로 힘 f_e를 제어하게 되는데 x_d를 구하기 위해 필요한 정보들 대상의 위치 x_e와 대상의 강성도 k_e를 정확하게 알아야 하는 문제점이 있다. 이러한 단점을 보완하는 제어방식이 다음 장에 소개될 힘제어방식이다.

6.6 힘 제어방식 소개

6.6.1 수동 및 능동 힘제어방식

힘제어를 하기 위한 기본적인 방식으로는 수동방식(Passive)과 능동(Active)방식이 있다. 수동방식은 RCC(Remote Center Compliance)라는 기계적인 도구를 사용하여 로봇과 대상사이에 컴플라인인스를 주는 것이다. 한 예로 로봇이 구멍에 작은 막대를 넣는 경우를 살펴보면 정확하게 구멍에 수직인 방향으로 넣지 않으면 옆 벽면에 닿아 넣기가 매우 힘이 든다. 막대가 벽면에 걸려 움직이지 않는다면 막대가 수직 방향으로 들어가도록 틀어서 넣어야 한다. 만약 로봇이 아니라 사람이 손으로 한다면 쉽게 넣을 수 있다. 사람 손은 자유도가 많아 충분한 컴플라이언스를 제공하기 때문이다. 사람은 막대를 넣다가 막히게 되면 막대를 이리저리 움직이며 삽입하면 쉽게 넣을 수 있다. 이처럼 RCC는 사람 손과 같이 충분한 자유도는 갖고 있지 않지만 특별히 물건을 구멍에 삽입하는 힘제어 작업에 맞도록 설계된 기구이다.

수동방식에 반해 능동방식은 컴플라이언스 도구를 사용하지 않는 대신에 힘센서를 사용한다. 최근에는 기술의 발달로 힘센서 안에 데이터를 처리하는 회로가 내장되어 있어 더 간편해 졌다. 로봇을 사용한 힘제어용 힘센서로는 6축의 힘($F_x, F_y, F_x, M_x, M_y, M_z$)을 감지하는 센서가 주로 사용된다. 또한 최근에는 다양한 분야에서 다양한 형태로 힘제어를 적용하므로 힘센서를 사용하는 능동방식이 많이 사용되고 있는 실정이다. 일반적으로 힘제어가 위치제어 보다 더 어려운 이유는 힘센서의 정확도가 엔코더와 같은 위치센서보다 떨어지기 때문이다.

그림 6.6 RCC

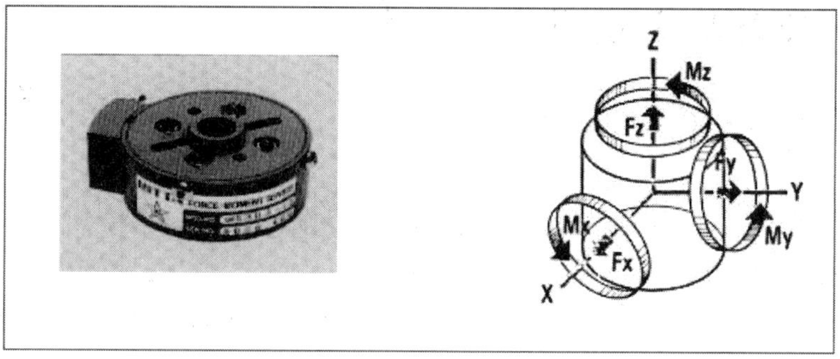

그림 6.7 힘센서

6.6.2 능동 힘제어방식

능동 힘제어방식의 기본으로는 Salisbury의 능동 강성 힘제어방식(Active stiffness control)이 있다. 이 방식은 사용자가 제어 법칙에서 강성 행렬(stiffness matrix)을 설정하므로 로봇과 대상 사이에 능동적인 컴플라인언스(Compliance)를 생성한다. 사용자는 힘을 제어하는 방향으로는 강성을 작게 설정하고 위치를 제어하는 방향으로는 크게 설정한다. 사용자가 설정하는 제어 법칙을 보면

$$\tau = J^T K_P J(q_d - q) - K_D \dot{q} \tag{6.24}$$

여기서 J는 자코비안 행렬, K_P는 강성 행렬, $q, q_d, \dot{q}$는 각각 실제 조인트 각과 원하는 조인트 각 그리고 각속도이다. 여기서 $J^T K_P J$를 조인트 강성 행렬(Joint stiffness matrix)이라 부른다. 따라서 K_P, K_D를 설정함에 따라 로봇의 강성이 결정되므로 방향성을 고려해 설정한다. 식(6.24)를 살펴보면 PD 제어방식과 매우 흡사함을 알 수 있으므로 대략적인 응답을 기대할 수 있다.

직교공간에서 빠른 움직임에 대처하도록 $\dot{x}_d$를 넣어 직교공간에서 제어법칙을 재설계하면 다음과 같다.

$$\tau = J^T (K_P (x_d - x) + K_D (\dot{x}_d - \dot{x})) \tag{6.25}$$

로봇 동력학을 보상하는 요소들을 함께 넣어 카테시안 공간에서 제어 법칙을 다시 설계하면 다음과 같다.

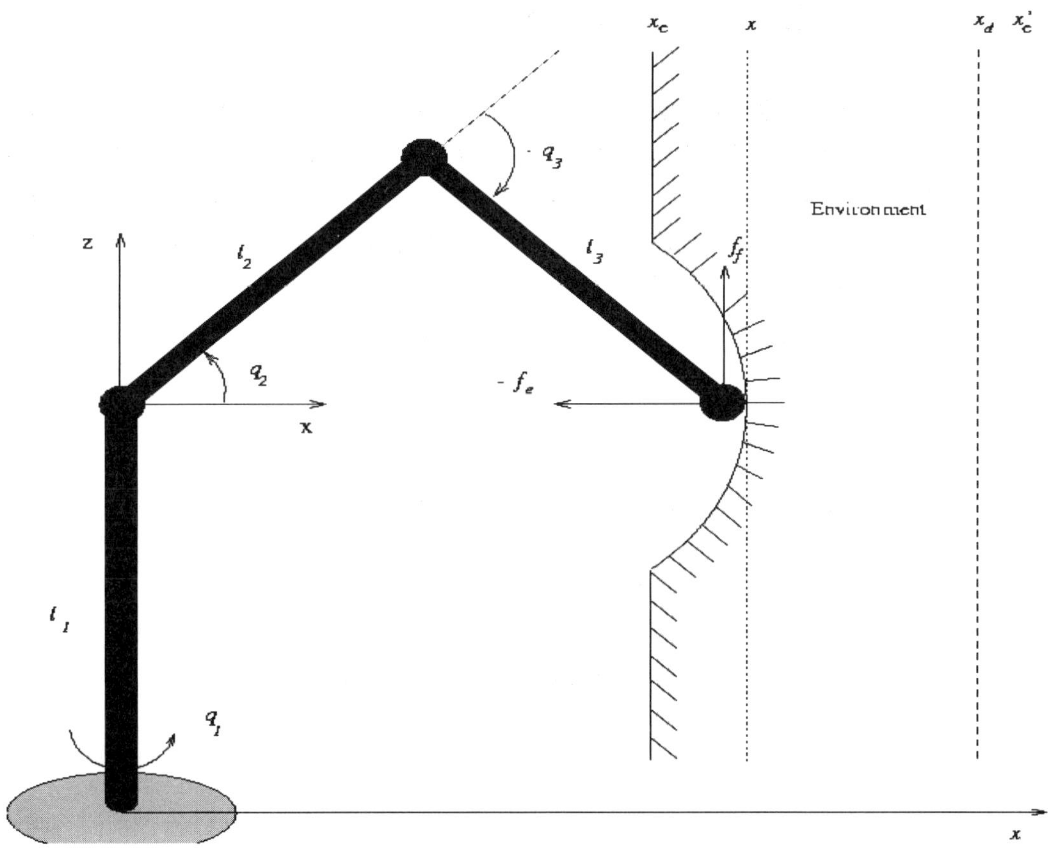

그림 6.8 로봇과 환경과의 관계

$$F = K_P(x_d - x) + K_D(\dot{x}_D - \dot{x}) + F_e + h^* \tag{6.26}$$

식(6.25)와 식(6.6)과 연립하면 다음과 같은 식이 유도된다.

$$M^*\ddot{x} - K_D(\dot{x}_D - \dot{x}) - K_P(x_D - x) = 0 \tag{6.27}$$

식(6.25)에서 보듯이 능동 강성 힘제어는 힘추종 능력이 결여되어 있고 위치제어에 의해 힘제어를 하므로 힘제어가 정확하지 못하다. 디버링이나 표면 광택작업을 하려면 원하는 힘을 추종해야 하므로 능동 강성 제어방식으로는 어렵다.

6.7 하이브리드 힘 제어방식

힘제어를 할 경우에는 힘을 제어해야 하는 방향과 위치를 선택적으로 결정한다. 이처럼 힘의 제어하는 방향과 위치를 제어하는 방향은 1과 0의 원소의 다이아고날로 된 선택행렬 S를 사용하여 구별할 수 있다. 예를 들어 힘을 제어하는 방향은 1로 설정하고 위치를 제어하는 방향은 0으로 설정하여 따로 나누어서 제어한다. 따라서 작업에 따라서 작업 중에 선택행렬은 수시로 변해야한다.

하이브리드 힘제어의 제어 법칙은 다음과 같다.

$$F = F_P + F_F + h^* + F_e \tag{6.28}$$

여기서 F_P와 F_F는 아래의 각각 위치 제어법칙과 힘제어 법칙을 나타낸다.

$$F_P = M^*(I - S)(\ddot{x}_d + K_{DP}\dot{e}_P + K_{PP}e_P) \tag{6.29}$$

$$F_F = M^* S K_e^{-1}(\ddot{F}_d + K_{DF}\dot{e}_F + K_{PF}e_F) \tag{6.30}$$

여기서 $e_P = x_d - x$, $e_F = F_d - F_e$이다.

식(6.30)에서 보듯이 제어 법칙 F_F는 대상의 강성도 K_e의 정보를 미리 알아야 한다. 한 방향의 선택행렬의 값이 위치제어를 선택할 경우에 식(6.28), (6.29)과 식(6.6)을 연립하면 다음과 같은 위치 오차의 이차방정식으로 표현된다.

$$\ddot{e}_P + K_{DP}\dot{e}_P + K_{PP}e_P = 0 \tag{6.31}$$

마찬가지로 식(6.28)과 식(6.30)을 연립하면 힘의 오차로 된 이차 방정식으로 표현된다.

$$\ddot{e}_F + K_{DF}\dot{e}_F + K_{PF}e_F = 0 \tag{6.32}$$

따라서 위치나 힘이 각각 제어되는 방향에서 식(6.31)에서는 위치제어를 식(6.32)에서는 힘제어를 영으로 수렴하게 하여 원하는 위치와 힘을 만족하게 하는 것이다. 그림 6.9에 하이브리드 힘제어방식이 나타나 있다. 위치 제어부분과 힘제어 부분이 선택행렬에 의해 각각 구별되어 제어 법칙을 이루고 있다. 그림 6.10에서 보여진 것처럼 하이브리드 힘제어방식에서는 원하는 힘을 직접 설정할 수 있다. 하지만 물체와 접촉시에 로

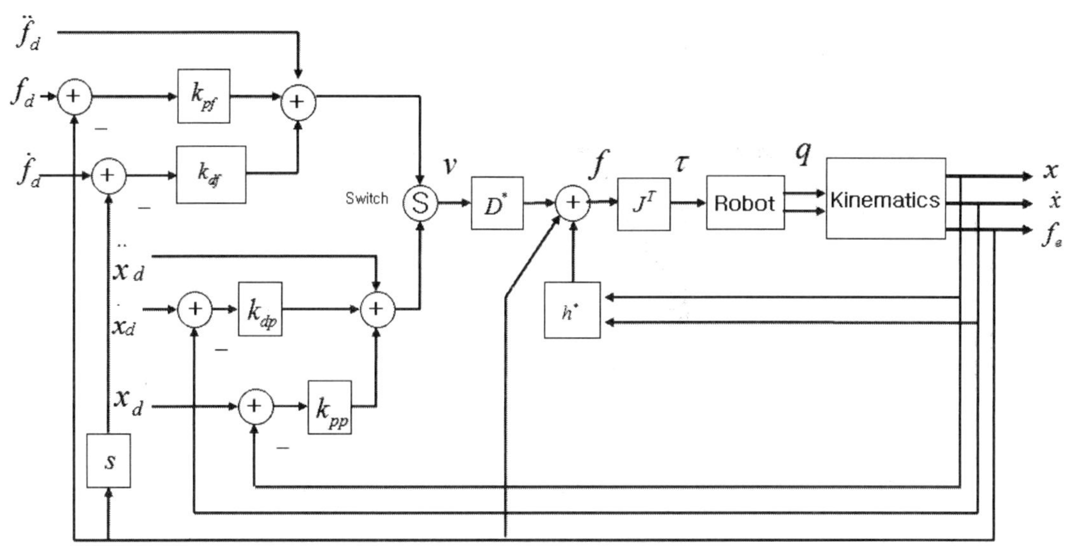

그림 6.9 하이브리드 힘제어방식

봇 팔 끝과 물체와의 동력학 관계를 고려하지 않았으므로 임팩트 힘이 크게 나타나 제어하기 힘든 것을 알 수 있다. 또한 작업이 힘제어와 위치제어로 바뀔 때마다 그에 따른 선택행렬이 바뀌어야 하는 단점이 있다. 따라서 작업에 따라서 작업 중에 선택행렬은 수시로 변해야 하는데, 작업이 바뀔 때마다 매번 적절하게 변환해야하는 어려운 점이 생긴다.

SIMULINK 예제 6.1 로봇팔의 하이브리드 힘제어

2축 로봇팔은 링크의 길이가 각각 0.4 m이고 무게는 각각 5 Kg이다. 초기 위치는 xy = (0.6, 0.3464)m 이고 초기 각은 q=(pi/3, -pi/3)이다. 대상체의 강성도는 ke= 30,000 N/m로 설정하였다. X축은 힘제어이고 Y축은 위치제어이다. X축에 적용되는 기준힘은 10N을 설정하고 Y 축은 사인파로 설정되었다.

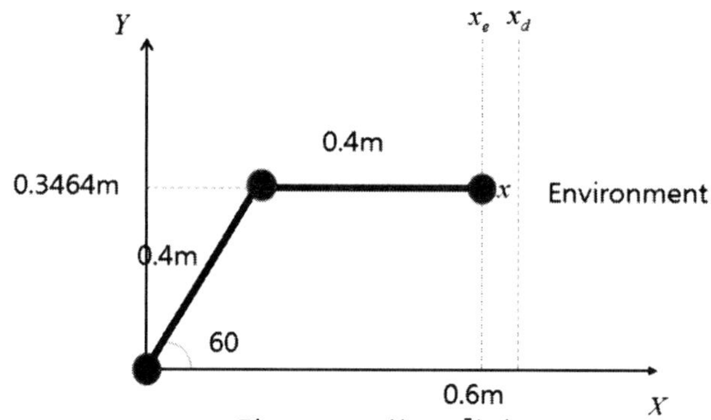

그림 6.10 로봇의 환경

① **제어법칙**

$$\tau = \widehat{M}u + \hat{h}, \ u = J^{-1}(v - \dot{J}\dot{q}) \ ,$$

힘제어 방향 : $v_f = 1/k_e(k_i \int (f_d - f_e)dt + k_p(f_d - f_e) + k_d(\dot{f}_d - \dot{f}_e))$

위치제어 방향 : $v_p = b(\dot{y}_d - \dot{y}) + k(y_d - y)$

② **SIMULINK 프로그램**

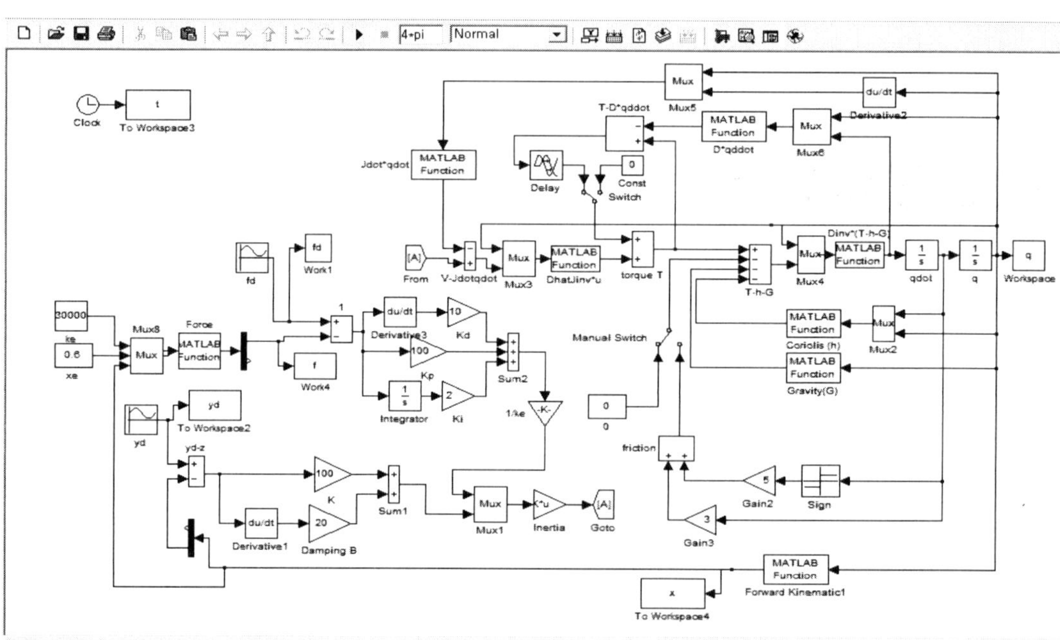

그림 6.11하이브리드 힘제어 시뮬레이션 블록도

③ **시뮬레이션 내용**

시간지연제어기를 통해 모델링 오차를 보상하였다. 힘제어 PID 게인값은 $[k_p, k_i, k_d]$ = [100, 2, 10]을 사용하였고 위치제어기의 이득값은 $[k_p, k_d]$ = [100, 10]을 사용하였다. 중요한 것은 힘제어 PID 출력을 강성도 값, k_e으로 나누어서 위치제어와 스케일을 맞추어야 하는 것이다. 기준힘과 위치는 사인파로 설정하였다.

$$f_d = 20 + 10\sin(wt),\ y_d = 0.3436 + 0.05\sin(wt)$$

④ **시뮬레이션 결과**

그림 6.12에서 보면 힘추종과 위치 추종이 잘 되고 있는 것을 볼 수 있다. 주어진 기준 힘을 잘 추종하는 것을 볼 수 있는데 초기에 힘의 오버슈트도 미분 이득값을 조절하므로 줄일 수 있었다.

하지만 시간지연제어기를 사용하지 않을 경우에 불안정하게 작동하는 것을 알 수 있다. 하이브리드 힘제어기는 동적 모델의 오차에 민감하게 반응한다. 그 이유는 하이브리드 힘제어 방식은 로봇과 대상체와의 동적 관계를 고려하는 것이 아니라 직접 힘의 오차를 줄이기 때문이다. 힘제어 축의 제어 방식이 힘의 오차로만 구성되어 있기 때문이다. 로봇과 대상체와의 동적 관계를 고려하는 임피던스 방식이 다음장에 소개된다.

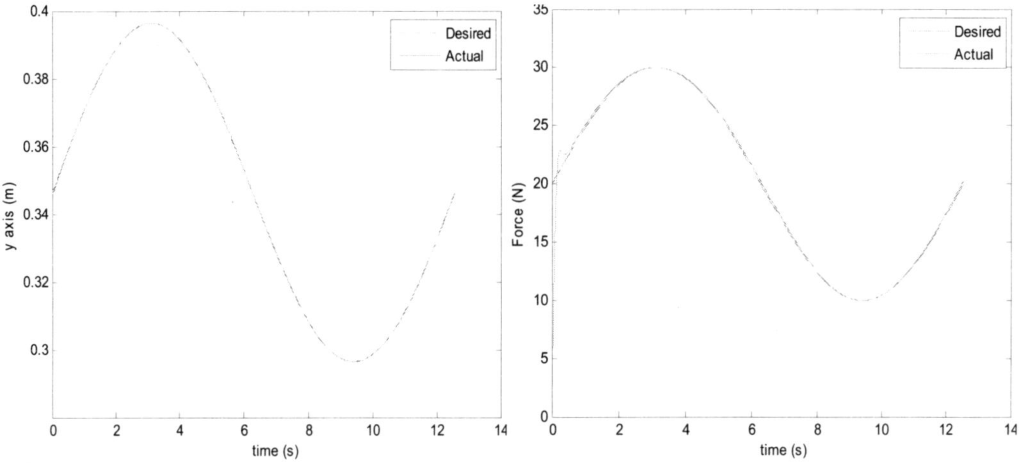

(a) 위치추종 (b) 힘추종

그림 6.12 하이브리드 위치 및 힘추종 결과

6.8 임피던스 힘 제어방식

임피던스(Impedance) 힘 제어방식[1]은 Salibury의 강성제어(stiffness control) 방식[2]의 연장으로 Hogan의 전초적 연구 이후에 많은 연구가 되어 왔고, 계속적으로 연구되고 있는 대표적인 힘 제어방식의 하나이다. 대상을 누르는 로봇 팔 끝의 힘 F은 로봇과 대상과의 동적 관계, 즉 임피던스 함수를 통해 위치 x와 속도 $\dot{x}$에 의해 조절된다. 따라서 임피던스 힘 제어방식의 이점은 로봇 팔끝과 대상과의 동적 관계를 고려하는 것이라 접촉 시 생기는 충격힘의 응답을 제어할 수 있다는 것이고, 단점은 팔 끝의 힘을 직접 조절하는 것이 아니라 임피던스 함수에 의해 간접적으로 조절되기 때문에 원하는 힘을 정확하게 추종하는 것이 어렵다.

임피던스 힘 제어방식은 어떻게 임피던스 함수가 인식되느냐에 따라서 두 가지 방식으로 나뉜다. 하나는 토크를 기본으로 하는 임피던스 제어방식으로서 임피던스 함수가 제어 루프 안에서 인식되며 측정된 힘에 따라서 토크가 조절된다. 또 다른 하나는 위치를 기본으로 하는 제어방식으로서 측정된 힘이 임피던스 필터를 통한 경로 수행 조절 벡터를 원래의 경로 입력에 더함으로써 임피던스 함수가 제어 루프 밖에서 인식된다. 이러한 구조적 특성에 따른 이점을 아래에서 설명한다.

6.8.1 토크를 기본으로 한 임피던스 제어방식

식(6.24)에서 위치의 오차와 임피던스 매개 변수들로 구성된 원하는 임피던스 함수로부터 토크가 조정이 된다. 원하는 임피던스 함수를 얻기 위한 제어 법칙은 다음과 같다.

$$\tau = \widehat{M}\ \ u + \hat{h} + \tau_e \tag{6.33}$$

가장 일반적인 방법으로 제어 입력 신호 U를 다음과 같이 정의하여 선형화하고 분리한다 [6].

$$u = \ddot{q} \tag{6.34}$$

$$\ddot{q} = J^{-1}(v - \dot{J}q) \tag{6.35}$$

식(6.35)의 가속도 $v = \ddot{x}$는 다음과 같다.

$$v = \ddot{x}_r + M^{-1}(B\dot{e} + Ke - F_e) \tag{6.36}$$

여기서 $e = x_r - x$, x_r은 주어진 경로이고, x는 실제 경로이다. M은 관성 행렬, B는 댐핑 행렬, K는 강성 행렬이고 F_e는 외부로부터의 힘으로 힘센서에 의해 측정된다.

식(6.36)을 식(6.35)에 대입한 뒤에 다시 식(6.33)에 대입하면 조인트 공간에서 제어 법칙이 된다. 실제적으로 힘제어는 카테시안 공간에서 이루어지므로 카테시안 공간에서의 제어 법칙을 고려해 보면

$$F = \hat{M}^* v + \hat{h}^* + F_e + F_f^* \tag{6.37}$$

측정된 힘과 위치 오차를 통해 토크가 조절됨을 알 수 있다.

식(6.36)와 (6.37)를 식(6.6)과 연립하면 다음과 같은 임피던스 함수를 얻게 된다.

$$F_e = M\ddot{e} + B\dot{e} + Ke \tag{6.38}$$

정상상태(steady state)에서 $F_e = Ke = K(x_r - x)$이므로 주어진 경로 x_r과 강성이득 K를 정함에 따라서 힘의 크기가 결정됨을 알 수 있다.

보통 x_r은 식(6.23)에 의해 원하는 힘 F_d, 대상의 강성도 K_e, 대상의 위치 x_e, 그리고 강성 이득 K 등의 값들을 정확하게 알아야 만 미리 계산을 할 수 있다. 이처럼 임피던스 제어에서는 임피던스 매개 변수를 대상에 맞게 조절함으로써 원하는 힘을 조절하게 된다.

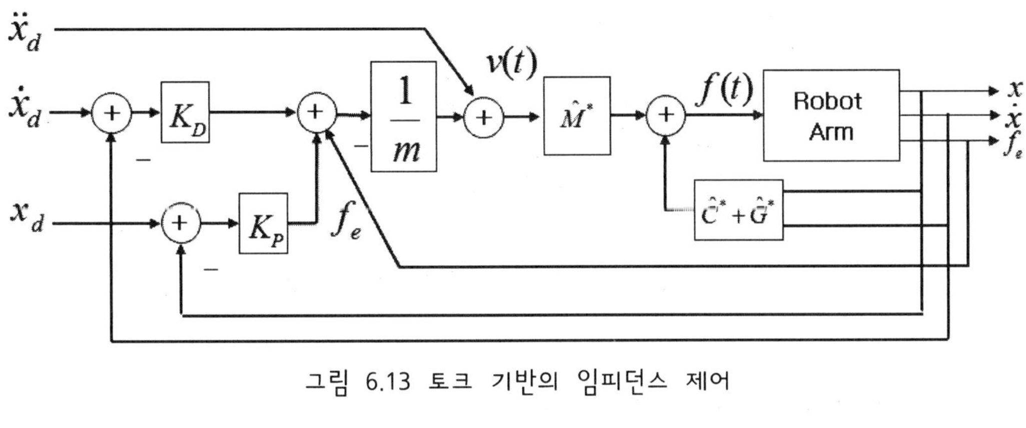

그림 6.13 토크 기반의 임피던스 제어

SIMULINK 예제 6.2 2축 로봇팔의 토크기반 임피던스 제어

2축 로봇팔은 링크의 길이가 각각 0.4 m이고 무게는 각각 5 Kg이다. 초기 위치는 (0.6, 0.3464)m 이고 초기 각은 (pi/3, -pi/3)이다. X축은 힘제어이고 Y축은 위치제어이다. X축에 적용되는 기준힘은 10N을 설정하고 Y 축은 사인파로 설정되었다.

① 제어법칙

$$\tau = \hat{M}u + \hat{h} + \tau_e, \quad u = J^{-1}(v - \dot{J}\dot{q}) \ , \quad v = \ddot{x}_r + M^{-1}(B\dot{e} + Ke - f_e)$$

② SIMULINK 프로그램

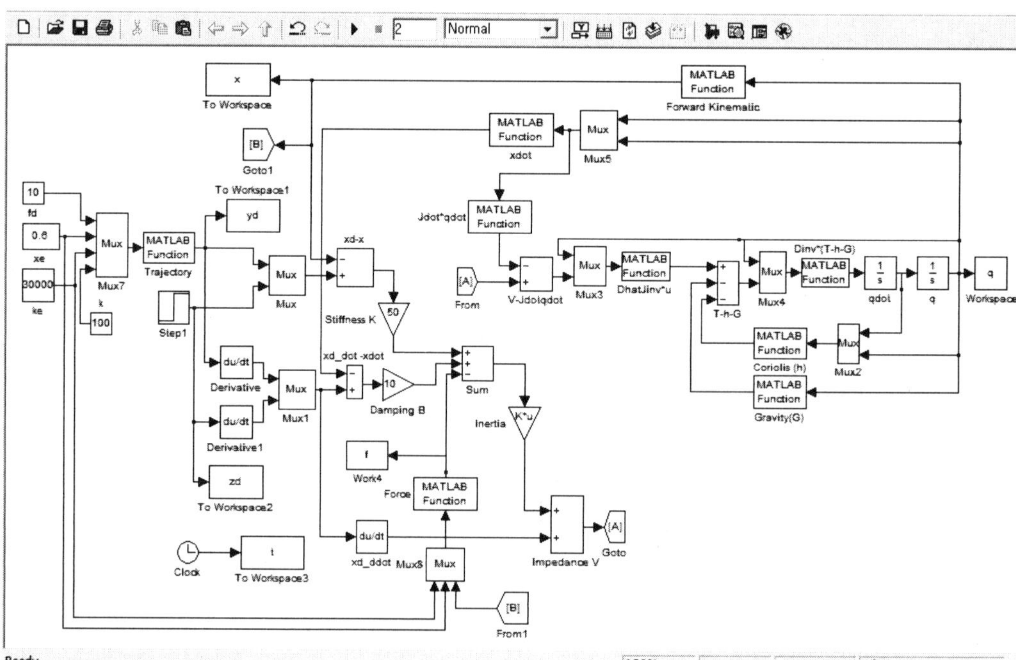

그림 6.14 토크기반 임피던스 힘 제어

③ MATLAB function 프로그램

접촉힘을 감지하는 힘센서 부분은 다음과 같이 나타낸다.

- MATLAB function: Force

```
function F = Forcefeed(u)
ke = u(1); xe = u(2);
Ke = [ke 0;0 0];
Xe = [xe ; 0];
X = [u(3); u(4)];
if u(3) >= xe,
   F = Ke*(X-Xe);
else
   F = [0;0];
 end
```

힘추종을 하기 위해서 설정하는 기준 위치를 계산한다.

- MATLAB function: Trajectory

```
function xd = Trajectory(u)
fd = u(1); xe=u(2); ke = u(3); k = u(4);
keff = k*ke/(k+ke);
xd = xe + fd/keff;
```

④ 시뮬레이션 결과

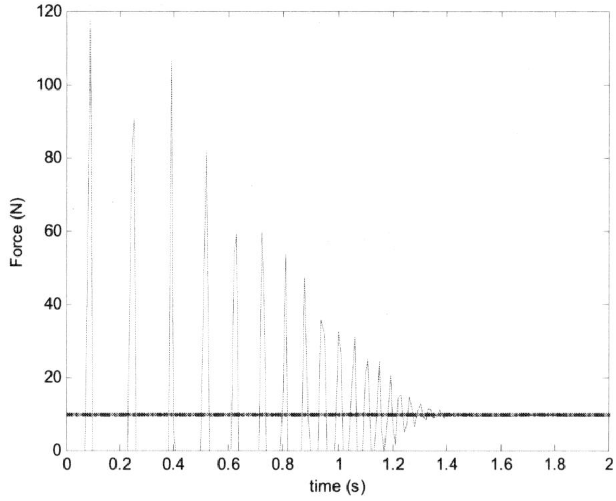

그림 6.15 위치제어가 정확하지 않은 경우의 힘제어

힘제어를 잘 하기 위해서는 위치제어가 선행되어야 한다. 따라서 외란이나 모델링 오차에 대한 보상을 하기 위해 시간지연제어 방식을 접목하였다.

SIMULINK 예제 6.3 시간지연제어 방식기반 로봇팔의 토크기반 임피던스제어

① 제어법칙

$$\tau = \widehat{M}u + \hat{h} + \tau(t-\lambda) - \widehat{M}\ddot{q}(t-\lambda),$$

$$u = J^{-1}(v - \dot{J}\dot{q}),\ \ v = \ddot{x}_r + M^{-1}(B\dot{e} + Ke - f_e)$$

② SIMULINK 프로그램

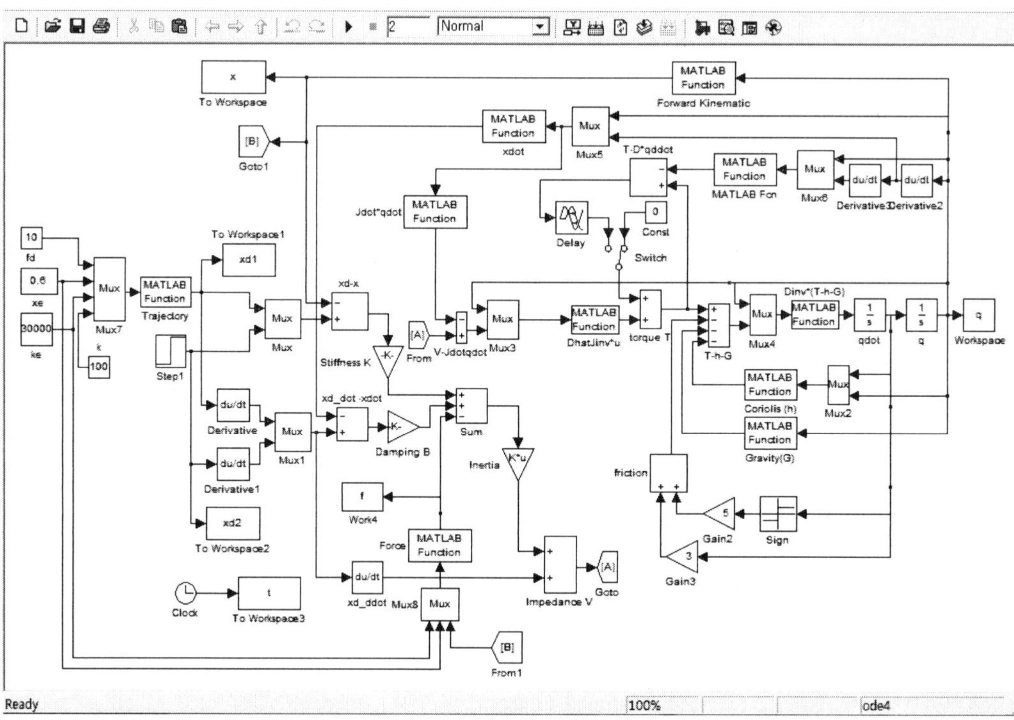

그림 6.16 시간지연제어기와 접목한 힘제어 블록도

③ **시뮬레이션 결과**

그림을 보면 기준 힘 10N을 잘 추종하는 것을 볼 수 있다. 0.57초에 접촉이 발생하며 초기에 약 1.5N의 오버슈트 힘이 발생하지만 곧 추종한다.

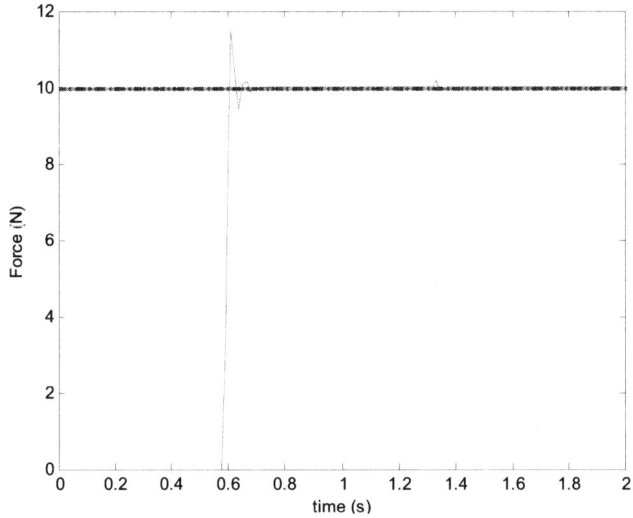

그림 6.17 시간지연제어기와 접목한 힘제어 응답

6.8.2 위치를 기본으로 하는 임피던스 제어방식

그림 6.12에서 보여진 것처럼 임피던스 제어기가 또 하나의 루프를 위치 제어기 밖에 형성한다[14]. 이 방식에서는 원하는 임피던스 함수가 제어 루프 내부에서 인식되지 않고, 외부에서 인식되므로 위치 제어의 용도로 설계된 로봇을 힘 제어 용도의 로봇으로 쉽게 변경할 수 있는 구조상의 이점을 갖는다. 측정된 힘이 직접 토크를 조절하는 대신에 외부의 임피던스 필터를 통하여 경로 위치를 조정함으로써 힘을 제어한다.

경로 수정 벡터 x_a는 주어진 경로 x_r에서 위치 명령어 x_c를 뺀 값으로 정의된다. 원하는 임피던스 함수는 다음과 같다.

$$F_e = M\ddot{x}_a + B\dot{x}_a + Kx_a \tag{6.39}$$

여기서 $x_a = x_r - x_c$ 이다.

제어 법칙을 다음과 같이 설정하고

$$F = \widehat{M}^* v + \widehat{h^*} + F_e \tag{6.40}$$

제어 입력 u는 아래와 같이 정한다.

$$v = \ddot{x}_c + K_D(\dot{x}_c - x) + K_P(x_c - x) \tag{6.41}$$

식(6.40)와 식(6.41)를 식(6.6)에 대입하고 정리하면

$$\ddot{e} + K_D\dot{e} + K_P e = \Delta_M + \ddot{x}_a + K_D\dot{x}_a + K_P x_a \tag{6.42}$$

Δ_M는 모형 오차와 마찰력과 같은 불확실성으로 $\Delta_M = \widehat{M}^{*-1}[\Delta M^*\ddot{x} + \Delta h^* + F_f^*]$ 이다. 모형이 실제와 일치하고 $F_f^* = 0$ 라고 가정하면, 즉 $\Delta_M = 0$ 이면 다음과 같다.

$$\ddot{e} + K_D\dot{e} + K_P e = \ddot{x}_a + K_D\dot{x}_a + K_P x_a \tag{6.43}$$

식(6.43)의 양변에 M을 곱한 뒤에 식 (6.39)를 이용하여 $B = MK_D$, $K = MK_P$라 놓으면 아래처럼 토크를 기본으로 하는 방식과 같은 임피던스 함수를 인식하게 된다.

$$F_e = M\ddot{e} + B\dot{e} + Ke$$

그러므로, 임피던스 힘 제어방식이 위치 제어 밖에서 인식되므로 기존의 위치 제어의 용도로 설계된 로봇에 제어기의 수정이 없이 힘 제어의 능력을 쉽게 부여할 수 있다.

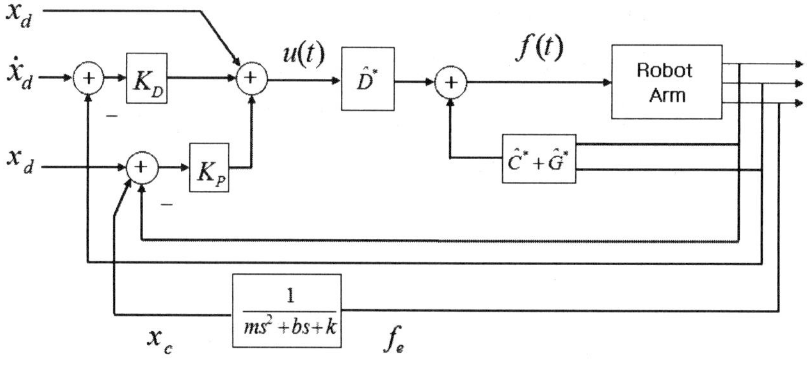

그림 6.18 위치기반의 임피던스 힘제어

SIMULINK 예제 6.4 로봇팔의 위치기반 임피던스

위치기반 임피던스 제어의 경우에 환경(기준힘과 환경의 강성도)에 맞는 필터를 선택하는 것이 중요하다. 적절한 필터의 계수값을 찾아야 한다. 또한 힘을 필터의 입력하는 경우와 힘의 오차를 입력으로 하는 경우가 있는데 여기서는 힘의 오차를 입력으로 하는 경우를 고려하였다.

① 제어법칙

$$\tau = \hat{M}u + \hat{h},\ u = J^{-1}(v - \dot{J}\dot{q})\ ,\ v = \ddot{x}_r + M^{-1}(B\dot{e} + K(x_d - x + x_c))$$

$$X_c(s) = \frac{1}{s^2 + 200s + 6000}(F_d(s) - F_e(s))$$

② SIMULINK 프로그램

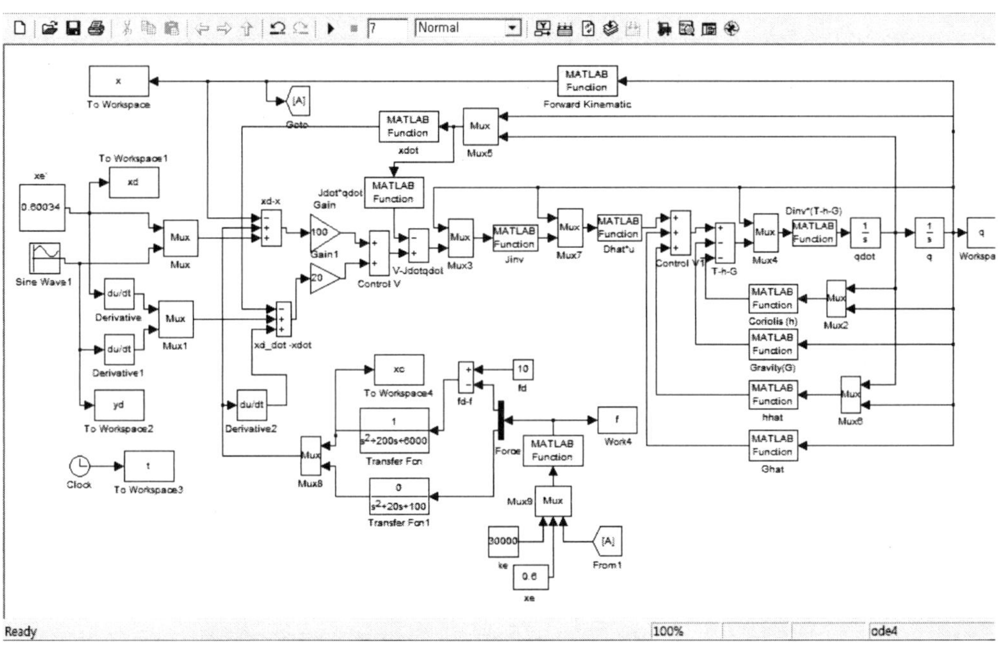

그림 6.19 위치기반의 임피던스 힘제어 시뮬레이션

③ 시뮬레이션 결과

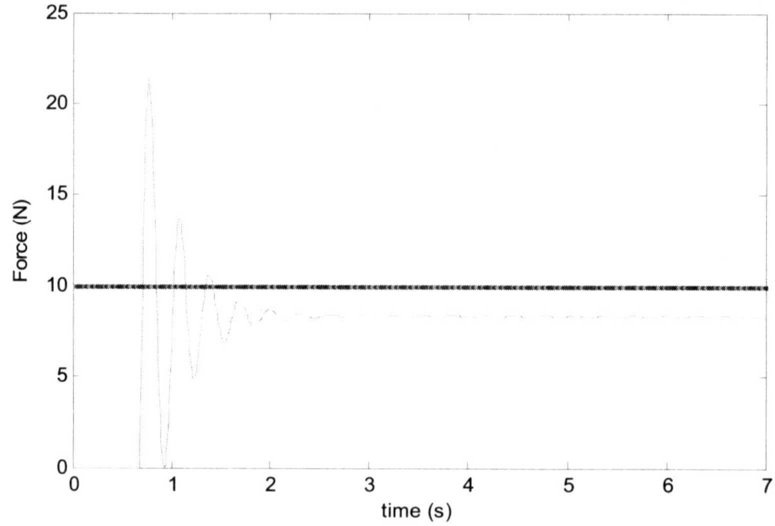

그림 6.20 위치기반의 임피던스 힘제어(ye'=0.6, 위치에만 보상할 경우)

먼저 y축의 기준경로를 0.6 m로 설정하고 필터를 적용하면 그림 6.19와 같이 힘추종의 오차가 생긴다. 오차를 줄이기 위해 필터의 계수값을 바꾸어 주어도 되지만 쉽게 오차를 줄일 수 없다. 이 경우에 y축의 기준 경로 값을 조절하면 오차를 줄일 수 있다. ye = 0.60034 m 로 설정하면 아래와 같이 오차를 줄일 수 있다.
힘의 오버슈트를 줄이기 위해 필터의 출력을 위치에만 더하는 것을 속도에도 더한다.

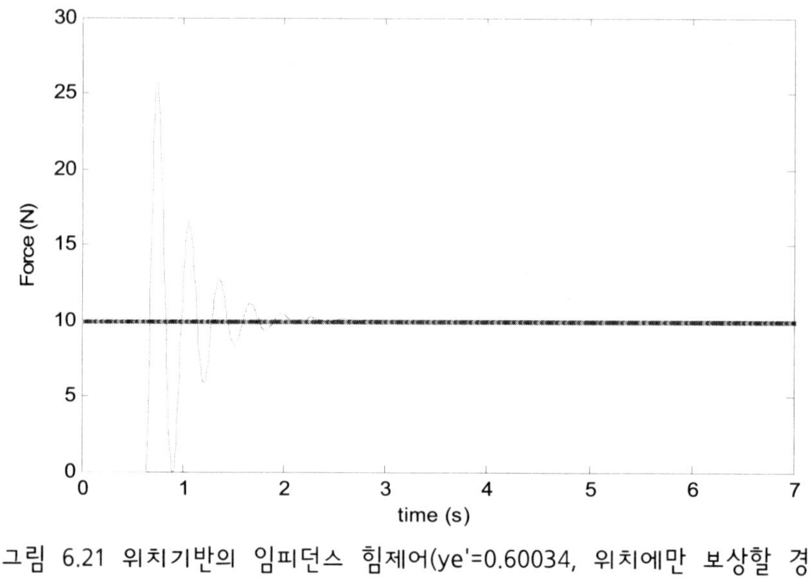

그림 6.21 위치기반의 임피던스 힘제어(ye'=0.60034, 위치에만 보상할 경우)

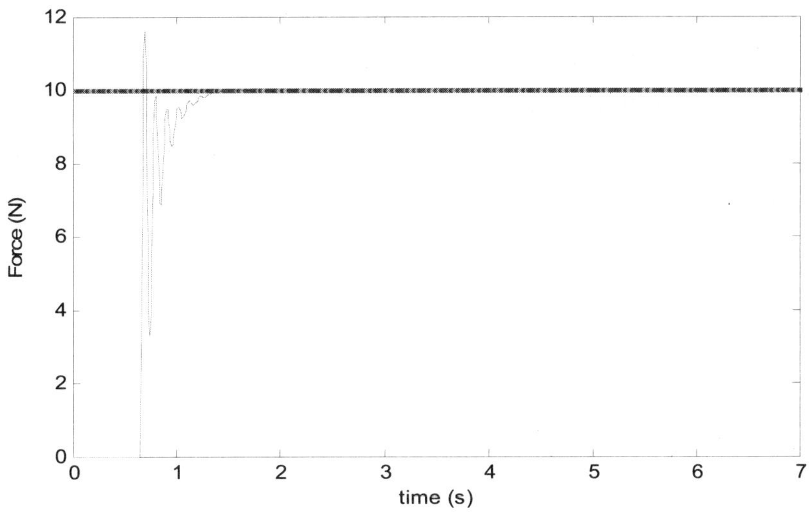

그림 6.22 위치기반의 임피던스 힘제어(ye'=0.60034, 위치와 속도에 보상할 경우)

6.9 임피던스 힘 제어의 문제점

6.9.1 동적 모형과 비선형 불확실성의 보상

임피던스 제어 방법을 사용하여 힘 제어를 정확하게 하려면 로봇 모형과 대상에 대한 사전 지식이 필요하다. 임피던스 제어방식은 로봇의 모형을 근거로 하는 토크 계산방식을 모태로 하기 때문에 로봇 모형의 불일치에서 오는 불확실성이 보상되지 않으면 힘 제어를 잘 할 수 없다. 실제 로봇 동적 방정식 (6.6)과 로봇의 모형 방정식 (6.7)을 (6.34)와 함께 연립하며 풀면 다음과 같은 방정식이 유도된다.

$$F_e + \Delta_M = M\ddot{e} + B\dot{e} + Ke \tag{6.44}$$

여기서 $\Delta_M = \hat{D}^{*-1}[\Delta D^* \ddot{x} + \Delta h^* + F_f^*]$. 불확실성 Δ_M에 따라서 나타나는 힘의 크기가 달라진다. 그러므로 불확실성 Δ_M를 보상하는 것이 필요하다.

식(6.44)에서 보여진 것처럼 힘제어 방식들의 수행 능력은 로봇 동적 모형의 정확도와 대상의 불확실성들에 따라 좌우된다. 실제로는 로봇 동적 모형을 정확하게 구할 수가 없기 때문에 모형의 오차가 생기고 마찰력이나 백래시(backlash) 등과 같은 비선형 요소들과 알지 못하는 디버링 도구의 무게의 영향이 존재하기 때문에 정확한 위치 제어 수행을 저해한다. 이러한 위치 제어의 오차는 결국 힘 제어의 오차를 초래하기 때문에 그에 대한 보상이 필요하다[16,17].

만약 불확실성 Δ_M가 보상되어졌다고 가정을 하면, 힘이 제어되는 방향에서의 임피던스 함수는 다음과 같이 이상적인 형태로 나타날 수 있다.

$$F_e = M\ddot{e} + B\dot{e} + Ke \tag{6.45}$$

6.9.2 대상의 불확실성 보상

위의 임피던스 제어방식은 원하는 힘을 따라가도록 입력을 설정할 수가 없기 때문에 로봇이 도달해야 할 경로를 미리 지정해야 하는데, 그 경로는 대상의 강성도 K_e와 위치 x_e를 정확하게 알아야 계산할 수 있다. 목표 경로 x_r은 다음 식을 통해 계산할 수 있다[15].

$$x_r = x_e + K_{eff}^{-1} F_d,\ K_{eff}^{-1} = K^{-1} + K_e^{-1} \tag{6.46}$$

F_d는 원하는 힘이고, K_e는 대상의 강성도, K는 원하는 임피던스 강성도 이득(stiffness gain)으로 사용자가 정한다. F_d 와 K는 사용자가 정할 수 있지만 K_e 나X_e는 사용자가 쉽게 정할 수가 없다. 따라서, x_e의 값을 얻기 위한 시각 센서의 도움이 없이 힘 제어의 수행 능력을 향상시키기 위해서는 다음의 문제점들을 해결해야 한다.

1. 정확한 대상의 강성도 K_e

또한 힘 제어를 정확하게 하려면 대상의 강성도를 정확하게 알아야 하고 주어진 경로 x_r을 계산하기 위해서는 강성도 K_e의 값을 정확하게 아는 것이 필요하다. 하지만 모든 대상의 강성도를 정확하게 안다는 것은 불가능하다. 예를 들면 일반 저울의 스프링 강성도는 3000 N/m이지만 이 또한 스프링의 종류에 따라 다르다. 또한 산업 공정에서는 대상의 강성도가 일정하지 않고 물질에 따라 변하므로 대상의 강성도를 모르는 상태에서 제어를 할 수 있는 알고리즘이 필요하다.

2. 정확한 대상의 위치 x_e

대상의 위치 x_e도 x_r을 계산하는데 필요하므로 정확한 값이 요구된다. 대상의 위치가 정확하게 측정되면 될수록 힘 오차가 줄어든다. 하지만, 대상의 위치를 정확하게 측정하는 것도 쉽지 않다. 정확한 비전시스템 또는 시각 센서를 사용하면 다소 정확한 위치를 알 수 있을지라도 어느 정도의 오차는 있게 마련이다. 이러한 작은 오차는 강성도가 매우 높은 대상에 대해서는 큰 힘 오차를 수반할 수 있다. 예를 들면, 대상을 선형 스프링의 모형으로 가정하고 한 방향의 힘만을 고려하면

$$f_e = k_e(x - x_e) \tag{6.47}$$

로 표현된다.

잘못 측정된 대상 위치 오차를 $x_e' = x_e + \delta x_e$라하고 식(6.46)에 대입하면

$$f_e' = k_e(x - x_e) + k_e \delta x_e \tag{6.48}$$

측정된 힘 f_e'은 식 (6.46)보다 $k_e \delta x_e$만큼의 오차를 갖게 된다. k_e의 크기에 따라 오차의 크기가 좌우됨을 볼 수 있다. 예를 들어 k_e = 50,000 N/m 이고, δx_e = 0.1 mm 이면 힘 오차는 $k_e \delta x_e$ = 5N 이 된다.

그러므로, 대상의 강성도를 모르고, 대상의 위치를 정확하게 측정하기보다는 어느 정도의 오차를 허용한 상태에서 잘 제어할 수 있는 제어방식이 필요하다. 이러한 문제를 해결하기 위해 많은 힘 제어방식들이 제안되었다. 원하는 힘과 실제 힘 사이의 오차를 적분 제어 방법을 사용하여 경로 수정 입력을 만든 다음, 기준 경로 입력에 더함으로써 알지 못하는 대상의 강성도에 따라 목표의 경로가 바뀌는 제어방식이 제안 되었다 [2]. 원하는 힘을 설정하고 따라가도록 하기 위해 목표의 경로를 바꾸는 경로 수정 입력을 힘의 오차의 함수로 구성하고, 이 구성된 함수를 적응 제어방식을 이용하여 최적화 하는 제어방식이 제안되었다 [18-20]. 또한 적응 제어를 이용하여 대상의 강성도를 모르는 상태에서 PI나 PID 제어기의 이득을 바꾸는 방식이 제안되었다[21]. 하지만, 제안된 제어방식들은 위에서 나열한 문제점 모두를 해결하는 것이 아니라 부분적으로 해결하고 있다. 또한 적응 제어방식을 사용하는데 따르는 안정성을 고려해야 하는 단점이 있다.

위에 나타난 문제점들을 모두 해결할 수 있는 디버링 작업과 표면광택 작업을 위한 새로운 제어 기술이 필요하며, 이 방법은 다음에서 소개된다.

6.10 힘추종 제어방식

원하는 힘을 지정하여 따라 갈 수 있는 새로운 힘 제어방식을 여기서 제안한다. 제안하는 임피던스 힘 제어방식은 원하는 힘을 입력으로 설정하는 하이브리드 힘제어방식의 이점을 갖출 뿐만 아니라 대상의 강성도와 위치에 대한 지식이 없을 경우에 로봇 모형 오차와 마찰력 또는 알지 못하는 하중 등의 불확실성을 보상한다.

6.10.1 힘을 추종할 수 있는 힘 제어 기술

편의상 원하는 임피던스 함수를 벡터나 행렬이 아닌 스칼라로 나타내면

$$f_e = m\ddot{e} + b\dot{e} + ke \tag{6.49}$$

여기서 $e = x_r - x$.

식(6.49)에서 경로 조절 입력을 스칼라로 바꾸면 $\Delta x_r = \dfrac{f_d}{k_{eff}}$이 된다. 목표 경로는 $x_r = x_e + \Delta x_r$이 되고, x_r을 미분하면, $\ddot{x}_r = \ddot{x}_e + \Delta\ddot{x}_r$을 얻는다. 목표 경로 x_r $\dot{x}_r$ $\ddot{x}_r$을 식 (6.49)에 대입하고 정리하면 다음과 같다.

$$f_e = m\ddot{\epsilon} + b\dot{\epsilon} + k\epsilon + m\ \Delta\ddot{x}_r + b\ \Delta\dot{x}_r + k\Delta x_r \tag{6.50}$$

여기서$\epsilon = x_e - x$로 새로운 오차로 정의되었다. 식(6.49)는 대상의 위치와 실제 위치와의 차이와 힘과의 방정식을 나타낸다.

$\Delta x_r = \dfrac{f_d}{k_{eff}}$ 를 식 (6.49)에 대입하면

$$f_e = m\ddot{\epsilon} + b\dot{\epsilon} + k\epsilon + kf_d\left(\frac{1}{k_e} + \frac{1}{k}\right) + m\ \Delta\ddot{x}_r + b\ \Delta\dot{x}_r \tag{6.51}$$

미분함수는 일반적으로 노이즈를 많이 포함하므로 $\Delta\dot{x}_r = \Delta\ddot{x}_r = 0$이라 놓고, 식 (6.46)로 부터 대상의 강성도를 인식하여 $k_e = -\dfrac{f_e}{\epsilon}$를 식(6.50)에 대입하면 다음의 힘 추종 제어방식을 얻는다.

$$f_e = m\ddot{\epsilon} + b\dot{\epsilon} + k\epsilon(1 - \frac{f_d}{f_e}) + f_d \qquad (6.52)$$

식(6.51)의 제어방식은 대상의 강성도 값이 필요 없고, 원하는 힘 f_d를 직접 설정하여 조절할 수 있는 새로운 임피던스 함수이다. 식(6.36)에서처럼 직접 원하는 힘을 설정해서 제어하면 어느 정도의 대상 위치의 오차에서 오는 힘의 오차를 감소시켜 준다[4]. 따라서, 대상의 위치 x_e를 정확하게 모르더라도 힘 제어를 잘 수행할 수 있다.

하지만 식(6.52)는 비선형 함수이기 때문에 정상 상태(steady state)에서 해로 두 값을 취한다. 정상 상태에서 다음과 같이 표현된다.

$$f_e = k\epsilon(1 - \frac{f_d}{f_e}) + f_d \qquad (6.53)$$

식(6.53)의 양변에 f_e를 곱하면 f_e에 관한 이차식을 얻는다.

$$f_e^2 - (k\epsilon + f_d)f_e + k\epsilon f_d = 0 \qquad (6.54)$$

위의 방정식의 두 해는 다음과 같다.

$$f_e = k\epsilon \text{ 또는 } f_e = f_d \qquad (6.55)$$

대상의 위치가 정확하면 $f_e = k\epsilon = -k_e\epsilon$가 성립해야한다. 하지만 k, k_e는 모두 양수이므로 $k = -k_e$는 성립할 수 없다. 따라서 $f_e = k\epsilon$는 해가 아니고 유일해인 $f_e = f_d$만을 항상 취하게 된다. 하지만 대상의 위치가 정확하지 않다면 식(6.52)은 다음과 같이 바뀐다.

$$f_e^2 - (k\epsilon' + f_d)f_e + k\epsilon' f_d = 0 \qquad (6.56)$$

식(6.56)는 다음의 두 해를 갖게 된다.

$$f_e = k\epsilon' \text{ 또는 } f_e = f_d \tag{6.57}$$

이 경우에는 대상 위치의 불확실성에 의해 해가 다르게 선택되므로 그에 대한 분석이 필요하다. 대상의 위치가 정확하지 않을 경우에 다음과 같다.

$$\ddot{\epsilon}' + \frac{1}{m}(b\dot{\epsilon}' + k\epsilon'(1 - \frac{f_d}{f_e}) + f_d - f_e) = 0 \tag{6.58}$$

여기서 $\epsilon' = x_e - x + \delta x_e$이다. 식(6.56)로부터 다음과 같은 힘의 관계식을 얻을 수 있다.

$$\epsilon' = -\frac{f_e}{k_e} + \delta x_e, \dot{\epsilon}' = -\frac{\dot{f}_e}{k_e} + \delta\dot{x}_e, \ddot{\epsilon}' = -\frac{\ddot{f}_e}{k_e} + \delta\ddot{x}_e \tag{6.59}$$

식(6.59)를 식(6.58)에 대입하여 정리하면

$$\ddot{f}_e + \frac{b}{m}\dot{f}_e + \frac{k}{m}f_e(\frac{1-f_d}{f_e}) - \frac{kk_e}{m}\delta x_e(1 - \frac{f_d}{f_e}) + k_e\frac{(f_e - f_d)}{m} = 0 \tag{6.60}$$

식(6.59)를 힘 f_e의 식으로 다시 정리하면

$$\ddot{f}_e + \frac{b}{m}\dot{f}_e + \frac{k+k_e}{m}f_e + \frac{kk_e f_d \delta x_e}{mf_e} = \delta\ddot{x}_e + \frac{1}{m}(f_d + kk_e\delta x_e + f_d k_e + bk_e\delta\dot{x}_e) \tag{6.61}$$

$\delta\ddot{x}_e = \delta\dot{x}_e = 0$라 놓아 식(6.61)을 간단히 하면

$$\ddot{f}_e + \frac{b}{m}\dot{f}_e + \frac{k+k_e}{m}f_e + \frac{kk_e f_d \delta x_e}{mf_e} = \frac{1}{m}(f_d + kk_e\delta x_e + f_d k_e) \tag{6.62}$$

상태방정식을 구하면 다음과 같다. 상태$x_1 = f_e$이고 $x_2 = \dot{f}_e$라 하면 (6.62)은 다음과 같이 표현된다.

$$f_1 = \dot{x}_1 = x_2$$
$$f_2 = \dot{x}_2 = -\frac{b}{m}x_2 - \frac{k+k_e}{m}x_1 - \frac{kk_e f_d \delta x_e}{mx_1} + u \tag{6.63}$$

여기서 $u = \frac{1}{m}(f_d + kk_e \delta x_e + f_d k_e)$

상태방정식으로 나타내면 다음과 같다.

$$\begin{bmatrix} \dot{x}_1 \\ \dot{x}_2 \end{bmatrix} = \begin{bmatrix} \frac{\partial f_1}{\partial x_1}\Big|_{(x_1 = f_d, x_2 = 0)} & \frac{\partial f_1}{\partial x_2}\Big|_{(x_1 = f_d, x_2 = 0)} \\ \frac{\partial f_2}{\partial x_1}\Big|_{(x_1 = f_d, x_2 = 0)} & \frac{\partial f_2}{\partial x_2}\Big|_{(x_1 = f_d, x_2 = 0)} \end{bmatrix} \begin{bmatrix} x_1 \\ x_2 \end{bmatrix} + \begin{bmatrix} 0 \\ u \end{bmatrix} \tag{6.64}$$

$$\frac{\partial f_1}{\partial x_1} = 0$$

$$\frac{\partial f_1}{\partial x_2} = 1$$

$$\begin{aligned} \frac{\partial f_2}{\partial x_1} &= \left[-\frac{k+k_e}{m} + \frac{kk_e \delta x_e f_d}{mx_1^2}\right]_{(x_1 = f_d, x_2 = 0)} \\ &= -\frac{k+k_e}{m} + \frac{kk_e \delta x_e}{mf_d} \end{aligned}$$

$$\frac{\partial f_2}{\partial x_2} = -\frac{b}{m}$$

평형점 $x_1 = f_d, x_2 = 0$에서 식(6.63)은 다음과 같은 선형 방정식이 된다.

$$\begin{aligned} \dot{x} &= A\dot{x} + u \\ &= \begin{bmatrix} 0 & 1 \\ -\frac{k+k_e}{m} + \frac{kk_e \delta x_e}{mf_d} & -\frac{b}{m} \end{bmatrix} x + \begin{bmatrix} 0 \\ \frac{1}{m}(f_d + kk_e \delta x_e + f_d k_e) \end{bmatrix} \end{aligned} \tag{6.65}$$

시스템의 특성방정식을 구하면 다음과 같다.

$$\det(sI - A) = s^2 + \frac{b}{m}s + \frac{k+k_e}{m} - \frac{kk_e\delta x_e}{mf_d} = 0 \tag{6.66}$$

위에서 두 해 중에서 $f_e = f_d$일 경우에 특성방정식을 구하면 다음과 같다.

$$s^2 + \frac{b}{m}s + \frac{k+k_e}{m} - \frac{kk_e\delta x_e}{mf_d} = 0 \tag{6.67}$$

안정하기 위한 조건은

$$0 < \frac{b}{m} \text{ 과 } \delta x_e < \frac{f_d}{k_{eff}} \tag{6.68}$$

마찬가지로 다른 해 $f_e = k\epsilon'$에서 선형화를 통해 특성방정식을 구하면 다음과 같다.

$$\frac{\partial f_1}{\partial x_1} = 0$$

$$\frac{\partial f_1}{\partial x_2} = 1$$

$$\begin{aligned}\frac{\partial f_2}{\partial x_1} &= [-\frac{k+k_e}{m} + \frac{kk_e\delta x_e f_d}{mx_1^2}]_{(x_1 = k_{eff}\delta x_e, x_2 = 0)} \\ &= -\frac{k+k_e}{m} + \frac{kk_e f_d}{mk_{eff}^2\delta x_e} \\ &= -\frac{k+k_e}{m} + \frac{(k+k_e)f_d}{mk_{eff}\delta x_e}\end{aligned}$$

$$\frac{\partial f_2}{\partial x_2} = -\frac{b}{m}$$

평형점 $x_1 = f_d, x_2 = 0$에서 다음과 같은 선형 방정식이 된다.

$$\begin{aligned}\dot{x} &= A\dot{x}+u \\ &= \begin{bmatrix} 0 & 1 \\ -\dfrac{k+k_e}{m}+\dfrac{(k+k_e)f_d}{mk_{eff}\delta x_e} & -\dfrac{b}{m}\end{bmatrix}x+\begin{bmatrix} 0 \\ \dfrac{1}{m}(f_d+kk_e\delta x_e+f_dk_e)\end{bmatrix}\end{aligned} \tag{6.69}$$

$$s^2+\frac{b}{m}s+\frac{k+k_e}{m}-\frac{(k+k_e)f_d}{mk_{eff}\delta x_e}=0 \tag{6.70}$$

안정할 조건을 구하면

$$0<\frac{b}{m} \text{ 과 } \delta x_e > \frac{f_d}{k_{eff}} \tag{6.71}$$

따라서 원하는 힘추종을 하기 위해서 대상의 위치 불확실성은 식(6.55)를 만족하여야 한다. 식(6.71)에 나타난 것처럼 불확실성이 $\dfrac{f_d}{k_{eff}}$보다 크게 되면 원하지 않는 힘을 추종하게 된다. 대상의 강성이 단단하면 식(6.20)으로부터 $k_{eff}\approx k$로 간략화 할 수 있다. 따라서 식 (6.70)는 다음과 같이 된다.

$$\delta x_e < \frac{f_d}{k} \tag{6.72}$$

실제적으로 원하는 힘추종을 하기 위해 식(6.71)에 나타난 것처럼 불확실성의 최대값을 대략적으론 알 수 있지만 그 영역을 만족해야 하는 제약이 수반된다. 따라서 다음 장에서는 더욱 이러한 조건이 필요 없는 간단하며 강건한 힘제어 기술을 제안하고자 한다.

6.10.2 강건한 힘 제어 기술

위의 임피던스 함수는 비록 비선형이지만 기존의 임피던스 방식에 비해 훨씬 성능이 뛰어나다. 하지만, 비선형이라는 점때문에 대상의 위치에 따라 원하는 힘을 제어할 수 있기도 하고 또는 다른 값을 취하기도 하기 때문에 바람직하지 않다. 그러므로, 여기서는 더 간단하고 오직 한 값을 취하는 새로운 힘 제어 기술을 제안 하고자 한다.

식 (6.36)으로부터 k=0라 놓으면, 다음과 같이 비선형 부분을 간단히 없앨 수 있다.

$$f_e - f_d = m\ddot{\epsilon} + b\dot{\epsilon} \tag{6.73}$$

힘은 $f_e = -k_e\epsilon$로 표현이 되기 때문에 다음과 같이 쓸 수 있다.

$$-f_d = m\ddot{\epsilon} + b\dot{\epsilon} + k_e\epsilon \tag{6.74}$$

식(6.73)은 오차 ϵ에 대한 이차 방정식으로 바운드 되어 있고 점근적으로 안정함을 알 수 있다. 실제로 물체의 강성 k_e를 정확하게 모를 지라도 정상상태에서 $f_e = f_d$는 안정된 상태로 보증되어진다. 이상적인 순간 응답을 얻기 위해서는 k_e의 근사치에 기초하는 적당한 이득 m과 b를 선택할 수 있다. 예를 들어, 힘 응답이 과다응답(over-damped)을 나타내도록 하려면 댐핑 이득값을 아래와 같이 설정하면 된다.

$$b \geq 2\sqrt{mk_e} \tag{6.75}$$

만약 대상의 강성을 정확히 알지 못해 댐핑이득을 너무 작게 설정하면 힘응답은 심하게 진동하여 원하는 힘제어를 할 수 없게 된다. 따라서 댐핑 이득은 과다응답을 출력하도록 충분히 크게 해야 한다. 그러므로 임피던스 함수(6.58)은 불확실한 대상의 강성을 정확히 모를 경우에 간단하게 힘추종을 성취하여 안정한 응답을 나타낼 수 있다. 그렇지만 만약 대상 위치 x_e가 정확하지 않다면, 즉 대상의 위치에 불확실성이 있다면 유일해 $f_e = f_d$는 안정된 상태에서 보증이 없다. 그러므로 다음 부분에서 그러한 점들을 분석하고 보상하기 위한 적응제어방식을 사용하여 대상의 위치에서 오는 불확실성에 의한 힘의 오차를 최소화시킨다.

6.10.3 모르는 대상의 위치를 보상하기 위한 적응 제어

실제적인 경우를 고려하면 대상의 위치를 정확하게 측정하기는 어렵다. 대상은 항상 위치 측정값 x'_e 와 x_e의 불확실성 $\delta x_e = x'_e - x_e$를 가지고 있다고 하자. $\epsilon' = \epsilon + \delta x_e$로 정의하고, 불확실성을 가진 식으로 바꾸기 위해 ϵ를 ϵ'으로 대체하면 다음과 같이 된다.

$$m\ddot{\epsilon}' + b\dot{\epsilon}' = f_e - f_d \tag{6.76}$$

δx_e 는 제어 설계자에 의해 어느 정도 설정될 수 있는 대상 위치의 부정확성이다.

δx_e는 대상의 안쪽 또는 바깥쪽에 설정 될 수 있으나 접촉이 항상 이루어지는 것을 보증하기 위하여 우리는 항상 $\delta x_e > 0$이 되도록 대상 위치 x'_e를 안쪽으로 과대 측정 한다 [8,9]. 안쪽으로 과대 측정하면 할수록 로봇이 다가오는 속도가 빨라짐으로 대상과의 임팩트 힘은 커진다.

x_e가 상수이고 x'_e도 $x'_e - x_e > 0$ 을 만족하는 상수일 때, 즉 대상의 모양이 평평한 표면이라면 정확한 힘의 추종이 쉽게 성취되는 것을 볼 수 있다.

이런 경우에 다음과 같이 된다.

$$m\ddot{x} + b\dot{x} = f_d - f_e \tag{6.77}$$

왜냐하면 $\dot{x}'_e = \ddot{x}'_e = 0$ 이기 때문이다. 그러므로 정싱싱태(steady state)에시는 유일한 해인 $f_e = f_d$를 얻게 된다. 그렇지만 f_d와 x_e가 시간에 따라 변할 때, 식(6.76)에 나타난 것처럼 힘추종 에러가 발생된다. 즉 대상의 모양이 평면이 아닐 경우에 가장 간단하게 대상의 위치를 가정하는 방법은 대상의 형태를 평면으로 가정해 $x_e =$ 상수, $\dot{x}_e = 0$로 설정하는 것이다. 이럴 경우 식(6.75)에서 $m\ddot{x}'_e + b\dot{x}'_e$에 따른 힘의 오차가 생기게 된다. 식(6.76)에 나타난 힘의 오차 $m\ddot{x} + b\dot{x}$를 제거하기 위해 힘의 오차에 따라 on-line으로 조절되어지는 적응제어방식을 사용한다.

$$m\ddot{\epsilon}' + b(\dot{\epsilon}' + w) = f_e - f_d \tag{6.78}$$

여기서 $w(t)$는 힘의 오차함수로 다음과 같다.

$$\omega(t) = \omega(t-\lambda) + \eta \frac{f_d(t-\lambda) - f_e(t-\lambda)}{b}, \ \eta > 0 \tag{6.79}$$

η는 적응변수이고 λ는 제어기의 샘플링 시간이다. 적응 이득η는 응답의 수렴속도와 정확성에 영향을 미치므로 이득 값에 따라 성능이 달라지게 된다. 다음 부분에서 우리는 안정된 접촉 공간 힘추종에 대한 적응 이득의 영역을 조사한다.

6.10.4 적응 제어의 안정성과 수렴

적응 법칙에서 제어 루프로 쓰여질 때 새로운 제어 법칙이 안정한지 조사해야 한다. $f_e = -k_e\epsilon$를 식(6.73)에 대입하면 다음과 같다.

$$m\ddot{\epsilon}(t)' + b\dot{\epsilon}(t)' + k_e\epsilon(t) + b\omega(t) = -f_d \tag{6.80}$$

식(6.79)을 식(6.80)에 대입하면 다음과 같다.

$$\begin{aligned} & m\ddot{\epsilon}(t)' + b\dot{\epsilon}(t)' + k_e\epsilon(t) + b\omega(t-\lambda) + \eta k_e\epsilon(t-\lambda) \\ = & -(f_d(t) + \eta f_d(t-\lambda)) \end{aligned} \tag{6.81}$$

식(6.81)을 힘오차에 대한 방정식으로 만들기 위해 $f_e = k_e(x - x_e)$ 관계로부터 우리는 다음과 같이 표현할 수 있다.

$$x = x_e + \frac{f_e}{k_e}, \dot{x} = \dot{x}_e + \frac{\dot{f}_e}{k_e}, \ddot{x} = \ddot{x}_e + \frac{\ddot{f}_e}{k_e} \tag{6.82}$$

$x, \dot{x}, \ddot{x}$를 식(6.81)에 대입하면 다음과 같은 이차 힘 오차 방정식이 유도된다.

$$\begin{aligned} & -m\ddot{f}_e - b\dot{f}_e + bk_e\omega(t-\lambda) + k_e(f_d - f_e) \\ = & -mk_e\delta\ddot{x}_e - bk_e\delta\dot{x}_e - \eta k_e(f_d(t-\lambda) - f_e(t-\lambda)) \end{aligned} \tag{6.83}$$

$m\ddot{f}_{d,} b\dot{f}_d$를 식(6.83)의 양변에 더한 뒤 정리하면 다음과 같다.

$$\begin{aligned} & m(\ddot{f}_d - \ddot{f}_e) + b(\dot{f}_d - \dot{f}_e) + bk_e\omega(t-\lambda) + k_e(f_d - f_e) \\ = & m(\ddot{f}_d - k_e\delta\ddot{x}_e) + b(\dot{f}_d - k_e\delta\dot{x}_e) - \eta k_e(f_d(t-\lambda) - f_e(t-\lambda)) \end{aligned} \tag{6.84}$$

힘의 오차를 $\epsilon_f(t) = f_d(t) - f_e(t)$이라 정의하고 다시 쓰면 다음과 같다.

$$m\ddot{\epsilon}_f(t)+b\dot{\epsilon}_f(t)+k_e(\epsilon_f(t)+b\omega(t-\lambda)+\eta\epsilon_f(t-\lambda)) \\ = m(\ddot{f}_d-k_e\delta\ddot{x}_e)+b(\dot{f}_d-k_e\delta\dot{x}_e) \tag{6.85}$$

와 같이 된다.

ω 시리즈의 한정된 샘플k 원소를 고려하면 다음과 같다.

$$b\omega(t-\lambda)= b\omega(t-(k-1)\lambda)+\eta\epsilon_f(t-(k-1)\lambda) \\ +\cdots+\eta\epsilon_f(t-2\lambda) \tag{6.86}$$

$w(t-(k-1)\lambda)=0$과 같이 ω의 초기 값이 0이라고 가정하고 식(6.85)와 (6.86)를 결합하면 다음과 같다.

$$m\ddot{\epsilon}_f+b\dot{\epsilon}_f+k_e\epsilon_f+\eta k_e(\epsilon_f(t-(k-1)\lambda)+\cdots+\epsilon_f(t-\lambda)) \\ = m\ddot{f}_d+b\dot{f}_d-mk_e\delta\ddot{x}_e-bk_e\delta\dot{x}_e \tag{6.87}$$

발생된 힘 $\overline{f_e}=k_e\delta x_e$가 대상 위치의 측정오차에 기인한다고 정의하고 식(6.71)을 $\overline{f_e}$로 대체하면 다음과 같다.

$$m\ddot{\epsilon}_f+b\dot{\epsilon}_f+k_e\epsilon_f+\eta k_e(\epsilon_f(t-(k-1)\lambda)+\cdots+\epsilon_f(t-\lambda)) \\ = m\ddot{f}_d+b\dot{f}_d-m\ddot{\overline{f}}_e-b\dot{\overline{f}}_e \tag{6.88}$$

새로운 오차 $\overline{\epsilon}=f_d-\overline{f}_e$를 정의하고 식(6.88)에 대입하면 다음 식을 얻을 수 있다.

$$m\ddot{\epsilon}_f+b\dot{\epsilon}_f+k_e\epsilon_f+\eta k_e(\epsilon_f(t-(k-1)\lambda)+\cdots+\epsilon_f(t-\lambda)) \\ = m\ddot{\overline{\epsilon}}+b\dot{\overline{\epsilon}} \tag{6.89}$$

식(6.89)을 라플라스 변환하면 다음과 같이 얻을 수 있다.

$$\frac{\epsilon_f(s)}{\bar{\epsilon}(s)} = \frac{ms^2+bs}{ms^2+bs+k_e+k_e\eta(e^{-(k-1)\lambda s}+\cdots+e^{-\lambda s})} \tag{6.90}$$

시스템의 안정도는 식 (6.91)의 특성 방정식에 의해서 결정된다.

$$ms^2+bs+k_e+k_e\eta(e^{-(k-1)\lambda s}+\cdots+e^{-\lambda s})=0 \tag{6.91}$$

샘플링은 일반적으로 빠르므로 $0<\lambda<1$ 일 때 $|e^{-\lambda s}|<1$ 이기 때문에 시리즈의 합은 다음과 같이 나타낼 수 있다.

$$e^{-(k-1)\lambda s}+\cdots+e^{-\lambda s} = \sum_{n=1}^{k-1} e^{-\lambda sn} = \frac{1-e^{-\lambda ks}}{1-e^{-\lambda s}}-1$$

$$\cong \frac{e^{-\lambda s}}{1-e^{-\lambda s}} \tag{6.92}$$

k가 크면 $e^{-k}\approx 0$이기 때문이다.

시리즈의 합 (6.92)를 (6.91)에 대입하여 유도하면 다음과 같다.

$$ms^2+bs+k_e+k_e\eta(\frac{e^{-\lambda s}}{1-e^{-\lambda s}})=0 \tag{6.93}$$

$\lambda \ll 1$ 일 경우 샘플링이 빠를 때 $e^{-\lambda s}$는 Taylor 시리즈 확장에 따라 $e^{-\lambda s}\approx 1-\lambda s$ 로 점근되어질 수 있다.

식(6.94)을 Taylor 시리즈 확장을 가지고 다시 배열하여 유도하면

$$\lambda ms^3+b\lambda s^2+k_e\lambda(1-\eta)s+k_e\eta=0 \tag{6.94}$$

이 된다.

식(6.94)의 안정성을 검증하기 위해 다음과 같은 Routh-Hurwitz 배열을 만든다.

s^3	λm	$k_e\lambda(1-\eta)$
s^2	$b\lambda$	ηk_e
s^1	c_1	0
s^0	c_0	0

안정하기 위한 조건들을 구하면 다음의 조건들을 찾을 수 있다.

이득은 m,b,λ〉0 때문에

$$c_1 = \frac{bk_e\lambda^2(1-\eta) - \lambda\eta m k_e}{b\lambda} > 0 \text{ and } c_0 = \eta k_e > 0 \quad (6.95)$$

식(6.95)를 정리하면 안정도 조건을 만족시키는 η의 영역을 다음과 같이 구한다. 샘플링λ이 매우 빠르다고 가정하면

$$0 < \eta < \frac{b\lambda}{b\lambda + m} \approx \frac{b\lambda}{m} \quad (6.96)$$

식(6.96)에서 보듯이 적응변수 η는 샘플링 시간과 임피던스의 관성 이득과 댐핑 이득과의 관계가 있음을 알 수 있다.

지금까지 대상의 정보, 즉 강성과 위치를 정확히 모를 경우에 힘제어의 힘추종 능력을 증진하기 위해 적응제어방식을 사용하였다. 하지만 로봇 자체에 불확실성이 있으면 위치제어에 오차가 생기게 되고 결국은 힘오차로 이르게 된다. 이러한 문제점을 해결하기 위해 시간지연방식을 사용한 강인한 위치제어방식을 사용하고자 한다.

SIMULINK 예제 6.5 로봇팔의 무모델 힘추종

힘추종 임피던스 제어방식을 무모델 제어방식인 PD제어방식에 적용한다.

① 제어법칙

힘제어방향 : $\ddot{x} = \ddot{x}_e' + \frac{1}{m}(b(\dot{x}_e' - \dot{x}) + f_e - f_d)$

위치제어 방향 : $\ddot{y} = \ddot{y}_d + \frac{1}{m}(b(\dot{y}_d - \dot{y}) + k(y_d - y))$

② SIMULINK 프로그램

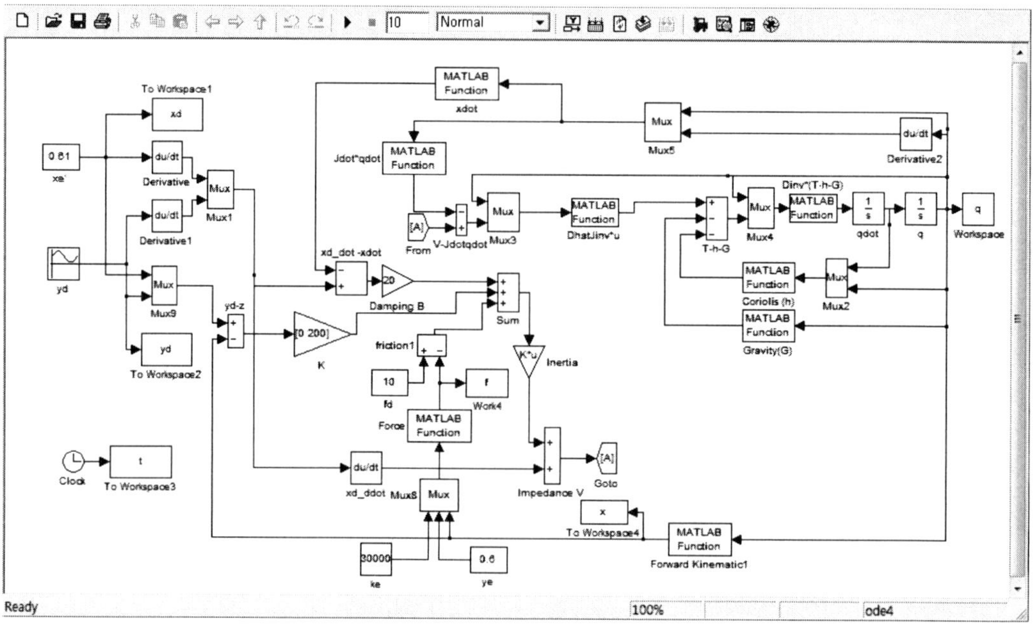

그림 6.23 무모델 기반 힘추종 시뮬레이션

③ 시뮬레이션 결과

힘추종과 위치추종에 있어 오차가 발생함을 알 수 있다. 힘은 4N정도의 오차가 발생하고 위치는 0.02 m정도의 오차가 발생한다.

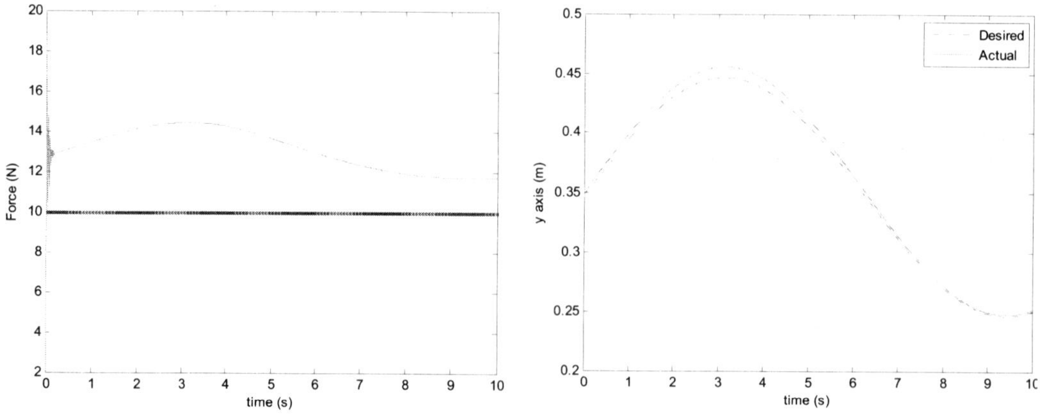

(a) 힘추종 (b) 위치추종

그림 6.24 무모델 기반 힘과 위치추종결과

SIMULINK 예제 6.6 마찰력이 있는 로봇팔의 무모델 힘추종

임피던스 제어 방식을 무모델 제어방식 기반으로 구현한다. 추가적으로 가가 조인트에 마찰력이 주어진다.

① 제어법칙

힘제어방향 : $\ddot{x} = \ddot{x}_e{}' + \dfrac{1}{m}(b(\dot{x}_e{}' - \dot{x}) + f_e - f_d)$

위치제어 방향 : $\ddot{y} = \ddot{y}_d + \dfrac{1}{m}(b(\dot{y}_d - \dot{y}) + k(y_d - y))$

② SIMULINK 프로그램

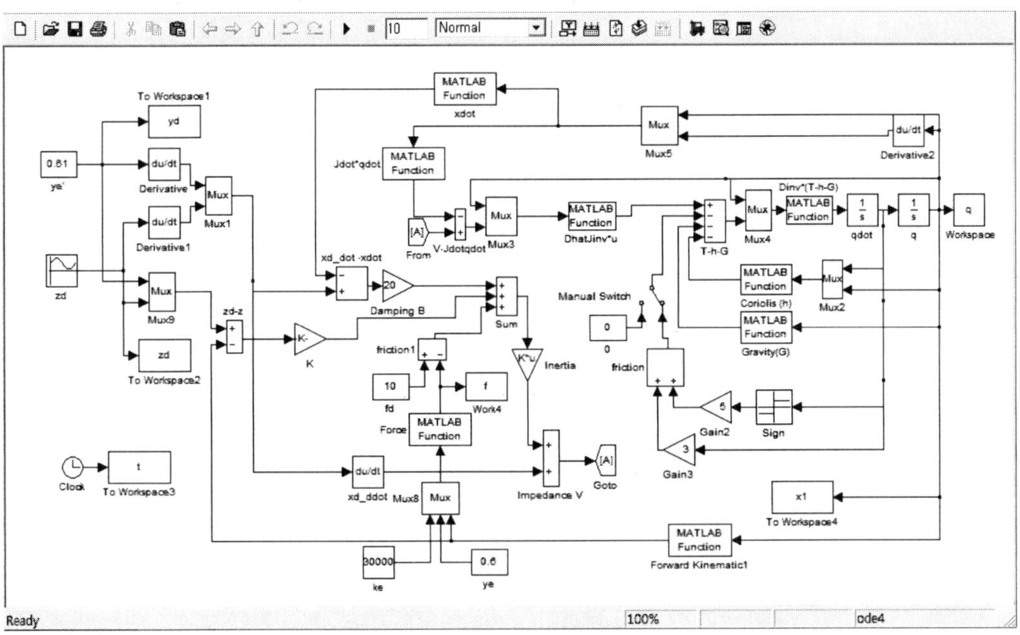

그림 6.25 힘추종 시뮬레이션

③ **시뮬레이션 내용**

각 조인트의 초기위치는 (pi/3, -pi/3)이므로 로봇의 초기 위치는 yz=(0.6, 0.3464) m 이다. 기준힘은 10N으로 설정하였고 대상의 위치는 0.6 m, 강성도는 30,000 N/m, y축은 힘제어 z축은 위치제어를 수행하도록 하였다.

④ **시뮬레이션 결과**

힘추종에서 오차는 모델오차에 대한 것이고 채터링 현상은 각 조인트의 마찰력 외란에 의한 것이다. z축의 경로도 오차를 가지고 추종하는 것을 볼 수 있다.

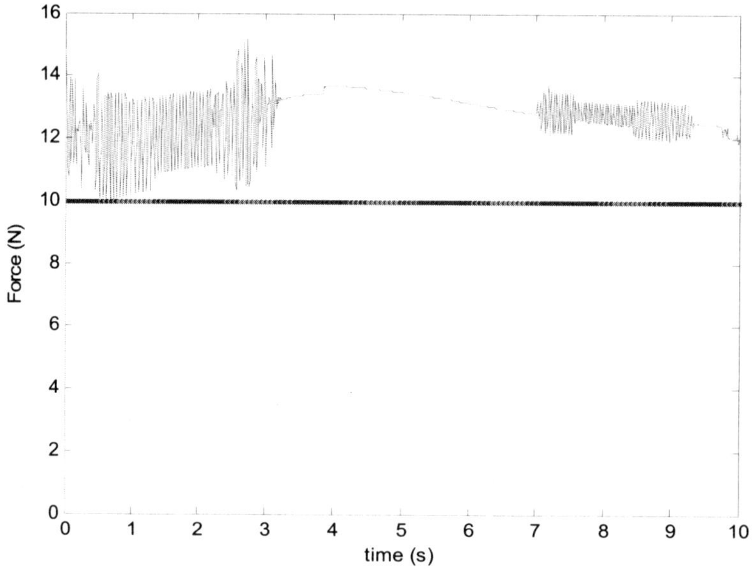

그림 6.26 힘추종 결과

힘추종과 위치 오차를 줄이기 위해 적분기를 사용하면 추종오차가 줄긴 줄지만 마찰력에 의한 채터링 영향은 줄지 않는다.

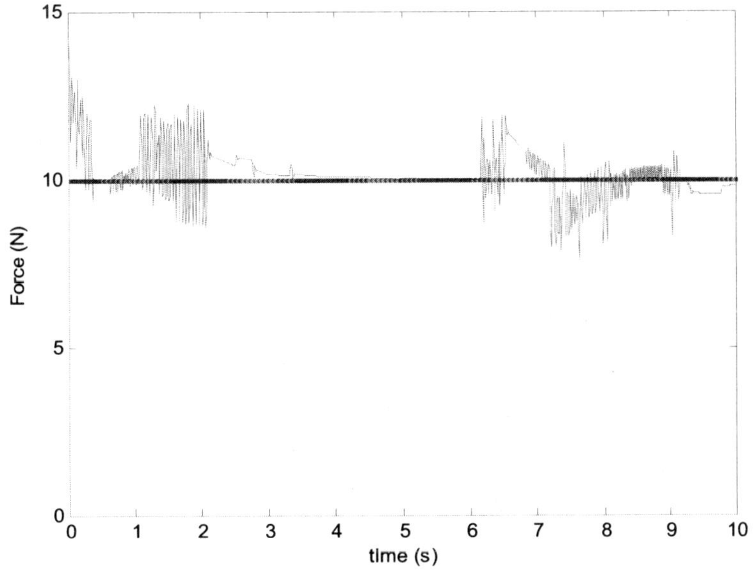

(a) 힘추종

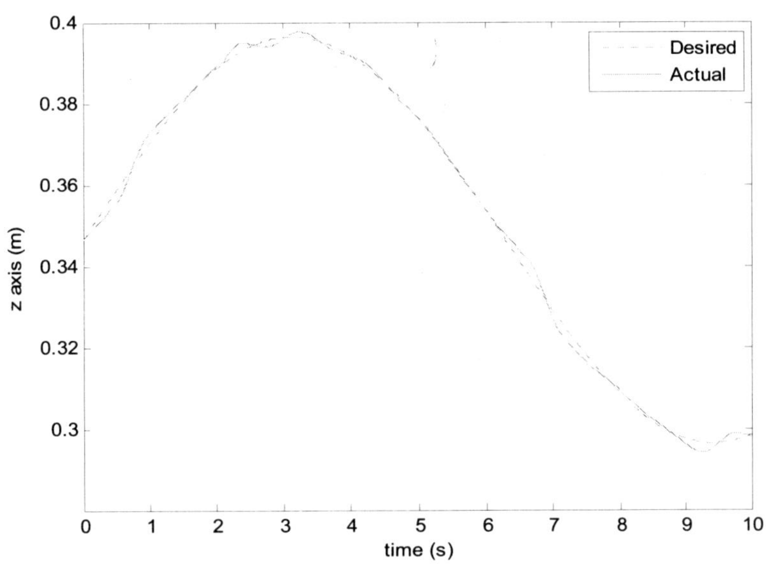

(b) 위치추종

그림 6.27 적분기 사용 힘 및 위치추종 결과

6.10.5 동적 불확실성을 보상하기 위한 내부 제어

로봇 모형의 오차와 불확실성을 보상하기 위해서는 잘 알려진 강건 위치 제어(disturbance rejection) 알고리즘을 사용한다. Disturbance rejection 알고리즘은 계산토크(computed torque) 방식의 단순화된 형태로서 간단하고 안정성이 보장되기 때문에 강건(robust)한 제어방식의 한 종류로 로봇 제어[11,12] 뿐만 아니라 모터 제어[22]에도 널리 적용되고 있다. 특히 계산 토크 방식에서 알지 못하는 하중(payload)이 로봇 팔 끝에 달려 있다면 수행 능력이 떨어지게 되는데 Disturbance rejection 알고리즘은 이를 보상한다. Disturbance rejection 알고리즘의 기본적인 아이디어는 바로 전 추출 시간(sampling time)에서의 로봇 방정식의 정보를 이용하여 불확실성을 없애는 것이다. 추출 시간이 빠르면 빠를수록 정확하게 보상을 할 수 있다.

관절 공간에서 로봇의 동적 방정식은

$$M\ddot{q}+h=\tau-\tau_e \tag{6.97}$$

M는 n x n 관성행렬이고 h는 n x 1 Coriolis와 구심력 그리고 중력, τ는 n x 1 관절 토크이고 τ_e는 n x 1 외부로부터의 토크이다.

로봇을 제어하기 위한 제어 법칙은 다음과 같이 나타낼 수 있다.

$$\tau=\hat{M}u+\hat{h}+\tau_e \tag{6.98}$$

로 나타낸다. $\hat{M}$ 과$\hat{h}$는 각각 M와 h의 모델한 값이다.

제어 입력 u는 다음과 같이 나타낸다.

$$u=\ddot{q} \tag{6.99}$$

식 (6.97)와 (6.98)(6.99)를 연립하면

$$\hat{h}=(D-\hat{D})\ddot{q}+h \tag{6.100}$$

로 표현될 수 있다.

식 (6.99)과 식(6.101)로부터 $\hat{h}$ 는 다음과 같이 나타낼 수 있다.

$$\hat{h}(t) = \tau(t) - \widehat{M}(t)\ddot{q}(t) - \tau_e \tag{6.101}$$

짧은 시간의 샘플링 시간 λ를 사용하면 h(t) ≅ h(t-λ)으로 나타낼 수 있다. 최근에 많이 사용하는 상용 DSP 보드를 사용하면 충분히 빠른 샘플링을 얻을 수 있다.

따라서 식(6.101)으로부터 $\overline{h}(t)$는 다음과 같이 이 전의 정보를 사용해서 대략적인 값으로 나타낼 수 있다.

$$\overline{h}(t) = h(t-\lambda) = \tau(t-\lambda) - \overline{M}\ddot{q}(t-\lambda) - \tau_e(t-\lambda) \tag{6.102}$$

그러므로, 새로운 제어 법칙은 아래와 같다.

$$\tau = \widehat{M}u + \overline{h} + \tau_e \tag{6.103}$$

제어 입력 u는 다음과 같다.

$$u = \ddot{q} = J^{-1}(\ddot{x} - \dot{J}\dot{q}) \tag{6.104}$$

식(6.104)과 식(6.105)를 함께 연립하면 제어법칙은 다음과 같다.

$$\tau = \widehat{M}J^{-1}(\ddot{x} - \dot{J}\dot{q}) + \overline{h} + \tau_e \tag{6.105}$$

앞에 나타난 임피던스 제어방식과 함께 사용하기 위해서 $\ddot{X}$는 아래와 같이 표현된다.

$$\ddot{x} = \ddot{x}'_e + M^{-1}(F_d - F_e + B(\dot{e}' + w)) \tag{6.106}$$

여기서

$$w(t) = w(t-\lambda) + \eta B^{-1}(F_d(t-\lambda) - F_e(t-\lambda)) \tag{6.107}$$

새로운 제어방식의 구조는 내부 루프와 외부 루프를 구별하여 그림 6.13에 나타나 있다.

6.10.6 모의 실험 결과

시뮬레이션을 위한 로봇의 모델로는 링크가 둘인 회전 로봇을 사용하였다. 위치제어의 수행능력을 실험하고자 각 골절에는 Coulomb 마찰력 그리고 viscous 마찰 힘 $\tau_f(\dot{q}) = 5.0sgn(\dot{q}) + 3.0\dot{q}$이 있다고 가정하였다. 제어기 이득은 M=I,B=diag[50,50] 그리고 적분이득 S= diag[1, 10]으로 선택되어진다. 접촉할 때에 이득K 는 힘제어 가능한 방향에서 x축 이득이 0이 되는 K=diag[0,200]이 된다.

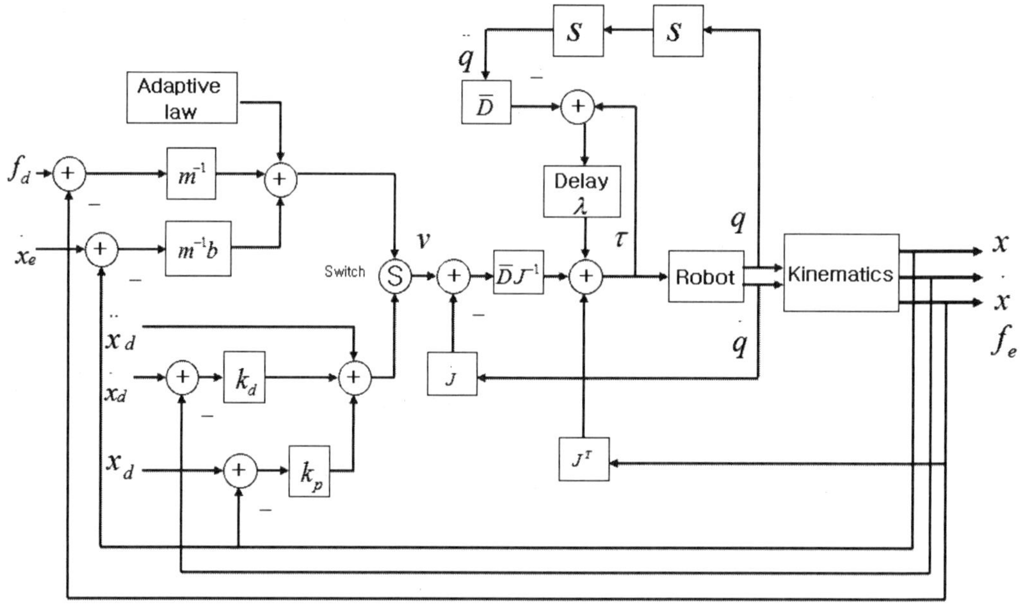

그림 6.28 시간지연 제어기를 포함하는 적응 힘제어 구조

SIMULINK 예제 6.7 시간지연제어기 기반 2축 로봇팔의 무모델 힘추종

① 제어법칙

힘제어방향 : $\ddot{x} = \ddot{x}_e{}' + \frac{1}{m}(b(\dot{x}_e{}' - \dot{x}) + f_e - f_d)$

위치제어 방향 : $\ddot{y} = \ddot{y}_d + \frac{1}{m}(b(\dot{y}_d - \dot{y}) + k(y_d - y))$

② SIMULINK 시뮬레이션

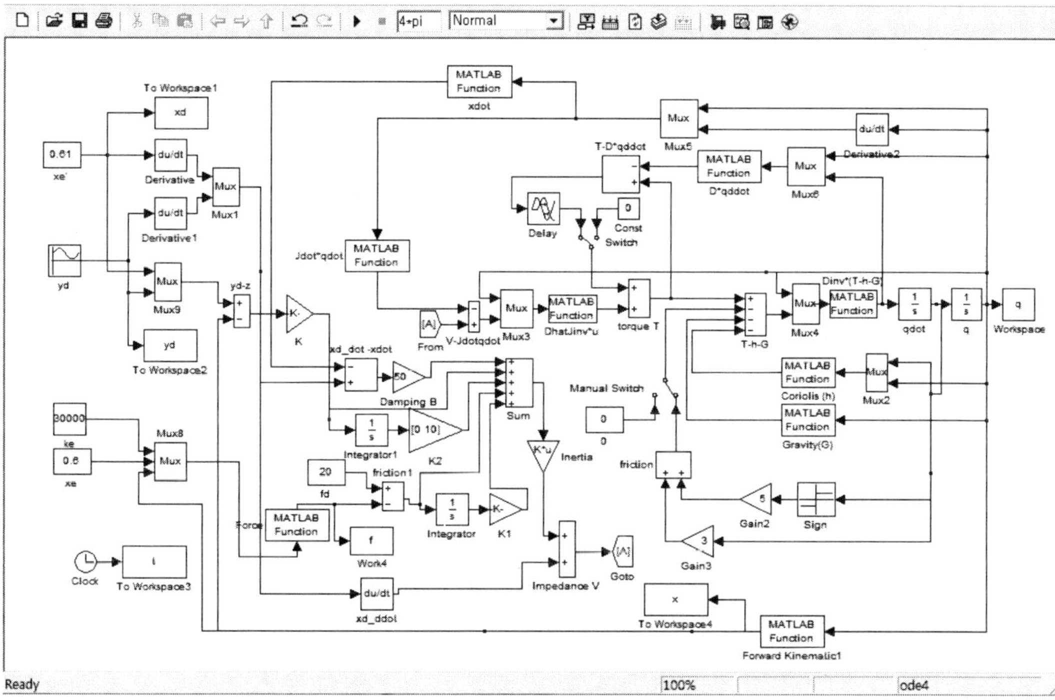

그림 6.29 적분기 사용 힘추종 시뮬레이션

③ 시뮬레이션 결과

먼저 마찰력이 없을 경우 힘추종을 살펴보았다. 기준힘도 상수가 아닌 사인파 형태로 시간에 따라 변하도록 설정하였다.

$$f_d = 20 + 10\sin(wt)(\mathrm{N})$$

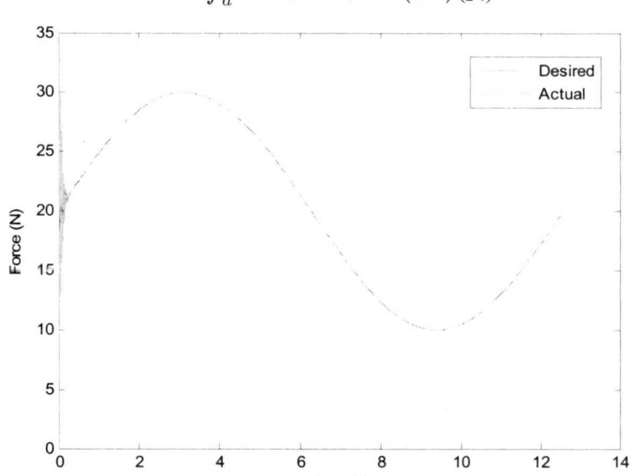

그림 6.30 사인파의 힘추종 결과

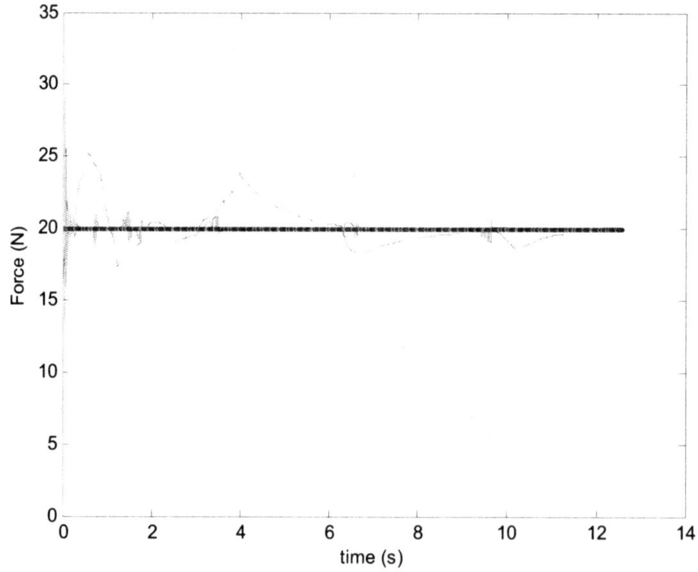

(a) 힘추종

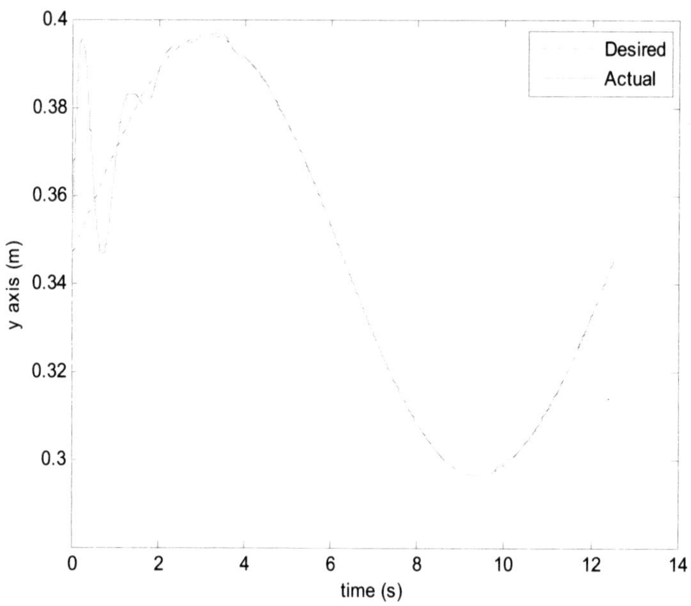

(b) 위치추종

그림 6.31 마찰력이 있을 때 힘 및 위치추종 결과

6.11 토의사항

로봇을 사용한 힘제어방식의 문제점과 해결 방안을 임피던스 힘제어방식을 중심으로 알아보았다. 로봇의 동적 불확실성에 의한 위치오차는 시간지연을 사용해서 불확실성을 서로 상쇄시키는 강건한 위치제어방식을 사용하였다. 또한 로봇이 작업하는 대상의 강성과 위치를 정확하게 모를 경우에 나타나는 힘의 오차를 간단한 적응제어방식을 사용하여 해결하였다. 적응제어방식을 사용할 경우에 로봇이 안정한 힘제어를 할 수 있는 적응 변수의 영역을 구하였다. 그 영역 안에서 다양한 변수를 실험한 결과 우리가 구한 영역과 일치함을 알았다. 또한 최상의 힘추종을 수행하기 위해 적응 이득은 그 영역 안에서 최적화 하였다. 동력학의 불확실성과 대상의 불확실성 하에서 힘추종 결과는 아주 우수하였다. 결과적으로 힘제어에서 발생하는 모든 문제점을 해결하는 방법을 제시하였다.

참 고 문 헌

[1] S. Jung, "On Force Tracking of Robot Manipulators", Master Thesis, University of California, Davis, June, 1991
[2] T. Lasky and T. C. Hsia, "On Force Tracking Impedance Control of Robot Manipulators", Proc. of IEEE Conference on Robotics and Automations, pp. 274-280, 1991
[3] J. K. Salisbury, "Active Stiffness Control of a Manipulator in Cartesian Coordinates", Proc. of 19th IEEE CDC, pp. 95-40, 1980.
[4] D. E. Whitney, "Force Feedback Control of Manipulator Fine Motions", ASME J. of Dynamic Systems, Measurement, and Control, pp. 91-97, June, 1977.
[5] N.Hogan, "Impedance Control:An Approach to Maniulator, Part i, ii, iii", ASME Journal of Dynamics Systems, Measurements, and Control, vol. 3, pp. 1-24, 1985
[6] M. Raibert and J. Craig, "Hybrid Position/Force Control of Manipulators", ASME J. of Dynamic Systems, Measurements, and Control, vol. 42, pp. 126-133, 1981
[7] R. Anderson and M. W. Spong, "Hybrid Impedance Control of Robotic Manipulators", Proc. IEEE Conference on Robotics and Automations, pp. 473-480, 1987.
[8] G. J. Liu and A. A. Goldenberg, "Robust Hybrid Impedance Control of Robot Manipulators", Proc. IEEE Conference on Robotics and Automations, pp.287-292, 1991.
[9] S. Jung and T. C. Hsia, "On Neural Network Application to Robust Impedance Force Control of Robot Manipulator", to appear Proc. IEEE Conference on Robotics and Automations, Nagoya, Japan, 1995
[10] S. Jung and T. C. Hsia, "Neural Network Controller Design for Force Control of Robot Manipulator", to appear Proc. IEEE Symposium on Intelligent Control, Monteray, California, 1995
[11] T.C. Hsia and L. S. Gao, "Robust Manipulator Control using Decentralized Linear Time-Invariant Joint Controllers", Proc. of Robotics and Automations, pp. 21-25, 1990.
[12] T. C. Hsia, T. A. Lasky, and Z. Y, Guo, "Robust Independent Joint Controller Design for Industrial Robot Manipulators", IEEE Transactions on Industrial Electronics, vol. 38, pp. 21-25, 1991
[13] S. Jung, T. C. Hsia and R. G Bonitz, "Force Tracking Impedance Force

Control Under Unknown Environment Stiffness", submitted to J. of Robotic Systems, 1995

[14] D. A. Lawrence, "Impedance Control Stability Properties in Common Implementations", Proc. IEEE Conference on Robotics and Auromations, pp. 1185-1190, 1988.

[15] S. Vidyasagar and M. Spong, "Robot Dynamics and Control", John Wiley & Sons, 1989.

[16] S. Jung and T. C. Hsia, "A Study on New Neural Network Schemes for Robot Manipulator Control", to appear in Robotica, 1995

[17] S. Jung and T. C. Hsia, "A New Neural Network Technique for Robot Manipulators", to appear in Robotica, 1995

[18] R. Colbaugh, H. Seraji, and K. Glass, "Direct Adaptive Impedance Control of Robot Manipulators", Journal of Robotics Systems, vol. 4, pp. 217-248, 1993

[19] H. Seraji and R. Colbaugh, "Force Tracking in Impedance Control", Proc. IEEE Conference on Robotics and Auromations, pp. 499-506, 1993.

[20] R. Colbaugh and A. engelmann, "Adaptive Compliant Motion Control of Manipulators : Theory and Experiments", Proc. IEEE Conference on Robotics and Automations, pp. 2719-2726, 1996.

[21] H. Seraji, "Adaptive Admittance Control : An Approach to Explicit Force Control in Compliant Motion", Proc. IEEE Conference on Robotics and Automations, pp. 2705-2712, 1994

[22] C. M. Liaw and F. J. Lin, "A Robust Speed Controller for Induction Motor Drives", IEEE Transactions on Industrial Electronics, Vol. 41, No. 3, pp. 308-315, June, 1996.

[23] D. G. Bihn, "A Universal Six Joint Robot Controller", Master's Thesis, University of California, Davis, 1986

[24] B. W. Drake and T. C. Hsia, "Implementation of a Unified Robot Kinematic and Inverse Dynamics Algorithm on a DSP Chip", IEEE Trans. on Industrial Electronics, Vol. 40, No. 2, April, 1993

[25] L. M. Weiss, "Cartesian Robot Control Algorithm Performance : Experimental Investigation", Master Thesis, University of California, Davis, 1995

[26] 정슬, "로봇의 디버링 작업이나 표면 광택 작업을 위한 새로운 힘제어 기술 개발",제어 자동화 시스템 공학 논문지, pp.786-795, 제6권, 9호, 2000년

[27] 임선빈, 정슬, "신경회로망을 이용한 비선형 시스템 제어의 실험적 연구", 한국 자동제어 학술회의, 용인, 2000

[28] S. Jung and T. C. Hsia, "A New Neural Network Technique for Robot Manipulators", Robotica, Vol. 13, pp. 477-484, 1995

[29] S. Jung and T. C. Hsia, "Neural Network Impedance Force Control of Robot Manipulator", IEEE Transaction on Industrial Electronics, vol. 45, no.3, pp. 451-461, 1998

[30] S. Jung and T. C. Hsia, "Robust Neural Force Control Scheme under Uncertaintiesin Robot Dynamics and Unknown Environment", IEEE Transaction on Industrial Electronics, vol. 47, no.2, pp. 403-412, 2000

[31] S. Jung and T. C. Hsia, "Force Tracking Impedance Control for Robot Manipulators with an Unknown Environment: Theory, Simulation, and Experiment", Journal of Robotics Research, , vol. 20, no.9, pp. 765-774, 2001

[32] S. Jung and T. C. Hsia, "Force Tracking Impedance Control of Robot Manipulators Under Unknown Environment", IEEE Transaction on Control Systems Technology, vol. 12, no.2, pp. 474-483, 2004

[33] S. Jung, P. W. Jeon, and T. C. Hsia, Contour tracking of an unknown planar object by regulating force for mobile robot navigation, ROBOTICA, vol. 25, no.3, pp. 297-305, 2007

[34] 임선빈, 정슬, "미정보 환경하에서의 신경회로망 힘추종 로봇제어 기술의 실험적 연구", 제어 자동화 시스템 공학 논문지, 8권 4호, pp. 338-344, 2002

[35] 전풍우, 정슬, "장님 이동로봇의 힘제어 : 분석, 시뮬레이션 및 실험", 제어 자동화 시스템 공학 논문지, 9권 10호, pp. 798-807, 2003

[36] 전풍우, 정슬, "힘제어 기반의 틈새 추종 로봇의 제작 및 제어에 관한 연구: Part II. 힘제어", 제어 자동화 시스템 공학 논문지, 11권 4호, pp. 337-343, 2005

[37] 엄일용, 석진영, 정슬, "힘자율 주행 헬리콥터의 위치 추종 제어를 위한 LQR 제어 및 신경회로망 보상 방식", 제어 자동화 시스템 공학 논문지, 11권 11호, pp. 930-935, 2005

[38] 정슬, 하천장, "자율 주행 이동 로봇의 슬립을 고려한 횡방향 임피던스 힘제어에 대한 연구", 제어 자동화 시스템 공학 논문지, 12권 2호, pp. 161-167, 2006

[39] 전효원, 정슬, "힘제어 기반의 로봇 팔과 인간팔의 상호 작용을 위한 임베디드 시스템 설계", 제어 자동화 시스템 공학 논문지, 15권 11호, pp. 1096-1101, 2009

[40] 배영걸, 최호진, 정슬, "원격제어 시스템의 종로봇인 이동 로봇의 제작과 힘 추종 제어 구현", 제어 자동화 시스템 공학 논문지, 16권 7호, pp. 681-687, 2010

7

로봇의 신경망 힘제어
(Neural Force Control)

7.1 소개

최근의 산업로봇은 단순히 물건을 옮기는 작업으로부터 엔진 주물의 버(burr)를 제거한다던가, 자동차의 후드(hood)의 광택작업을 한다던가, 더 나아가 두 대의 로봇이 서로 협조하여 작업하는 어려운 작업을 수행하도록 요구되어지고 있다. 이러한 작업은 로봇이 대상과 관계를 이루며 작업을 해야 하는 어려운 점이 있다. 로봇이 어떤 대상에 접촉하여 작업을 할 때에는 접촉을 유지하기 위하여 그 대상에 일정한 힘을 가한 상태에서 작업해야 하므로 적당한 힘을 제어하는 기술, 즉 힘제어 기술이 필요하다. 예컨대, 두 대의 로봇이 한 물건을 잡고 서로 협조하며 작업한다는 것은 위치제어 만으로는 어려우며 반드시 힘제어를 수반하여야한다. 이처럼 힘제어는 고 난이도의 로봇 제어방식으로 산업 공정에서 뿐만 아니라 최근 많은 인기를 얻고 있는 Haptic interface에도 반드시 필요한 제어 기술이다.

힘제어는 위치제어가 기반이 되므로 먼저 위치제어가 잘되어야 한다. 또한 힘제어는 대상과의 상호작용에 의해 힘이 결정되는 임피던스 힘제어방식과 힘제어와 위치제어를 나누어 직접 원하는 힘을 제어하는 하이브리드 힘제어방식으로 크게 둘로 나뉜다[1-2].

이전의 논문에서는 적응제어방식을 적용하여 미정보 환경 하에서 원하는 힘을 추종하는 힘제어방식을 제안하였다[3]. 로봇의 동적 불확실성은 시간 지연 제어방식(Time-delayed control)을 사용하여 보상하였고 미정보 환경의 불확실성, 예를 들면 대상의 위치와 강성도의 정확한 정보의 부재에서 오는 불확실성은 적응제어방식을 사용하여 보상하였다.

본 논문에서는 동적 모델의 블확실성과 대상으로부터 초래되는 불확실성 등 모든 것을 하나의 신경회로망으로 보상하는 방식을 제안하고자 한다. 신경회로망은 학습능력과 적응능력, 비선형 맵핑능력 등 복잡하고 어려운 비선형 시스템의 문제점을 보완하는 도구로 많이 사용되어져 왔다. 제어분야에서는 비선형 제어기로 많이 사용되어져 왔으며, 최근에는 빠른 연산의 하드웨어의 지원으로 실시간 제어가 가능해졌다. 최근에는 신경회로망을 이용한 로봇제어의 분야에 대한 관심도가 증가하고 있으며 실험적인 연구 결과가 많이 도출되고 있는 실정이다. 신경회로망이 산업 로봇이나 flexible 로봇의 비선형성을 보상하여 위치 추종을 잘하도록 한다[4-5]. 또한 이동로봇의 제어나 해저로봇 분야에도 신경망을 적용하고 있다[6-7]. 하지만 신경망을 이용한 힘제어 기술 분야는 아직 미개척분야이고 실험적 결과를 찾아보기란 어렵다.

따라서, 본 논문에서는 신경회로망을 이용한 로봇의 위치제어에 대한 기존의 연구를 연장하여 신경회로망을 힘제어에 적용하여 실험적으로 검증하고자 한다[8-9]. 신경회로망의 많은 연산을 실시간으로 계산하기 위해서 DSP 보드를 사용하였으며 대상의 불확실성을 실험하기 위해 강성도가 다른 나무와 철판을 볼록하게 만들어 로봇이 추종하도록 하였다.

7.2 직교공간에서의 로봇 동력학

관절이 n인 로봇의 동적 방정식은 다음과 같다.

$$M(q)\ddot{q}+h(q,\dot{q})=\tau-\tau_e \tag{7.1}$$

$M(q)$는 n x n 관성 행렬을 나타내고, $h(q,\dot{q})$ 는 n x 1 코리올리스힘, 원심력과 중력 벡터를 나타내고, $q,\dot{q},\ \ddot{q}$ 는 각각 n x 1 관절의 각, 각속도, 각가속도 벡터를 나타내고, τ는 n x 1 토크 벡터, 그리고 τ_e는 n x 1 외부의 토크벡터를 나타낸다.

힘제어는 카테시안 공간에서 이루어지므로 관절 공간의 동력학식을 카테시안 공간으로 변환해야 한다. 조인트 속도를 직교공간의 속도로 변환하기 위해서는 자코비안 행렬을 통해 다음과 같이 표현된다.

$$\dot{q}=J^{-1}\dot{x} \tag{7.2}$$

여기서 x는 n x 1 직교좌표의 위치 및 오리엔테이션 벡터이고 J는 n x n 자코비안 행렬이다.

(7.2)를 미분하면 각가속도를 얻는다.

$$\ddot{q}=J^{-1}(\ddot{x}-\dot{J}q) \tag{7.3}$$

(7.2)와 (7.3)을 (7.1)에 대입하고 정리하면 직교 공간에서의 로봇 동적 모형을 다음과 같이 구할 수 있다.

$$M^*(x)\ddot{x}+h^*(x,\dot{x})=F-F_e \tag{7.4}$$

$M^* = J^{-T}MJ^{-1}$는 직교 공간에서의 관성 행렬, $h^* = J^{-T}h - M^*\dot{J}J^{-1}\dot{x}$는 직교 공간에서의 코리올리스힘, 원심력과 중력을 나타내고, F는 실제 힘, Fe 는 외부로부터의 힘을 나타낸다. (7.4)는 비선형이고 각 관절이 서로 연관되어 있기 때문에 선형화하고 분리시켜 제어한다.

7.3 임피던스 힘제어방식 및 동적 불확실성

임피던스 힘제어방식은 말 그 자체에서 알 수 있듯이 전기회로에서 입력과 출력의 임피던스 관계를 나타낸다. 이는 스프링 댐퍼 시스템과 연결지어 힘과 위치와의 관계를 임피던스 관계식으로 나타낼 수 있게 된다. 임피던스 방식은 임피던스 변수들의 값을 조절하므로 힘을 조절하게 되는 간접제어방식을 나타낸다[1].

먼저 힘제어를 적용하기에 앞서 위치제어를 보상하여만 힘제어를 잘 할 수 있게 된다. 카테시안 공간에서 로봇 모델을 기반으로 한 제어법칙은 다음과 같다.

$$F = \widehat{M}^* v + \hat{h}^* + F_e \tag{7.5}$$

여기에서 $\widehat{M}^*$와 $\hat{h}^*$는 각각 카테시안 공간의 모델D^*와 h^*의 평가치(estimation)이다. 여기서 제어입력 v는 다음과 같이 임피던스 관계식으로부터 설정한다.

$$\ddot{x} \cong v = \ddot{x}_r + A^{-1}(B\dot{e} + Ke - F_e) \tag{7.6}$$

여기서 $e = x_r - x$, x_r은 주어진 경로이고, x는 실제 경로이다. 또한 M은 관성이득 행렬, B는 댐핑이득 행렬, K는 강성이득 행렬이고 F_e는 외부로부터의 힘으로 힘 센서에 의해 측정된다. 실제 로봇 동적 방정식 (7.4) 에 로봇의 모델 방정식 (7.5),(7.6)을 대입하면 다음과 같은 오차 방정식이 유도된다.

$$A\ddot{e} + B\dot{e} + Ke = F_e + \Delta_M \tag{7.7}$$

여기서 $\Delta_M = \widehat{M^{*}}^{-1}[\Delta M^*\ddot{x} + \Delta h^*]$로 로봇의 동적 불확실성을 나타내는데, $\Delta M^* = M^* - \widehat{M^*}, \Delta h^* = h^* - \widehat{h^*}$이다.

결과적으로, 임피던스 제어 방법을 사용하여 힘제어를 정확하게 하려면 우선적으로 로봇의 위치제어가 보장되어야 한다. 임피던스 제어방식은 로봇의 모형을 근거로 하는 토크 계산 방식을 기본으로 하기 때문에 (7.7)의 로봇 모형의 불일치에서 오는 불확실성이 보상되지 않으면 힘제어를 잘 할 수 없게 된다.

(7.7)에서 보여진 것처럼 힘제어방식들의 수행 능력은 로봇 동적 모형의 정확도와 대상의 불확실성들에 따라 좌우된다. 실제로는 로봇 동적 모형을 정확하게 구할 수가 없기 때문에 모형의 오차가 생기고 마찰력이나 백래쉬(backlash) 등과 같은 비선형 요소들과 알지 못하는 디버링 도구의 영향이 존재하기 때문에 정확한 위치 제어 수행을 저해한다. 이러한 위치 제어의 오차는 결국 힘제어의 오차를 초래하기 때문에 그에 대한 보상이 필요하다[4].

(7.7)에서 불확실성 Δ_M가 보상되어지면, 힘이 제어되는 방향에서의 임피던스 함수는 다음과 같이 이상적인 형태로 나타날 수 있다.

$$F_e = A\ddot{e} + B\dot{e} + Ke \tag{7.8}$$

정상상태(steady state)에서 $F_e = Ke = K(x_r - x)$이므로 주어진 경로 x_r과 강성이득 K를 정함에 따라서 힘의 크기가 결정됨을 알 수 있다. 주어진 경로x_r은 원하는 힘 F_d, 대상의 강성도 K_e, 대상의 위치 x_e, 그리고 강성 이득 K 등의 값들을 정확하게 알아야 만 다음 식을 사용하여 미리 계산을 할 수 있다.

$$x_r = x_e + \Delta x_r = x_e + K_{eff}^{-1} F_d,$$

$$K_{eff}^{-1} = K^{-1} + K_e^{-1} \tag{7.9}$$

F_d 와 K는 사용자가 정할 수 있지만 K_e나 x_e는 사용자가 쉽게 정할 수 없다. 따라서, X_e의 값을 얻기 위한 시각 센서의 도움 없이 힘제어의 수행 능력을 향상시키기 위해서는 정확한 대상의 강성도 K_e의 정보와 대상의 위치 X_e의 정보가 필요하다. 이처럼 임피던스 제어에서는 임피던스 매개 변수를 대상에 맞게 선택하여 주어진 경로를 조절함으로써 원하는 힘을 간접적으로 조절하게 된다.

7.4 힘추종 제어방식

임피던스 관계식 (7.8)에 추종하고자 하는 힘 F_d를 빼면 다음과 같은 새로운 임피던스 관계식을 얻게 된다.

$$F_e - F_d = A\ddot{e} + B\dot{e} + Ke \tag{7.10}$$

안정상태에서는 다음과 같다.

$$F_e - F_d = K(x_r - x) \tag{7.11}$$

따라서 원하는 힘을 추종하기 위해서는 마찬가지로 강성도 이득값의 역할이 매우 큼을 알 수 있다. 그러므로 힘을 직접적으로 제어하기 위해서는 다음과 같이 임피던스 함수를 구성하여야 한다.

$$F_e - F_d = A\ddot{e} + B\dot{e} \tag{7.12}$$

$F_e = K_e(x - x_e)$이므로 대입하면 다음과 같다.

$$F_d = -A\ddot{e} - B\dot{e} + K_e(x - x_e) \tag{7.13}$$

새로운 오차 $\epsilon = x_e - x$, x_e는 대상의 정확한 위치, 를 정의하고 식(7.13)을 다시 정리하면 다음과 같다.

$$F_d = A\ddot{\epsilon} + B\dot{\epsilon} + K_e\epsilon \tag{7.14}$$

안정상태에서는

$$F_e = F_d \tag{7.15}$$

를 만족한다.

하지만 일반적으로 대상의 위치를 정확하게 알지 못하므로 대상의 위치에 불확실성 Δx_e을 포함하면 다음과 같다.

$$x_e{}' = x_e + \Delta x_e \tag{7.16}$$

(7.14)에 대입하고 정리하면 다음과 같다.

$$\begin{aligned} F_d &= A\ddot{\epsilon}' + B\dot{\epsilon}' + K_e \epsilon' \\ &= A\ddot{\epsilon} + B\dot{\epsilon} + K_e \epsilon + A\Delta\ddot{x}_e + B\Delta\dot{x}_e + K_e \Delta x_e \end{aligned} \tag{7.17}$$

안정상태에서 (7.17)은 다음과 같으므로 정확한 힘을 추종하지 못하게 된다.

$$F_d - F_e = K_e \Delta x_e \tag{7.18}$$

(7.17)의 로봇 동력학의 불확실성을 포함하면 (7.14)는 다음과 같이 된다.

$$F_d - F_e = A\ddot{\epsilon}' + B\dot{\epsilon}' + \Delta_M \tag{7.19}$$

결과적으로 힘추종은 어렵게 된다.

7.5 신경망 제어 및 학습방식

앞에서 언급한 대상과 로봇 동력학으로부터의 불확실성을 보상하기 위해 신경회로망을 사용한다. 신경회로망은 비선형 학습 능력이 있으므로 비선형 시스템 제어에 매우 유용하게 사용할 수 있다.

신경회로망의 출력을 제어 입력에 더하면 다음과 같다.

$$v_p = \ddot{x}_d + A^{-1}(B\dot{e} + Ke) + \Phi_p$$

$$v_f = \ddot{x}_e{}' + A^{-1}(B\dot{\epsilon}' + F_d - F_e) + \Phi_f \tag{7.20}$$

여기서 v_p는 위치제어 방향의 제어입력이고 v_f는 힘제어 방향의 제어입력이다.

(7.20)을 (7.5)에 대입하고 (7.4)와 등식으로 놓으면 다음과 같다.

$$\begin{aligned}&\widehat{M}^*(\ddot{x}_e' + A^{-1}(B\dot{\epsilon}' + F_d - F_e) + \Phi_f) + \widehat{h}^* + F_e \\ &= M^*\ddot{x} + h^* + F_e\end{aligned} \tag{7.21}$$

(7.21)에 $\widehat{M}^*\ddot{x}$를 더하고 빼준 뒤, 정리하면

$$\begin{aligned}&\widehat{M}^*(\ddot{x}_e' - \ddot{x} + A^{-1}(B\dot{\epsilon}' + F_d - F_e) + \Phi_f) \\ &= M^*\ddot{x} - \widehat{M}^*\ddot{x} + H^* - \widehat{h}^*\end{aligned} \tag{7.22}$$

양변을 $\widehat{M}^*$로 나누면

$$\begin{aligned}&\ddot{\epsilon}' + A^{-1}(B\dot{\epsilon}' + F_d - F_e) + \Phi_f \\ &= \widehat{M}^{*^{-1}}(M^*\ddot{x} - \widehat{M}^*\ddot{x} + h^* - \widehat{h}^*)\end{aligned} \tag{7.23}$$

(7.23)의 양변에 A을 곱하고 정리하면 그림 7.1과 같은 제어블록이 되며 다음과 같은 식을 얻게 된다

$$A\ddot{\epsilon}' + B\dot{\epsilon}' + F_d - F_e = A\widehat{M}^* - 1(\Delta\widehat{M}\ddot{x} + \Delta\hat{h}) - A\Phi_f \tag{7.24}$$

여기서 $\Delta\widehat{M}^* = M^* - \widehat{M}^*$, $\Delta h = h^* - \widehat{h}^*$이다.

마찬가지로 하면 위치제어 방향의 식은 다음과 같이 얻게된다.

$$A\ddot{e} + B\dot{e} + Ke = \widehat{M}^{*^{-1}}(\Delta\widehat{M}\ddot{X}x + \Delta\hat{h}) - A\Phi_p \tag{7.25}$$

여기서 $e = x_r - x$이다.

(7.24)에서 힘제어 방향의 신경회로망의 학습신호를 다음과 같이 정의하면

$$
\begin{aligned}
e_f &= F_d - F_e \\
&= -A\ddot{\epsilon}' - B\dot{\epsilon}' + A\widehat{M^{*-1}}(\Delta\hat{M}\ddot{x} + \Delta\hat{H}) - A\Phi_f
\end{aligned}
\tag{7.26}
$$

수렴되었을 경우, 즉 $e_f \rightarrow 0, F_e \rightarrow F_d$일 때, 신경망의 출력은 다음과 같다.

$$\Phi_f \simeq -\ddot{\epsilon}' - A^{-1}B\dot{\epsilon}' + \hat{M}^{*-1}(\Delta\hat{M}\ddot{x} + \Delta\hat{h}) \tag{7.27}$$

마찬가지로 위치제어방향의 학습신호는 다음과 같이 정한다.

$$e_p = A\ddot{\epsilon}' + B\dot{\epsilon}' + K\epsilon \tag{7.28}$$

그러므로 힘추종 오차 e_f와 위치추종오차 e_p를 최소화하도록 역전파 알고리즘을 설계하여 신경망을 학습시키면 된다.

신경회로망을 학습시키기 위해 최소화하고자 하는 목적함수는 다음과 같다.

$$E = \frac{1}{2}e^T e \tag{7.29}$$

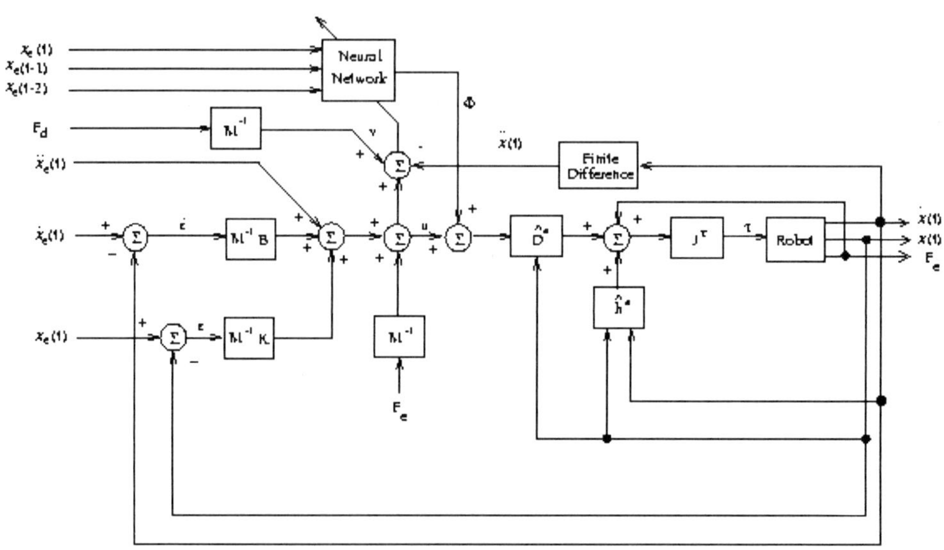

그림 7.1. 신경망 힘제어 블록 다이아 그램

여기서 e는 e_p와 e_f를 포함하는 오차벡터이다.

(7.29)을 가중치에 대해 미분하면 목적함수 E의 그래디언트를 다음과 같이 구할 수 있다.

$$\frac{\partial E}{\partial w} = \frac{\partial e^T}{\partial w} e \tag{7.30}$$

여기서 그래디언트 $\frac{\partial e^T}{\partial w}$는 (7.24)와 (7.25)로부터 다음과 같이 구할 수 있다.

$$\frac{\partial e^T}{\partial w} = -M \frac{\partial \Phi^T}{\partial w} \tag{7.31}$$

(7.31)은 가중값들을 다음과 같이 새롭게 하기 위해 역전파(back-propagation) 알고리즘에 사용된다.

$$\Delta w(t) = -\eta \frac{\partial E}{\partial w} + \alpha \Delta w(t-1) \tag{7.32}$$

$$w(t+1) = w(t) + \Delta w(t) \tag{7.33}$$

여기서 η 값은 학습률이고, α는 운동량(momentum) 상수이다.

SIMULINK 예제 7.1 2축 로봇팔의 신경망 힘제어

① 제어법칙

$$\tau = \hat{D}u + \tau_N,\ u - J^{-1}(v - \dot{J}q)$$

힘제어방향 : $v_f = \ddot{x}_e{}' + \frac{1}{m}(b(\dot{x}_e{}' - \dot{x}) + f_e - f_d)$

위치제어 방향 : $v_p = \ddot{y}_d + \frac{1}{m}(b(\dot{y}_d - \dot{y}) + k(y_d - y))$

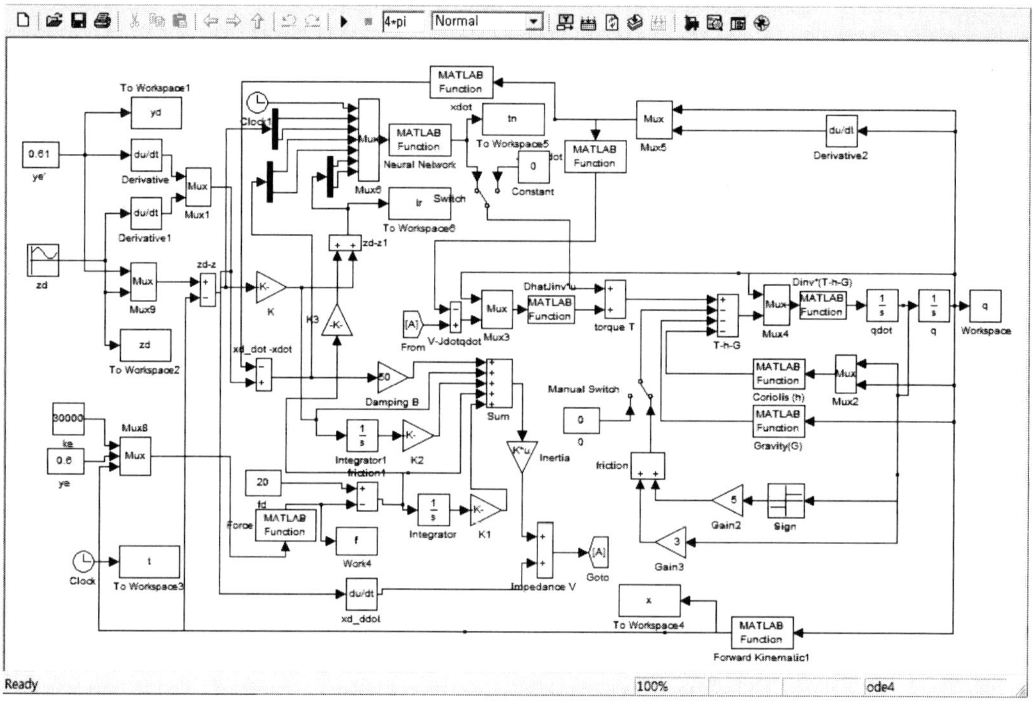

그림 7.2 신경망 힘제어 시뮬레이션

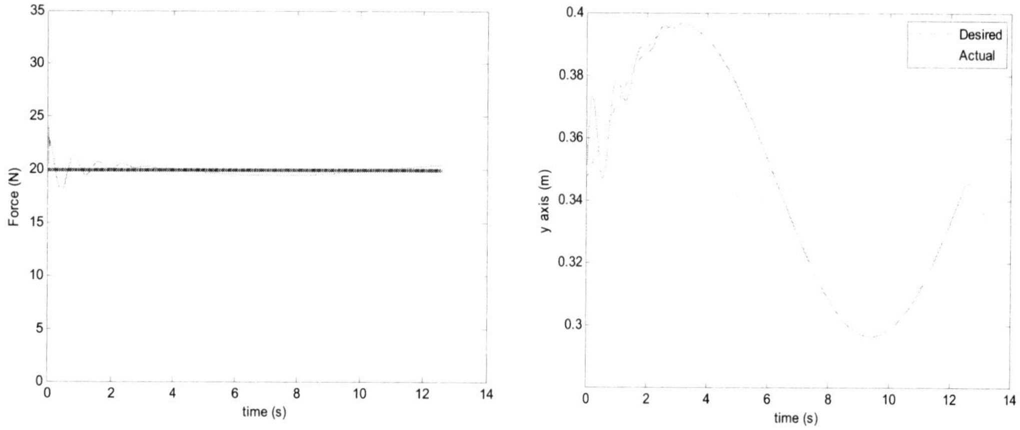

그림 7.3 힘 및 위치추종 결과

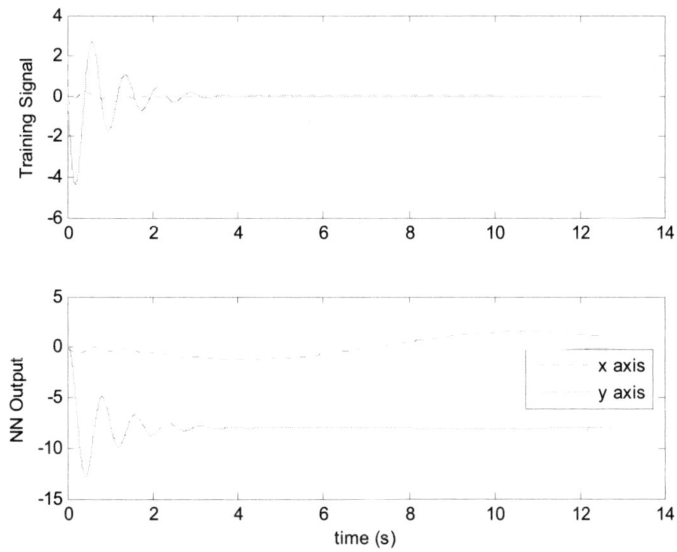

그림 7.4 신경망 학습 신호와 출력

마찰력을 추가한 시뮬레이션은 다음과 같다.

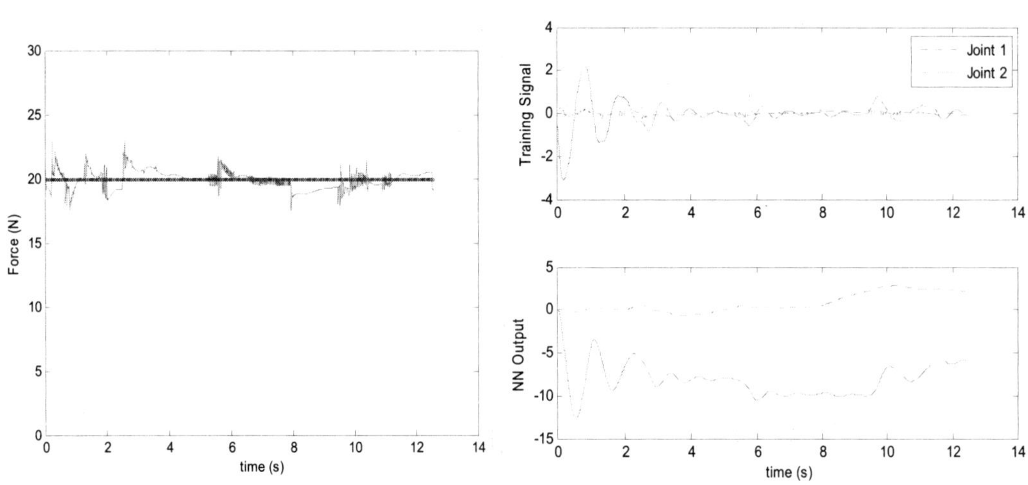

그림 7.5 힘추종 결과 및 신경망 학습신호 및 출력

SIMULINK 예제 7.2 로봇팔의 신경망 위치기반 힘제어 (모델 기반 제어 방식)

① 제어법칙

$$\tau = \hat{D}u + \hat{C} + \hat{G}, \quad u = J^{-1}(v - \dot{J}\dot{q})$$

힘제어방향 : $v_f = \ddot{x}_e{}' + \dfrac{1}{m}(b(\dot{x}_e{}' - \dot{x} + \dot{x}_n) + k(x_e{}' - \dot{x} + x_n))$

위치제어 방향 : $v_p = \ddot{x}_d + \dfrac{1}{m}(b(\dot{x}_d - \dot{x}) + k(x_d - x))$

② 시뮬링크 프로그램

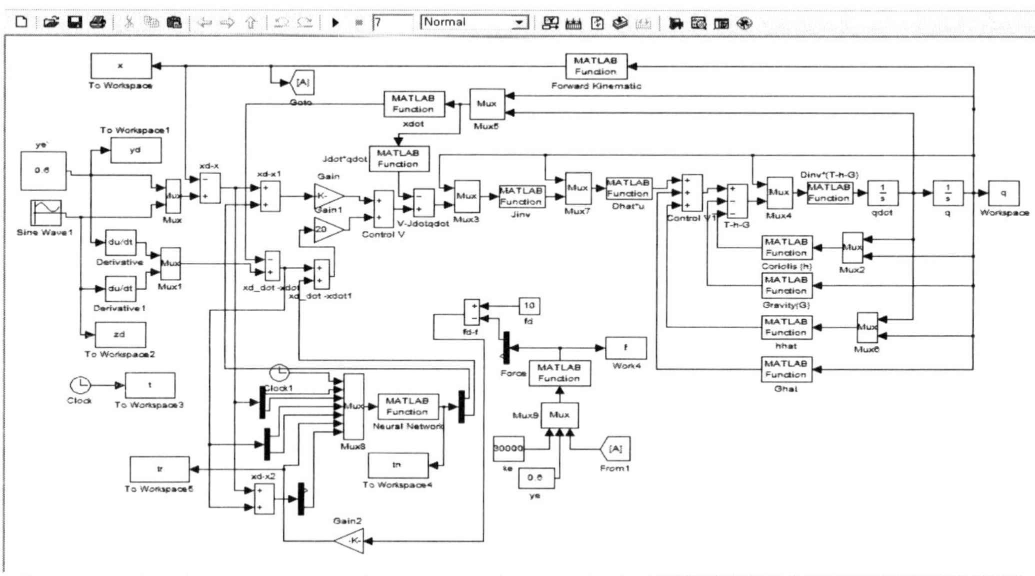

그림 7.6 위치기반 신경망 힘제어 시뮬레이션

③ 시뮬레이션 내용

기준 위치를 ye' = 0.6 m으로 정하고 하였다. 학습률은 0.00001, 은닉층은 6개를 사용하였다.

④ 시뮬레이션 결과

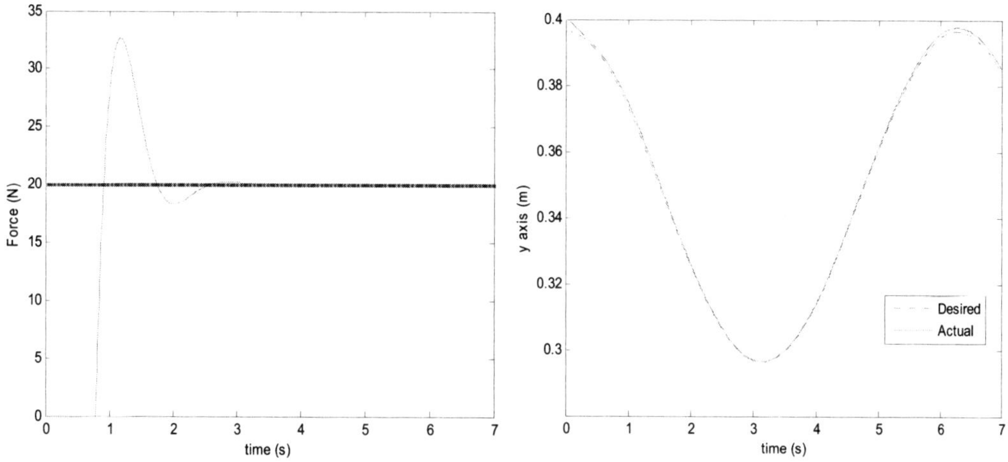

그림 7.7 힘 및 위치추종 결과

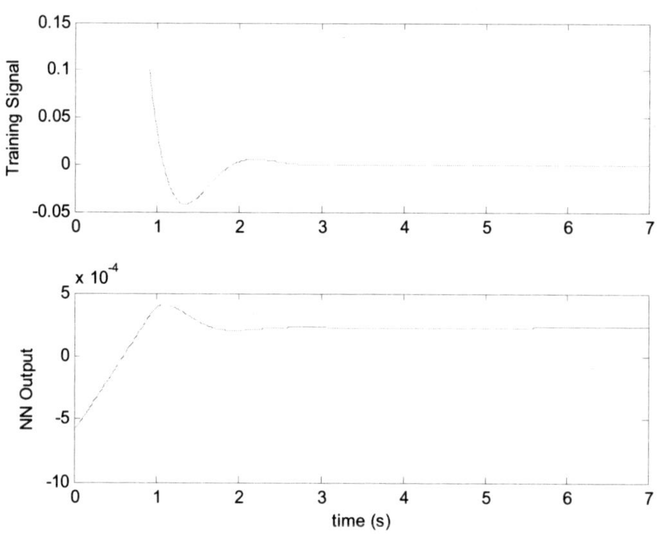

그림 7.8 신경망 학습신호와 출력

SIMULINK 예제 7.3 로봇팔의 신경망 위치기반 힘제어 (무모델제어의 경우)

① 제어법칙

$$\tau = \hat{D}u + \hat{C} + \hat{G},\ \ u = J^{-1}(v - \dot{J}\dot{q})$$

힘제어방향 : $v_f = \ddot{x}_e{}' + \dfrac{1}{m}(b(\dot{x}_e{}' - \dot{x} + \dot{x}_n) + k(x_e{}' - \dot{x} + x_n)$

위치제어 방향 : $v_p = \ddot{y}_d + \dfrac{1}{m}(b(\dot{y}_d - \dot{x}) + k(y_d - y))$

② 시뮬링크 프로그램

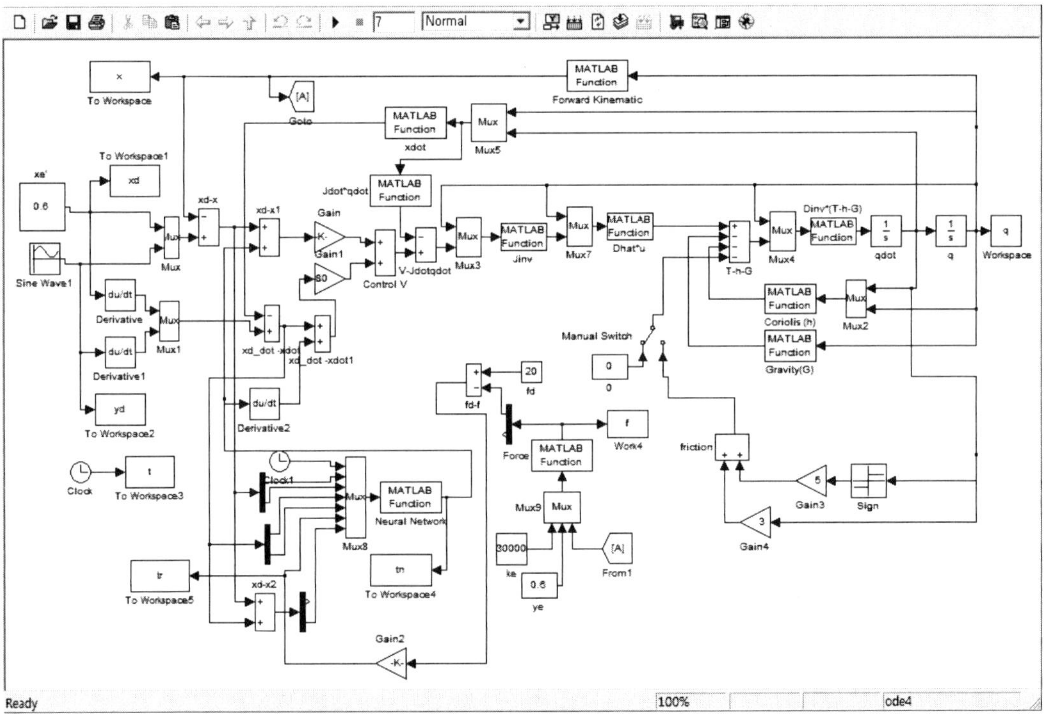

그림 7.9 위치기반 신경망 힘제어 시뮬레이션(무모델)

③ 시뮬레이션 결과

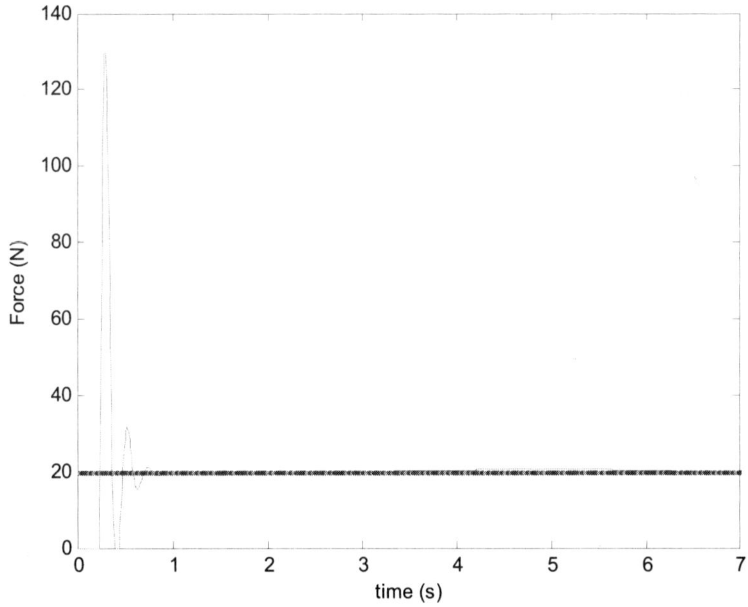

(a) 힘추종 결과

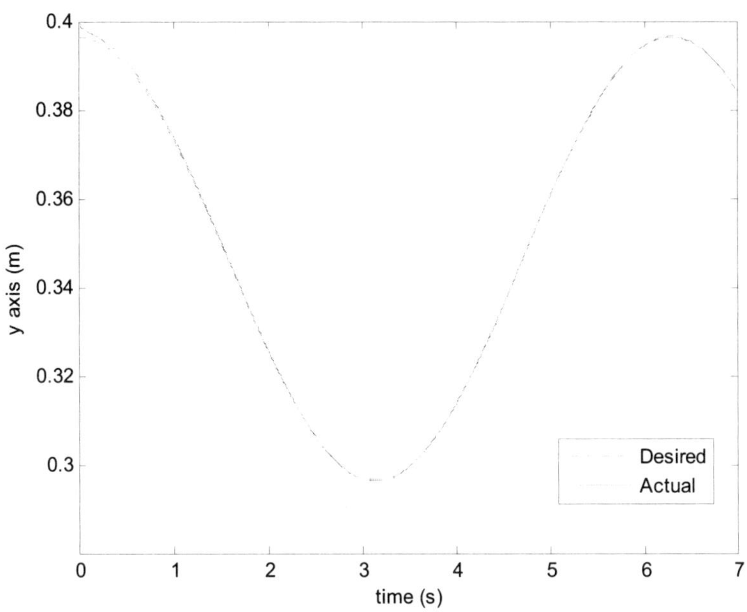

(b) 위치추종 결과

그림 7.10 힘 및 위치추종 결과

마찰력을 포함한 시뮬레이션 결과는 다음과 같다.

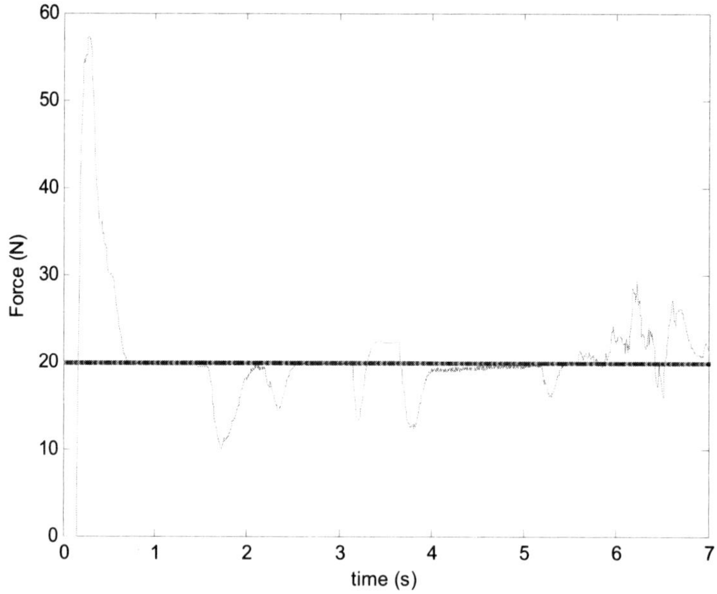

(a) 힘추종 결과

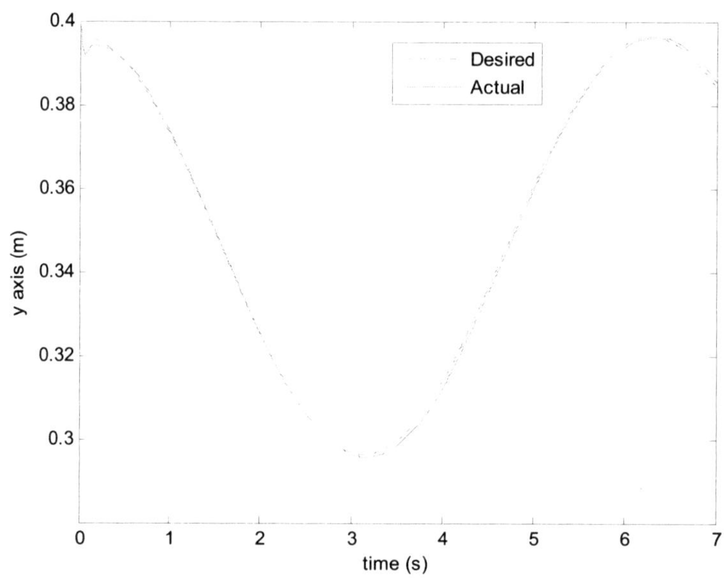

(b) 위치추종 결과

그림 7.11 힘 및 위치추종 결과

7.6 실험환경

7.6.1 전체 시스템 실험 환경

그림 7.12는 x-y 테이블을 제어하기 위해 PC의 DSP 보드와 모터 드라이버 그리고 x-y 테이블의 관계를 나타낸다. PC 화면상의 GUI 프로그램을 통해 변수를 입력하면 DSP를 통해 신경망과 제어 알고리즘이 계산되어 출력되어지며 인터페이스 카드를 통해 모터 드라이버를 구동한다. 각각의 모터 드라이버는 x-y 테이블의 각 축을 구동하게 되며 타이밍 벨트에 의해 구동축에 전달된다. 따라서 벨트의 장력이나 샤프트의 불균형에 의한 진동은 시스템의 동적 불확성으로 간주된다. 각 DC 모터에 달려있는 엔코더를 통해 회전수를 알아내어 귀환하여 DSP의 제어 알고리즘에서 오차를 계산하여 사용하게 되므로 폐루프를 이루게 된다. DSP를 제어하기 위한 상용 소프트웨어를 사용하여 전체적인 샘플링 시간은 대략 180 Hz 정도이다.

그림 7.13은 PC에 탑재되어 있는 DSP 보드와의 인터페이스를 나타내며 인터페이스를 통해 모터 드라이버를 구동시키는 실제 시스템을 보여준다. DSP로부터의 PWM 신호는 open collector 방식이므로 pullup 저항을 통해 처리하였으며 신호의 전류를 증폭하기 위해 인터페이스 회로를 구성하였다.

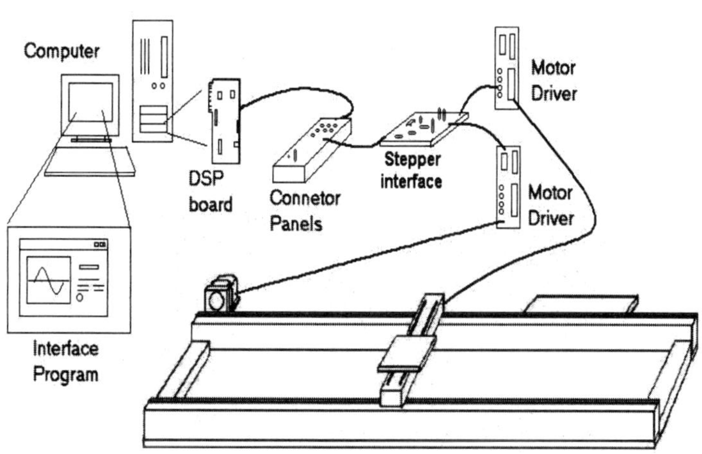

그림 7.12 전체 시스템 실험 Set-up

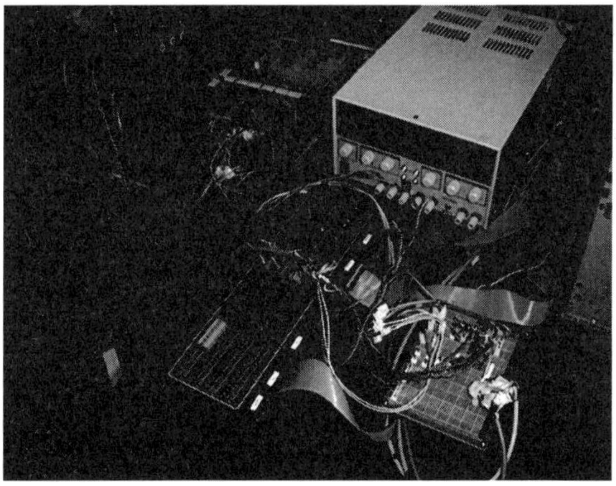

그림 7.13 DSP와 모터 드라이버와의 인터페이스

7.6.2 힘추종 실험환경

그림 7.14는 x-y 테이블 위의 end-effector 에 힘센서가 장착되어 있는 모습을 나타낸다. X-y 테이블은 2 자유도를 가지므로 평면에서 수직한 힘만 제어하고자 한다. 로봇의 힘센서 끝의 end-effector는 ball-bearing이 장착되어 있어 마찰력을 최소화하였다. 대상의 강성도를 모른다는 가정 하에 로봇의 힘추종을 실험하기 위해 대상은 나무 합판과 철판, 두 가지를 선택하였다. 대상의 위치 또한 모른다 가정하였으므로 대상의 모양은 볼록한 형태로 하였다. 특히, 나무합판은 flexible하여 힘이 적용되면 합판이 자유자재로 움직이므로 대상의 위치가 시변하는 좋은 대상이 된다. 철판의 경우는 매우 단단하여 움직임이 거의 없다.

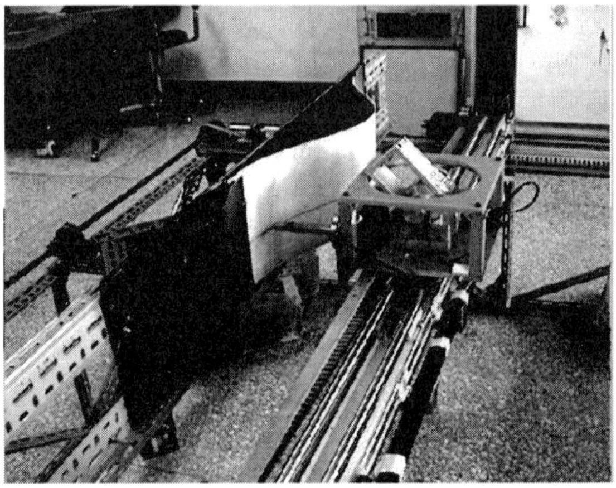

그림 7.14 힘추종 실험 환경

7.7 실험 결과

7.7.1 접촉 힘제어의 경우

7.7.1.1 로봇이 나무판과 접촉하는 경우

먼저 로봇이 나무판에 5N의 힘을 가하는 경우를 보자. 나무판을 누르되 움직이지 않는 경우이다. 그림 7.15에서 로봇이 자유공간으로부터 움직여 나무와 접촉이 발생할 때 오버슈트가 나타나는 것을 볼 수 있다. 그림 7.15는 5N의 힘이 잘 조절되는 것을 나타내고 있다. 30초 정도에 힘이 다소 바뀌는 것은 나무판이 유연하므로 위치의 변형에서 오는 영향이라 할 수 있다. 두껍게 나타나는 것은 힘센서로부터 잡음을 나타낸다.

7.7.1.2 로봇이 철판과 접촉하는 경우

이번에는 로봇이 철판에 힘을 가하는 경우를 살펴보았다. 그림 7.16은 철판에 40N의 힘을 가했을 때의 결과이다. 접촉이 발생한 뒤에 오버슈트가 생기고 정착하는데 5초 정도 걸렸다. 이는 로봇의 end-effector 자체도 아주 rigid하지 않아 반발되는 힘에 의해 변형이 생기기 때문이다. 이 또한 신경회로망이 보상하여 정확한 힘을 조절하는

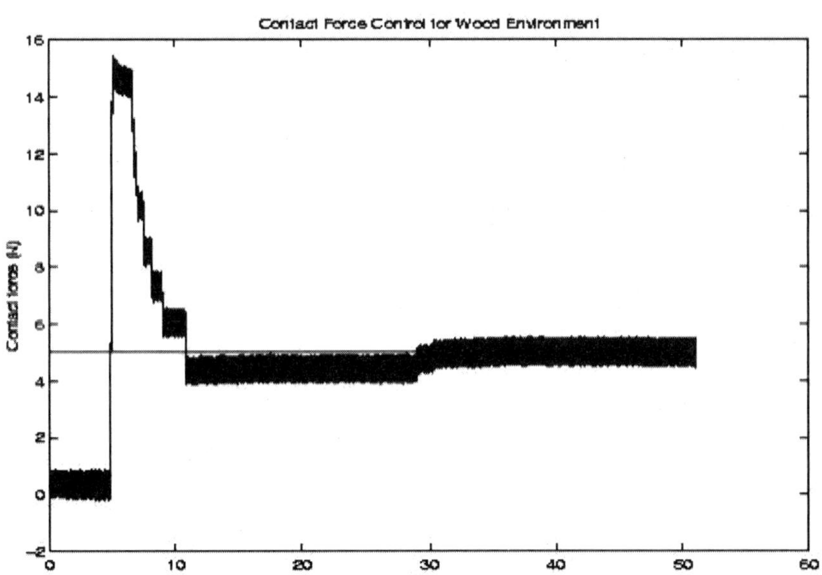

그림 7.15 나무판의 접촉힘 제어

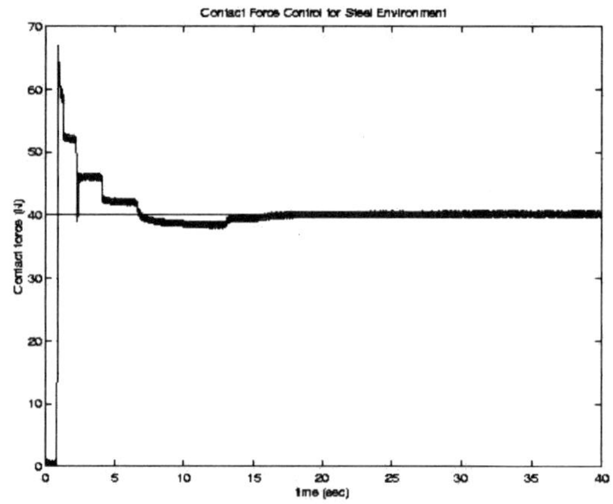

그림 7.16 철판의 접촉힘 제어

것을 그림 7.16에서 볼 수 있다. 다양한 실험으로 철판에 5N, 5N 등의 작은 힘을 적용하였지만 로봇이 대상과 계속적으로 접촉 비접촉을 반복하면서 불안정한 현상을 보였다. 이는 강성도가 큰 대상일수록 작은 힘을 제어하는 것이 어렵다는 것을 나타낸다.

7.7.2 힘추종의 경우

7.7.2.1 로봇이 나무판위로 움직이는 경우

두 번째 실험으로 로봇이 나무판에 5N의 힘을 적용하면서 움직이도록 하였다. 이때 로봇은 나무판의 위치를 전혀 모른다고 가정하였다. 또한 나무판에 대한 강성도의 정보도 주어지지 않았다. 그림 7.17에 로봇이 힘을 추종하는 결과가 나타나 있다. 그림에서 보듯이 중간부분은 볼록한 나무판의 최고점을 통과하고 있는 것을 나타낸다. 이 점에서는 미끄러짐에 의한 비접촉이 발생하는 것을 볼 수 있다.

또한 나무판의 양끝에서도 나무판의 변형에 의해 힘오차가 크게 나타나는 것을 알 수 있다. 그림 7.18에서 보면 최고점의 높이는 대략 13 cm 정도이다. 그림 7.18은 로봇이 추종한 나무판의 모양을 나타내고 그림 7.19는 신경회로망의 보상 출력을 나타낸다.

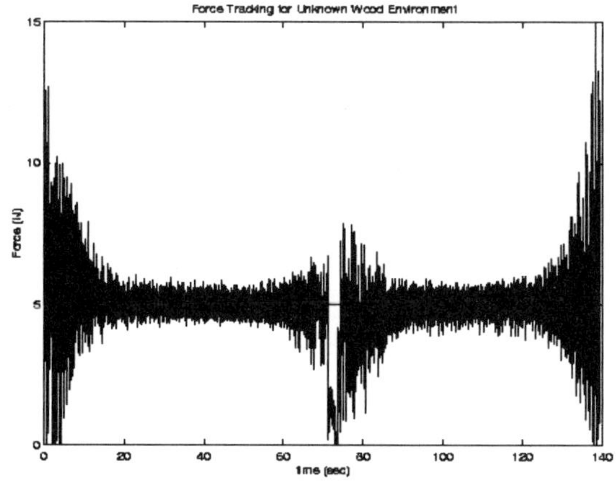

그림 7.17 나무판의 힘추종 제어

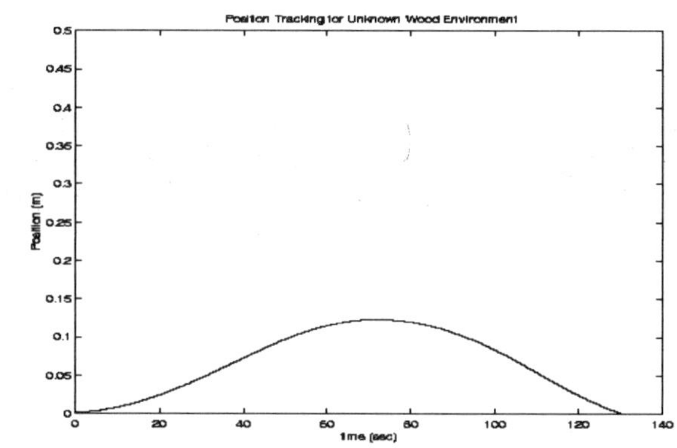

그림 7.18 나무판의 위치 추종 제어

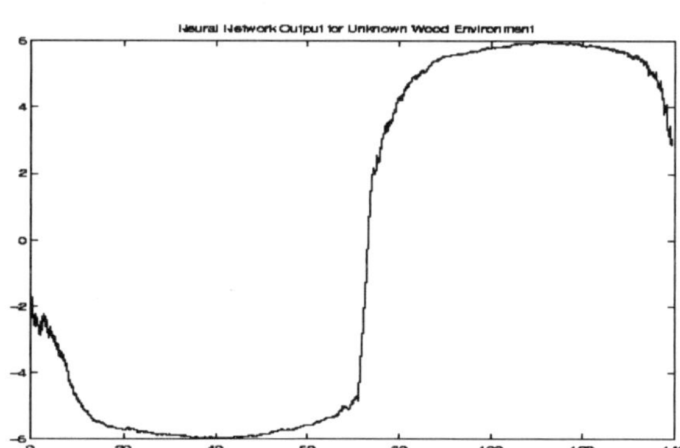

그림 7.19 신경회로망 보상 출력

7.7.2.2 로봇이 철판위로 움직이는 경우

마찬가지로 로봇이 40N의 힘으로 철판 위를 움직이도록 하였다. 그림 7.20에 힘추종의 결과가 잘 나타나 있는데 나무판의 경우와는 달리, 가운데 부분에서 비접촉 현상이 발생하지 않고 힘제어가 잘되고 있음을 알 수 있다. 이는 철판이 단단하기 때문에 모양에 변형이 발생하지 않기 때문이다. 그림 7.21은 로봇이 추종한 철판의 모양을 나타내는 위치추종 결과인데 최고점의 높이는 대략 5 cm인 것으로 실제와 같음을 알 수 있다. 그림 7.23는 불확실성을 보상하는 신경회로망의 보상신호를 나타낸다. 철판일 경우의 보상신호는 나무판일 경우의 보상 신호보다 더 진동이 있는 것을 알 수 있다.

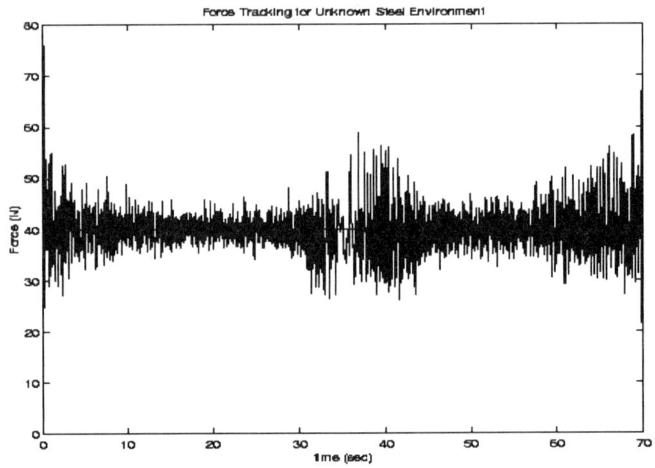

그림 7.20 철판의 힘추종 제어

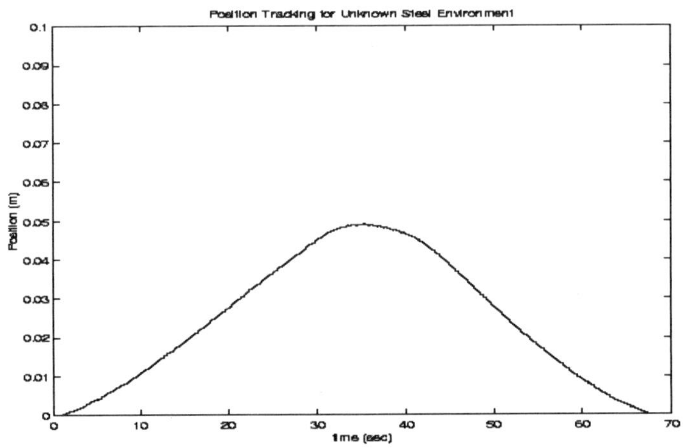

그림 7.21 철판의 위치 추종 제어

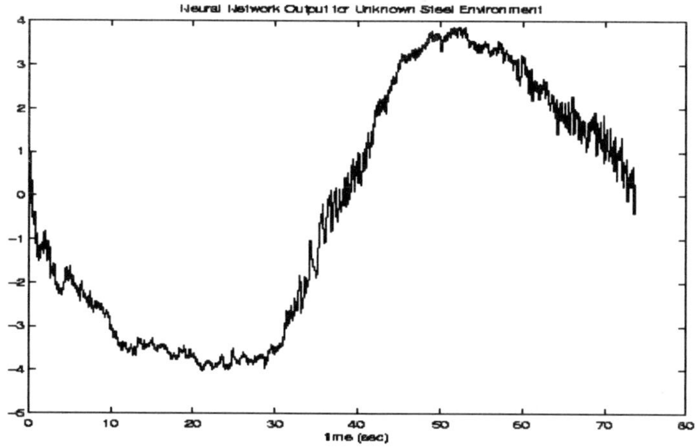

그림 7.22 신경회로망 보상 출력

신경회로망을 이용하여 힘제어시 발생하는 불확실성을 모두 보상하도록 하는 알고리즘을 제안하고 실험으로 검증하였다. 하나의 신경회로망으로 로봇의 동적 불확실성은 물론, 모르는 대상에서 오는 불확실성, 대상의 부정확한 위치 및 강성도까지도 실시간으로 보상하였다. 나무합판의 경우 매우 flexible하여 작은 힘도 제어가 가능하였으나 합판이 유연하여 움직이므로 최고점에서의 힘제어가 어려웠다. 철판의 경우에는 단단하여 작은 힘을 제어하기 어려웠으나, 최고점에서도 훌륭한 힘추종 결과를 보여주었다.

참 고 문 헌

[1] N. Hogan, "Impedance Control : An Approach to Manipulator, Part i, ii, iii", ASME Journal of Dynamics Systems, Measurements, and Control, vol. 3, pp. 1-24, 1985

[2] M. Raibert and J. Craig, "Hybrid Position/Force Control of Manipulators", ASME Journal. of Dynamic Systems, Measurements, and Control, vol. 52, pp. 126-133, 1981

[3] 정슬, "로봇의 디버링 작업이나 표면 광택 작업을 위한 새로운 힘제어 기술 개발",제어 자동화 시스템 공학 논문지, pp.786-795, 제6권, 9호, 2000년

[4] 임선빈, 정슬, "신경회로망을 이용한 비선형 시스템 제어의 실험적 연구", 한국 자동제어 학술회의, 용인, 2000

[5] S. Jung and T. C. Hsia, "A New Neural Network Technique for Robot Manipulators", Robotica, Vol. 13, pp. 477-484, 1995

[6] S. Jung and T. C. Hsia, "Neural Network Impedance Force Control of Robot Manipulator", IEEE Transaction on Industrial Electronics, vol. 45, no.3, pp. 451-461, 1998

[7] S. Jung and T. C. Hsia, "Robust Neural Force Control Scheme under Uncertainties in Robot Dynamics and Unknown Environment", IEEE Transaction on Industrial Electronics, vol. 47, no.2, pp. 403-412, 2000

[8] S. Jung and T. C. Hsia, "Force Tracking Impedance Control for Robot Manipulators with an Unknown Environment: Theory, Simulation, and Experiment", *Journal of Robotics Research,* , vol. 20, no.9, pp. 765-774, 2001

[9] S. Jung and T. C. Hsia, "Force Tracking Impedance Control of Robot Manipulators Under Unknown Environment", IEEE Transaction on Control Systems Technology, vol. 12, no.2, pp. 474-483, 2004

[10] S. Jung, P. W. Jeon, and T. C. Hsia, Contour tracking of an unknown planar object by regulating force for mobile robot navigation, ROBOTICA, vol. 25, no.3, pp. 297-305, 2007

[11] 임선빈, 정슬, "미정보 환경하에서의 신경회로망 힘추종 로봇제어 기술의 실험적 연구", 제어 자동화 시스템 공학 논문지, 8권 4호, pp. 338-344, 2002

[12] 전풍우, 정슬, “장님 이동로봇의 힘제어 : 분석, 시뮬레이션 및 실험”, 제어 자동화 시스템 공학 논문지, 9권 10호, pp. 798-807, 2003
[13] 전풍우, 정슬, “힘제어 기반의 틈새 추종 로봇의 제작 및 제어에 관한 연구: Part II. 힘제어”, 제어 자동화 시스템 공학 논문지, 11권 4호, pp. 337-343, 2005
[14] 엄일용, 석진영, 정슬, “힘자율 주행 헬리콥터의 위치 추종 제어를 위한 LQR 제어 및 신경회로망 보상 방식”, 제어 자동화 시스템 공학 논문지, 11권 11호, pp. 930-935, 2005
[15] 정슬, 하천장, “자율 주행 이동 로봇의 슬립을 고려한 횡방향 임피던스 힘제어에 대한 연구”, 제어 자동화 시스템 공학 논문지, 12권 2호, pp. 161-167, 2006
[16] 전효원, 정슬, “힘제어 기반의 로봇 팔과 인간팔의 상호 작용을 위한 임베디드 시스템 설계”, 제어 자동화 시스템 공학 논문지, 15권 11호, pp. 1096-1101, 2009
[17] 배영걸, 최호진, 정슬, “원격제어 시스템의 종로봇인 이동 로봇의 제작과 힘 추종 제어 구현”, 제어 자동화 시스템 공학 논문지, 16권 7호, pp. 681-687, 2010

찾아보기

로봇시스템

2014년 3월 10일 초판 인쇄

2014년 3월 15일 인쇄 발행

저　　자　정 슬

발 행 인　송기수

발 행 처　**도서출판 GS인터비전**

편 집 처　**도서출판 GS인터비전**

인　　쇄　**대일문예사**

등록번호　제 313-2011-120 호

I S B N　979-11-5576-026-0(93550)

주　　소　서울 마포구 신수동 448-6

전　　화　02-976-7898

팩　　스　02-6468-7898

홈페이지　gsintervision.co.kr

E-Mail　gsinter7@gmail.com

정가　18,000원